高职高专教育"十三五"规划教材

# AutoCAD 基础教程

## （AutoCAD 2017 中文版）

## （修订版）

主　编　张立文　褚彩萍
副主编　于田霞　尹晓倩　刘　深
主　审　张志光

黄河水利出版社
·郑　州·

## 内 容 提 要

本书是高职高专教育"十三五"规划教材。主要内容包括：设置 AutoCAD 2017 绘图环境、绘制基本二维图形、绘制剖视图和标准件、绘制二维零件图、绘制二维装配图、绘制轴测图、绘制三维实体、图形的输出和查询等八个项目。每个项目又分为若干任务，包括任务描述、相关知识、任务实施、技能训练四部分内容。每个任务通过上述四部分内容的学习，掌握部分 CAD 命令的操作方法与使用技巧，使读者通过实例快速地掌握、巩固相应的知识与技能要求，掌握 AutoCAD 软件的操作方法和技巧，具备灵活运用软件进行图形绘制、编辑、查询、输出打印等能力。

本书既适用于本科、高职高专院校的机电、机制、数控、模具、汽车等专业的 AutoCAD 2008～2017 等版本 CAD 教学，也可作为自学教材供有关工程技术人员参考。

### 图书在版编目(CIP)数据

AutoCAD 基础教程：AutoCAD 2017 中文版/张立文,褚彩萍主编. —郑州：黄河水利出版社,2017.5 （2021.5修订版重印）

高职高专教育"十三五"规划教材

ISBN 978 - 7 - 5509 - 1749 - 1

Ⅰ.①A… Ⅱ.①张… ②褚… Ⅲ.①AutoCAD 软件 - 教材 Ⅳ.①TP391.72

中国版本图书馆 CIP 数据核字(2017)第 101444 号

---

组稿编辑：王路平 电话：0371 - 66022212 E-mail：hhslwlp@163.com

---

出 版 社：黄河水利出版社　　　　　　　　　　网址：www.yrcp.com
　　　　　地址：河南省郑州市顺河路黄委会综合楼 14 层　邮政编码：450003
发行单位：黄河水利出版社
　　　　　发行部电话：0371 - 66026940、66020550、66028024、66022620(传真)
　　　　　E-mail：hhslcbs@126.com
承印单位：河南承创印务有限公司
开本：787 mm×1 092 mm　1/16
印张：17.75
字数：410 千字　　　　　　　　　　　　印数：3 101—5 000
版次：2017 年 5 月第 1 版　　　　　　　　印次：2021 年 5 月第 2 次印刷
　　　2021 年 5 月修订版

---

定价：40.00 元

# 前　言

　　AutoCAD 软件是由美国 Autodesk（欧特克）公司推出的应用广泛的经典绘图软件，是一款集二维绘图、三维设计、渲染及通用数据库管理和互联网通信功能为一体的计算机辅助绘图软件包。目前，欧特克公司每年对 AutoCAD 软件进行版本升级，AutoCAD 2017 是其最新产品。AutoCAD 2017 作为一款目前功能强大的工程绘图软件，其组件已涵盖了机械、建筑、电气等应用领域。AutoCAD 2017 不仅继承了以往版本的强大功能，同时在工具提示、图形单位、图案填充，尤其是用户界面等方面进行了更新，极大地解决了不同用户的操作需求。

　　本书按照项目引领、任务驱动的教学思路，遵循学以致用、突出实践的原则。在教材编写过程中，编者认真总结了 CAD 教学、技能培训指导、技能竞赛指导和工程设计的实践经验，结合丰富实用的实例和练习，由浅入深地讲解了软件基础知识和基本操作。重点介绍了二维绘图、编辑、标注等机械工程制图领域的常用功能，帮助读者快速高效地掌握AutoCAD 2017软件的应用方法和技巧。

　　为了不断提高教材质量，编者于 2021 年 5 月根据近年来在教学实践中发现的问题和错误，对第 1 版教材进行了全面修订和完善。

　　本书结构清晰、内容丰富、图文并茂，主要内容包括以下 8 个项目：

　　项目 1：设置 AutoCAD 2017 绘图环境；项目 2：绘制基本二维图形；项目 3：绘制剖视图和标准件；项目 4：绘制二维零件图；项目 5：绘制二维装配图；项目 6：绘制轴测图；项目 7：绘制三维实体；项目 8：图形的输出和查询。

　　本书由山东水利职业学院张立文、褚彩萍担任主编，山东水利职业学院于田霞、尹晓倩、刘深担任副主编。其中，张立文编写项目 1、2、3；刘深编写项目 5；褚彩萍编写项目 4、6；于田霞编写项目 7；尹晓倩编写项目 8。全书由张立文、褚彩萍负责统稿；日照五征集团的徐万同、刘琳，威海顺通锚链公司的高学鹏参与了教材编写；山东水利职业学院的张志光教授担任主审并审阅了全书，提出了许多宝贵的意见，在此深表感谢！

　　最后，我们衷心希望读者在阅读本书之后，能够较快掌握软件的功能和使用方法，较快达到灵活运用的水平。鉴于编者水平有限，书中难免有不当或者错误之处，热忱欢迎广大读者予以批评、指正，并将您的宝贵意见和建议及时反馈给我们，以便于修订时完善，谢谢！

编　者

2021 年 5 月

# 目　录

# 项目 1　设置 AutoCAD 2017 绘图环境

**【学习目标】**

熟悉 AutoCAD 2017 软件的基本功能、启用和退出，以及工作界面的组成。

熟悉新建、保存、打开和关闭等图形文件管理的操作方法。

掌握光标样式、图形显示精度、窗口颜色等系统绘图环境设置方法。

掌握对象捕捉、极轴追踪、动态输入和快捷特性等辅助绘图功能。

掌握视图控制、图层创建与管理方法。

## 任务 1　建立 AutoCAD 2017 基本配置文件

### ※　任务描述

启用 AutoCAD 2017 软件，熟悉其工作界面。建立"Auto CAD 二维经典"工作空间，工作界面如图 1-1-1 所示。设置窗口元素的配色方案为"明"；文件保存为"AutoCAD 2000 图形"；设置自定义右键单击功能；增大自动捕捉标记和拾取框的大小；启用极轴追踪、对象捕捉追踪、对象捕捉和动态输入功能；调出标准、样式、工作空间、图层、特性、绘图、修改、对象捕捉、标注、多重引线、查询等工具条。以上工作完成后，输出名称为"我的配置 2017"的配置文件。

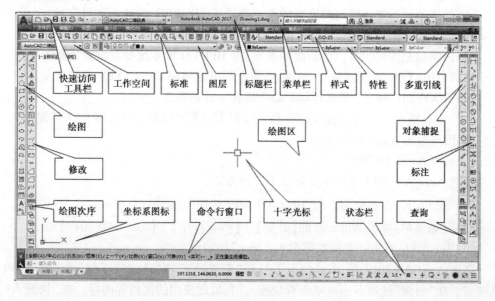

**图 1-1-1　"AutoCAD 二维经典"工作界面**

## ※ 相关知识

## 1 认识 AutoCAD 2017

AutoCAD(Autodesk Computer Aided Design)是由美国 Autodesk 公司于 1982 年首次开发的计算机辅助设计软件,已广泛应用于机械、建筑、电子、航天、造船等领域,其功能不断增强并日趋完善,能够绘制平面图形与三维图形、标注尺寸、渲染图形,以及打印输出图纸。AutoCAD 软件经过几十年的发展,现已成为国际上广为流行的绘图工具。

### 1.1 AutoCAD 2017 的新增功能

AutoCAD 2017 为目前最新版本,在工具提示、图形单位、图案填充、图层等方面进行了更新,主要新增功能介绍如下:

(1)平滑移植。新的移植界面将 AutoCAD 自定义设置组织为用户可以从中生成移植摘要报告的组和类别,更易于管理。

(2)PDF 支持。用户可以将几何图形、填充、光栅图像和 TrueType 文字从 PDF 文件输入到当前图形中。PDF 数据可以来自任何 PDF 文件。

(3)共享设计视图。用户可以将设计视图发布到 Autodesk A360 内的安全、匿名位置。可以通过向指定人员转发生成的链接来共享设计视图,而无须发布 DWG 文件本身。

(4)关联的中心标记和中心线。用户可以创建与圆弧和圆关联的中心标记,与直线和多段线关联的中心线。

(5)用户界面。可调整 APPLOAD、ATTEDIT 等对话框的大小;在保存和打开等对话框中扩展了预览区域;可以用 CURSORTYPE 系统变量设置在绘图区使用十字光标或 Windows 箭头光标;可以指定基本工具提示的延迟计时等。

(6)性能增强功能。针对渲染视觉样式改进了 3DORBIT 的性能和可靠性;二维平移和缩放操作的性能得到改进;线型的视觉质量得到改进;可以捕捉几何中心。

(7)图案填充图层。可以为新图案填充,将 HPLAYER 系统变量设置为新图层。

(8)DIMLAYER 系统变量。所有标注命令都可以使用 DIMLAYER 系统变量。

(9)TEXTEDIT 命令。TEXTEDIT 命令现在会自动重复。

(10)工具提示。已从"快速选择"和"清理"对话框中删除了不必要的工具提示。

### 1.2 启用与退出 AutoCAD 2017

#### 1.2.1 启用 AutoCAD 2017

启用 AutoCAD 2017 软件主要有以下三种方式:

(1)快捷方式:双击桌面上的 AutoCAD 2017 快捷图标 。

(2)开始菜单:单击 Windows 的【开始】|【所有程序】|【AutoCAD 2017】。

(3)dwg 文件:双击已有的扩展名为".dwg"的图形文件。

启用 AutoCAD 2017 后,默认情况下打开"新选项卡"窗口,有"了解"和"创建"两个选项卡。在"创建"选项卡中可以查看快速入门、最近使用的文档等内容。在"快速入门"页面中,可以单击"开始绘制"从默认样板开始绘制一个新图形;单击"样板"按钮,可以从下拉列表中选择样板文件。在"了解"选项卡中可以查看软件的新增功能、快速入门视频、学习提示和联机资源等。

> **★ 小提示：**
>
> AutoCAD 2017 系统默认启动时首先显示开始界面。通过命令行输入设置"startmode=0"，可以取消开始界面；设置"startmode=1"，则恢复开始界面。

### 1.2.2　退出 AutoCAD 2017

退出 AutoCAD 2017，主要有以下几种方式：

（1）标题栏：单击标题栏上的"关闭"按钮　。

（2）菜单浏览器：单击"菜单浏览器"按钮　，然后单击按钮　。

（3）菜单栏：选择【文件】|【退出】命令。

（4）命令行：输入 QUIT 或 EXIT 后，按 Enter 键。

（5）快捷键：按 Alt + F4 或 Ctrl + Q。

如果图形文件没有保存，系统退出时将提示用户进行保存。如果此时还有命令未执行完毕，用户需要先结束命令。

### 1.3　AutoCAD 2017 工作空间

AutoCAD 2017 的工作空间是由菜单栏、工具栏、选项板和功能区面板组成的集合。使用工作空间时，窗口界面上只显示与任务相关的菜单、工具栏和选项板，可以提高绘图效率。系统提供了 3 种工作空间：草图与注释（默认）、三维基础和三维建模工作空间。相较于 AutoCAD 2014 之前的版本，取消了经典界面模式。

### 1.3.1　选择工作空间

用户可以根据绘图需要选择合适的工作空间，主要方法如下：

（1）工具栏或快速访问工具栏：从工作空间列表中选择，如图 1-1-2 所示。

（2）状态栏：单击切换工作空间按钮　，如图 1-1-3 所示。

（3）菜单栏：选择【工具】|【工作空间】命令，在子菜单中选择工作空间。

（4）命令行：输入 WSCURRENT 或 WSC，按 Enter 键，然后输入工作空间名称。

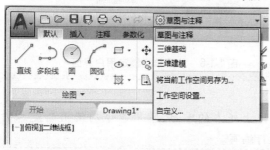

图 1-1-2　从快速访问工具栏中选择工作空间

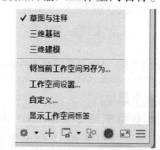

图 1-1-3　从状态栏选择中工作空间

### 1.3.2　设置工作空间

对工作界面设置后，从"工作空间"工具栏的下拉菜单中单击"将当前工作空间另存为…"选项，弹出"保存工作空间"对话框，命名后保存即可。单击

"工作空间设置…"选项,弹出"工作空间设置"窗口,如图 1-1-4 所示。

图 1-1-4　"工作空间设置"窗口

在"工作空间设置"窗口中,用户可以设置工作空间显示类型及顺序,确定切换工作空间时是否保存工作空间修改。

### 1.3.3　自定义工作空间

在"工作空间"工具栏的下拉菜单中单击"自定义…"选项,弹出"自定义用户界面"对话框,可以设置用户界面。

### 1.3.4　锁定用户界面

锁定工具栏和选项板的位置,主要有以下两种方法:

(1)状态栏:单击 或右边的 ,在弹出菜单中选择锁定,如图 1-1-5 所示。

(2)菜单栏:选择【窗口】|【锁定位置】命令的子命令,如图 1-1-6 所示。

锁定对象后,状态栏上的"锁定"图标变为 。

图 1-1-5　从状态栏锁定用户界面

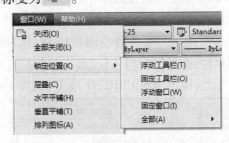

图 1-1-6　从菜单栏锁定用户界面

> ★小提示:
> 　　本书为了适合 AutoCAD 2005 及以上版本的学习,常用命令均使用新建立的"AutoCAD 二维经典"工作空间界面进行编写。

## 1.4　AutoCAD 2017 工作界面

AutoCAD 2017 新建文件后,系统默认显示二维的"草图与注释"工作界面,如图 1-1-7 所示。该界面的主要组成元素有菜单浏览器、快速访问工具栏、标题栏、菜单栏、功能区、选项卡面板、绘图区、坐标系、命令行窗口、状态栏等。

"三维基础"和"三维建模"工作界面如图 1-1-8 和图 1-1-9 所示。

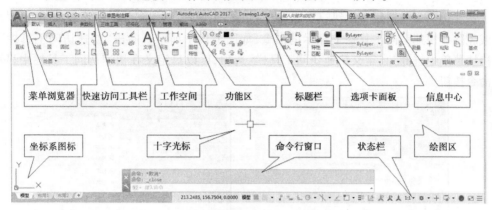

图 1-1-7　"草图与注释"工作界面

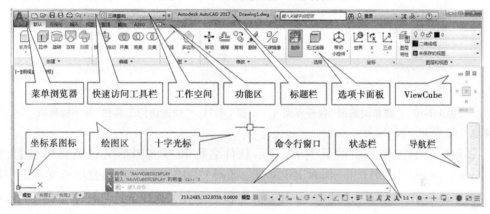

图 1-1-8　"三维基础"工作界面

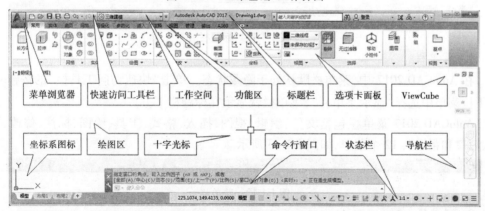

图 1-1-9　"三维建模"工作界面

### 1.4.1　菜单浏览器

单击"菜单浏览器"按钮 ，将弹出"应用程序菜单",如图 1-1-10 所示。包含新建、保存、搜索、最近使用的文档、选项等命令。

### 1.4.2 快速访问工具栏

快速访问工具栏包含新建、打开、保存、放弃、重做、打印等命令。单击按钮▼,可以添加或删除在快速访问工具栏上显示的命令,如图 1-1-11 所示。右击"快速访问工具栏",在快捷菜单中选择"自定义快速访问工具栏"选项,可以自定义在快速访问工具栏中显示的命令按钮。

图 1-1-10 "菜单浏览器"展开界面

图 1-1-11 "快速访问工具栏"及下拉列表

### 1.4.3 标题栏

标题栏位于工作界面的最上方,显示软件名称和当前图形文件名称等信息,如"Autodesk AutoCAD 2017　Drawing1.dwg",如图 1-1-12 所示。在信息中心文本框中输入关键字或短语,然后单击"搜索"按钮🔍,可以获取相关帮助;单击"帮助"按钮⑦,可以访问 AutoCAD 2017 的帮助文档。

图 1-1-12 标题栏

### 1.4.4 菜单栏

在 AutoCAD 2017 中,菜单栏默认处于隐藏状态。单击"快速访问工具栏"的按钮▼,在下拉菜单中选择"显示菜单栏",菜单栏就显示在标题栏下方。

AutoCAD 2017 菜单栏包括文件、编辑、视图、插入、格式、工具、绘图、标注、修改、参数、窗口和帮助共 12 个菜单,如图 1-1-13 所示。

文件(F)　编辑(E)　视图(V)　插入(I)　格式(O)　工具(T)　绘图(D)　标注(N)　修改(M)　参数(P)　窗口(W)　帮助(H)

图 1-1-13 菜单栏

### 1.4.5 功能区

功能区由许多面板组成,系统常用命令按绘图任务对其进行分类,归于若干选项卡中,各选项卡包含若干面板,各面板包含若干命令按钮,如图 1-1-14 所示。

选项卡包括默认、插入、注释、参数化、视图、管理、输出等。用户可以在"自定义用户界面"对话框中选择在功能区中显示的选项卡。单击标签可以打开相应选项卡,包含的

**图 1-1-14  "草图与注释"工作界面的功能区**

大部分命令与工具栏和菜单栏中的相同。

单击选项卡最右端的按钮 ▼，展开下拉菜单，如图 1-1-15 所示，可以将功能区最小化为选项卡、面板标题或面板按钮。单击按钮，可实现功能区的完整界面与这三项之间的切换。在选项卡上右键单击，可以在级联菜单中选择显示选项卡、显示面板的项目，如图 1-1-16 所示。

**图 1-1-15  控制功能区下拉菜单**　　　　**图 1-1-16  控制功能区的显示项目**

在功能区选项卡上右键单击，可以从快捷菜单中选择"浮动功能区"或"关闭功能区"命令。可以在"浮动功能区"的标题栏上右击或单击"特性"按钮，选中"允许固定"复选框，然后将功能区拖到界面的上方或左右两侧即可固定。

> **★小提示：**
>
> 可以通过下列方式重新打开功能区：(1)菜单栏：【工具】|【选项板】|【功能区】命令；(2)命令行：输入 RIBBON 后，按 Enter 键。

### 1.4.6  工具栏

工具栏是 AutoCAD 软件调用命令的经典方式，它包含了绘图所需的大部分命令，利用工具栏可以快速直观地执行各种命令。主要工具栏有绘图、修改、标注、对象捕捉、图层、特性等。

调出工具栏主要有以下两种方式：

(1)菜单栏：点击【工具】|【工具栏】|【AutoCAD】，选择要显示的工具栏。

(2)工具栏：在工具栏上右击，在快捷菜单中选择要显示的工具栏。

工具栏可以浮动或固定，可以通过鼠标拖动将浮动工具栏放置在绘图区域的任何位置，还可以锁定工具栏，主要有以下三种方法：

(1)菜单栏：点击【窗口】|【锁定位置】，在级联菜单中选择相应的选项。

(2)工具栏：在工具栏上右击，在快捷菜单中选择【锁定位置】。

（3）状态栏：在状态栏上右击，在快捷菜单中选择相应的选项。

AutoCAD 2017 中工具提示包括基本内容和补充内容。光标悬停在命令按钮上时，将显示工具提示，包含命令或控件的概括说明、命令名、快捷键等。持续悬停时，将显示扩展的工具提示，包含命令的附加信息、图示说明等补充内容。用户可以通过"选项"对话框的"显示"选项卡对工具提示进行设置。

### 1.4.7　绘图区

绘图区是系统工作界面中最大区域，用来绘制、编辑、显示和观察图形。默认情况下，绘图区含有十字光标、坐标系、视图控件、导航栏、ViewCube 工具等内容。当鼠标在绘图区移动时呈现十字光标的形式，用来定位。在某些特定情况下，光标会变成方框或其他形式。

在绘图区底部有 3 个选项卡：模型、布局 1 和布局 2。单击相应的标签可切换绘图空间。"模型"选项卡使绘图窗口处于模型空间；"布局 1"和"布局 2"默认设置下的布局空间，主要用于图形的打印输出。

AutoCAD 2017 软件支持多文档操作，绘图区可以显示多个绘图窗口，每个窗口显示一个图形文件，标题加亮显示的为当前窗口。用户可以通过"选项"对话框中的"显示"选项卡设置显示或隐藏文件。

### 1.4.8　命令行窗口

绘图区下方是一个输入命令和显示命令提示的区域，称为命令行窗口，如图 1-1-17 所示。命令行是 AutoCAD 2017 中重要的人机交互方式，所有命令都可以在这里执行。命令行会提示用户选择选项和输入参数。按住命令行窗口左上角拖动可以使其固定或浮动，将光标置于窗口边缘处拖动可调整窗口大小。

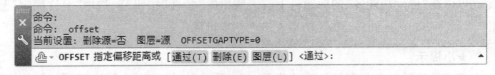

**图 1-1-17　命令行窗口**

命令执行过程中，所有操作过程都会记录在命令行窗口中。如果按 F2 键，系统将弹出"AutoCAD 文本窗口"，可以查看已执行命令的详细过程。再次按 F2 键即可关闭该窗口。

### 1.4.9　状态栏

状态栏主要显示当前所处的状态，主要包括模型空间、坐标、绘图辅助工具、注释比例、切换工作空间等工具，如图 1-1-18 所示。

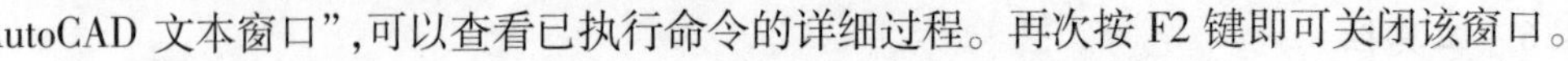

238.5051, 5.2775, 0.0000　模型 ⊞ ▦ ▾ ╬ ┗ ⦦ ▾ ╲ ▾ ∠ ▯ ▾ ⊟ ⊠ 𝕏 𝗑 𝗑 1:1 ▾ ☼ ▾ ✛ 🗖 ▾ ● ☒ ☰

**图 1-1-18　状态栏**

单击状态栏"自定义"按钮 ☰，可从快捷菜单中选择要在状态栏显示的工具。

### 1.4.10　视口控件、导航栏和 ViewCube 工具

（1）视口控件。默认位于绘图区左上角，提供更改视图、视觉样式和其他设置的便捷方式，如图 1-1-19 所示。单击"视口控件"的按钮 [-]，在下拉菜单中可以选择显示或隐藏导航栏和 ViewCube 工具。

（2）导航栏。默认位于绘图区的右侧，如图 1-1-20 所示。导航栏用于控制图形的缩放、平移、回放、动态观察等，单击导航栏上方的 ⊗ 按钮，可以关闭。

（3）ViewCube 工具。默认位于绘图区的右上角，用于控制三维图形的显示和视角，如图 1-1-21 所示。在二维状态下无须显示该工具。

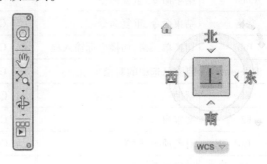

图 1-1-19　视口控件　　　　图 1-1-20　导航栏　　　　图 1-1-21　ViewCube 工具

## 2　AutoCAD 2017 命令操作

AutoCAD 命令是人机交互的重要方式。系统通过执行命令在命令行窗口给出相应的提示，用户根据提示输入相应的指令，完成图形的绘制。

### 2.1　执行命令

AutoCAD 命令的执行方式主要有以下几种。

#### 2.1.1　使用鼠标操作执行命令

鼠标是绘制图形时使用频率较高的工具，当单击或按住鼠标键时，都会执行相应的操作。在 AutoCAD 中，鼠标键的主要功能如下：

（1）左键：主要用于选择绘图区的对象、选择工具按钮和菜单命令等。把鼠标指针移动到某一图标按钮上，将显示该按钮的名称和说明信息。单击夹点并拖动，可改变对象位置、拉伸、拉长等。在图形对象上双击，可打开"特性"对话框。

（2）右键：单击右键，主要用于结束选择对象、弹出快捷菜单、结束命令等。按住 Shift 键并单击右键，将弹出对象捕捉快捷菜单，可以从中选择捕捉点。

（3）滚轮：按住滚轮并拖动可执行平移命令；滚动滚轮可执行视图的实时缩放；双击滚轮可执行范围缩放；按住 Ctrl 键并拖动滚轮，可以沿某一方向实时平移视图；按住 Shift 键并拖动滚轮，可以实时旋转视图。

#### 2.1.2　使用键盘功能键、快捷键执行命令

AutoCAD 2017 可以通过键盘直接执行一些快捷命令，其中部分快捷命令是和 Windows 程序通用的，如使用 Ctrl + O 组合键可以打开文件，使用 Ctrl + Z 组合键可以取消上一次的命令操作等。部分键盘按键及其对应的功能如表 1-1-1 所示。

#### 2.1.3　使用菜单栏执行命令

通过菜单栏执行命令是比较全面的方式，AutoCAD 2017 的 3 个工作空间在默认情况下没有菜单栏，需要用户自行调出。

表 1-1-1 部分键盘按键及其对应的功能

| 快捷键 | 命令说明 | 快捷键 | 命令说明 |
|---|---|---|---|
| Esc | 取消命令 | Ctrl + 5 | 信息选项板开/关 |
| Enter | 结束命令、重复命令 | Ctrl + 6 | 数据库链接开/关 |
| 空格 | 结束命令、重复命令 | Ctrl + 7 | 标记集管理器开/关 |
| Tab | 切换单元格、切换坐标输入项 | Ctrl + 8 | 快速计算机开/关 |
| Delete | 删除已选中的对象 | Ctrl + 9 | 命令行开/关 |
| F1 | 帮助 | Ctrl + A | 选择全部对象 |
| F2 | 文本窗口开/关 | Ctrl + C | 复制内容到剪贴板 |
| F3 / Ctrl + F | 对象捕捉开/关 | Ctrl + H | Pickstyle 开/关 |
| F4 | 三维对象捕捉开/关 | Ctrl + K | 超链接 |
| F5 / Ctrl + E | 等轴测平面切换 <上/左/右 > | Ctrl + N | 新建文件 |
| F6 / Ctrl + D | 动态 UCS 开/关 | Ctrl + O | 打开文件 |
| F7 / Ctrl + G | 栅格显示开/关 | Ctrl + P | 打印输出 |
| F8 / Ctrl + L | 正交模式开/关 | Ctrl + Q | 退出 AutoCAD |
| F9 / Ctrl + B | 捕捉模式开/关 | Ctrl + S | 快速保存 |
| F10 / Ctrl + U | 极轴追踪开/关 | Ctrl + T | 数字化仪模式 |
| F11/ Ctrl + W | 对象捕捉追踪开/关 | Ctrl + V | 从剪贴板粘贴 |
| F12 | 动态输入开/关 | Ctrl + X | 剪切到剪贴板 |
| Ctrl + 0 | 全屏显示开/关 | Ctrl + Y | 取消上一次的操作 |
| Ctrl + 1 | 特性窗口开/关 | Ctrl + Z | 取消上一次的命令操作 |
| Ctrl + 2 | 设计中心开/关 | Ctrl + Shift + C | 带基点复制 |
| Ctrl + 3 | 工具选项板开/关 | Ctrl + Shift + S | 另存为 |
| Ctrl + 4 | 图纸管理器开/关 | Ctrl + Shift + V | 粘贴为块 |

**2.1.4 使用命令行执行命令**

默认状态下,AutoCAD 2017 命令行是一个固定在状态栏上方的长条形窗口,可以输入命令、对象参数等内容,按 Enter 键完成命令执行。

**2.1.5 使用工具栏执行命令**

单击相应的命令按钮即可执行命令。用户可根据实际需要调出工具栏,如绘图、修改、标注、对象捕捉、建模、UCS、三维导航工具栏等。

**2.1.6 使用功能区执行命令**

AutoCAD 2017 将图形设计常用的功能进行了分组,并在功能区显示,用户可以在功能区选择相应的按钮。

### 2.1.7    命令提示

用户需要根据命令行窗口的提示进行操作来完成。提示有以下几种形式：

（1）直接提示：这种提示出现在命令行窗口或光标处，用户可以根据提示了解该命令的设置模式或直接执行相应的操作。

（2）中括号"［ ］"内的选项：为可选项，可直接用鼠标单击选项进行选择，或者输入选项对应的字母，按 Enter 键完成选择。

（3）尖括号"＜ ＞"内的选项：为默认选项，按 Enter 键直接执行该选项。

例如，执行"偏移"命令，命令行出现以下提示（见图 1-1-22）。

**图 1-1-22    执行"偏移"命令**

第一行显示"命令：_offset"，表示当前命令的名称是"偏移"。

第二行显示"当前设置：删除源 = 否  图层 = 源 OFFSETGAPTYPE = 0"，表示当前设置模式为不删除原图线，偏移结果与原图线图层相同，偏移方式为 0。

命令行底部显示"指定偏移距离"，提示用户输入偏移距离，如果直接输入距离值并按 Enter 键，即可设定偏移的距离。"［通过(T) 删除(E) 图层(L)］"为可选项，如想使用"图层"选项，可用鼠标单击"图层(L)"，或直接输入"L"，并按 Enter 键，即可根据提示设置新生成图线的图层属性。"＜通过＞"选项为当前的默认选项，直接按 Enter 键即可响应该选项。

### 2.2    退出命令

AutoCAD 2017 在命令执行过程中，主要通过以下三种方法终止命令：

（1）快捷键：按 Esc 键，在命令执行的任何阶段，都可以退出。

（2）执行新命令：直接选择其他命令，即可退出当前命令。

（3）右键菜单：在绘图区右击，在弹出的快捷菜单中选择"取消"命令。

绝大部分命令通过上述方法均可退出正在执行的命令。如果命令执行过程中弹出窗口，则按 Esc 键、在窗口中点击关闭或取消按钮均可退出命令。

### 2.3    重复命令

重复执行命令的方法有以下几种：

（1）快捷键：无命令时，按 Enter 键或空格键重复使用上一个命令。

（2）右键单击：可以在"自定义右键单击"设置右键单击为重复命令。

（3）右键菜单：在绘图区右击，在弹出的快捷菜单中选择"重复"命令。

（4）命令行：在命令行右击，在快捷菜单中选择"最近使用的命令"。

### 2.4    放弃命令

AutoCAD 2017 提供了以下几种撤销命令的方法：

（1）工具条或快速工具栏：单击"撤销"按钮 ↰ 。

（2）快捷键：按 Ctrl + Z 组合键。

（3）快捷菜单：在绘图区右击，选择"放弃"命令。

（4）命令行：命令行输入"U"或"UNDO"，按 Enter 键。

（5）菜单栏：选择【编辑】|【放弃】命令。

正在执行绘图命令若放弃命令，则撤销一步；命令已完成若放弃命令，则撤销上个命令的所有结果。

### 2.5　重做命令

在 AutoCAD 2017 中，系统提供了命令的重做功能，可以恢复已经放弃的操作，执行该命令有以下几种方法：

（1）菜单栏：选择【编辑】|【重做】命令。

（2）工具栏或快速工具栏：单击"重做"按钮 ↷。

（3）命令行：命令行输入 REDO 后，按 Enter 键。

（4）快捷键：按 Ctrl + Y 组合键。

> **★小提示：**
>
> 若单击一次放弃命令按钮，则放弃一个命令。单击 ↶ 右边的 ▼，可在下拉窗口中选择多个需要撤销的命令；单击 ↷ 右边的 ▼，可在下拉窗口中选择多个需要重做的命令。

### 2.6　透明命令的使用

在其他命令执行过程中运行的命令称为透明命令。透明命令一般用于环境的设置或辅助绘图。缩放视图、平移视图等均属于透明命令，可以直接通过鼠标操作，也可以从命令行输入。输入透明命令应该在普通命令前加"'"，执行透明命令后会出现"＞＞"提示符。透明命令执行完后，继续执行原命令。

例如，在画一个圆的过程中，用户希望缩放视图，可以通过鼠标操作，或命令行输入"'ZOOM"，按 Enter 键，则可以透明激活 ZOOM 命令。

## 3　AutoCAD 2017 图形文件管理

图形文件管理一般包括新建图形文件、打开图形文件、保存图形文件、关闭图形文件等操作。

### 3.1　新建图形文件

首次启用 AutoCAD 2017 后，系统自动新建一个名为"Drawing1.dwg"的图形文件。用户可以根据需要选择图形样板来新建图形文件。

新建图形文件主要有以下几种方法：

（1）快速访问工具栏或标准工具栏：单击"新建"按钮 □。

（2）菜单浏览器：单击按钮 ▲，在下拉菜单中选择"新建"按钮 □ 新建。

（3）菜单栏：选择【文件】|【新建】命令。

（4）命令行：输入 NEW 后，按 Enter 键。

（5）快捷键：按 Ctrl + N 组合键。

执行"新建"命令后,会弹出"选择样板"对话框,如图 1-1-23 所示。在"名称"列表框中选择一个合适的样板文件,然后单击 打开⑩ 按钮,即可新建一个图形文件。若单击 打开⑩ 按钮右侧的 按钮,在下拉菜单中选择"无样板打开 – 公制"选项,则创建一个公制单位的图形文件。

图 1-1-23　"选择样板"对话框

### 3.2　打开图形文件

在 AutoCAD 2017 中打开图形文件,主要有以下几种方法:

(1)快速访问工具栏或标准工具栏:单击"打开"按钮 。

(2)菜单浏览器:单击按钮 ,在下拉菜单中选择"打开"按钮  打开(O)...。

(3)菜单栏:选择【文件】|【打开】命令。

(4)命令行:输入 OPEN 后,按 Enter 键。

(5)快捷键:按 Ctrl + O 组合键。

AutoCAD 2017 可同时打开多个图形文件。选择"窗口"菜单中的子命令可以控制多个图形文件的显示方式,如层叠、水平平铺或垂直平铺等。

### 3.3　保存图形文件

在 AutoCAD 2017 中保存现有文件,主要有以下几种方法:

(1)快速访问工具栏或标准工具栏:单击"保存"按钮 。

(2)菜单浏览器:单击按钮 ,在下拉菜单中选择"保存"按钮  保存。

(3)菜单栏:选择【文件】|【保存】命令。

(4)命令行:输入 SAVE 后,按 Enter 键。

(5)快捷键:按 Ctrl + S 组合键。

在首次保存新建的图形时,系统将打开"图形另存为"对话框,如图 1-1-24 所示。默认情况下,文件以"AutoCAD 2017 图形( ＊. dwg)"格式保存,也可以在"文件类型"下拉列表框中选择其他格式。

图 1-1-24 "图形另存为"对话框

### 3.4 关闭图形文件

在 AutoCAD 2017 中关闭图形文件,主要有以下几种方法:

(1)标题栏:单击标题栏上的"关闭"按钮 ❌ 。

(2)菜单浏览器:单击按钮 Ａ,在下拉菜单中选择"关闭"按钮 关闭 。

(3)菜单栏:选择【文件】|【关闭】命令。

(4)命令行:输入 CLOSE 后,按 Enter 键。

(5)快捷键:按 Ctrl + C 组合键。

执行以上任意一种操作后,会退出 AutoCAD 2017,若当前文件未保存,则系统会自动弹出提示,如图 1-1-25 所示。

图 1-1-25 AutoCAD 2017 的保存提示

## 4 设置系统参数

AutoCAD 2017 中,在"选项"对话框中可以进行系统参数的设置,如图 1-1-26 所示。主要通过以下 4 种方式打开"选项"对话框:

(1)菜单浏览器:单击按钮 Ａ,在下拉菜单的下方选择"选项"按钮 选项 。

(2)菜单栏:单击【工具】|【选项】命令。

(3)快捷菜单:在绘图区单击右键,从快捷菜单中选择"选项"命令。

（4）命令行：输入 OPTIONS 或 OP 后，按 Enter 键或空格键。

"选项"对话框中有文件、显示、打开和保存、打印和发布、系统、用户系统配置、绘图、三维建模、选择集和配置等 10 个选项卡。通过"选项"对话框主要进行如下设置。

图 1-1-26　"选项"对话框

## 4.1　设置显示颜色、显示精度和按钮大小

"选项"对话框中的"显示"选项卡，用于设置软件的各种显示属性，如图 1-1-26 所示。单击"窗口元素"选项组中的"配色方案"可以选择"明"或"暗"。

单击"颜色"按钮，打开"图形窗口颜色"对话框，如图 1-1-27 所示，可指定图形窗口各元素的颜色，如设置二维模型空间的统一背景颜色为白色。

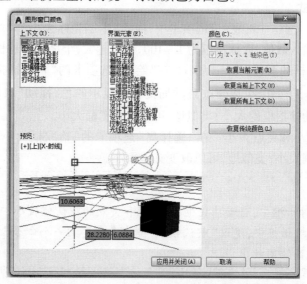

图 1-1-27　"图形窗口颜色"对话框

在"显示精度"选项组中，系统默认圆弧和圆的平滑度值为 1 000，取值范围为 1 ~ 20 000的整数，数值越大越平滑。

选中"在工具栏中使用大按钮"复选框,则工作界面中工具栏的按钮变大。

## 4.2　设置保存选项

在"选项"对话框的"打开和保存"选项卡中,从"另存为"下拉列表中选择"AutoCAD 2 000/LT 2 000 图形( * . dwg)",这是由于 AutoCAD 软件版本向下兼容。还可以设置是否自动保存、自动保存的时间间隔等。

## 4.3　自定义鼠标右键单击功能

在"用户系统配置"选项卡中,单击 自定义右键单击(I)... 按钮,可以设置"自定义右键单击"对话框中的默认模式、编辑模式和命令模式等,如图 1-1-28 所示。

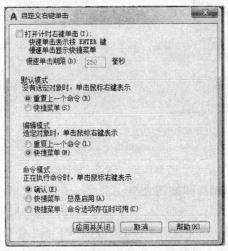

图 1-1-28　"自定义右键单击"对话框

## 4.4　设置光标样式

(1)十字光标大小。在"显示"选项卡中,拖动"十字光标大小"滑块可以改变光标显示大小。也可以输入数值,取值范围为 1 ~ 100,数值越大,十字光标越长。

(2)自动捕捉框的颜色和标记大小。在"绘图"选项卡的"自动捕捉设置"选项组中,单击 颜色(C)... 按钮,可以修改自动捕捉框的显示颜色;拖动"自动捕捉标记大小"滑块可以改变自动捕捉框的大小;类似地,可以设置靶框大小。

(3)拾取框大小和夹点大小。在"选择集"选项卡的"拾取框大小"选项组中拖动滑块可以改变拾取框大小;类似地,可以改变夹点大小。

> ★小提示:
> 在"选项"对话框中,自动捕捉框、拾取框和夹点的默认值较小,可适当加大;"自定义右键单击"对话框中,建议"默认模式"选择"重复上一个命令","命令模式"选择"确认",以提高绘图效率。

## ※　任务实施

步骤 1:新建"AutoCAD 二维经典"工作空间。

（1）关闭功能区。在功能区选项卡标签行右键单击，从弹出的快捷菜单中选择"关闭"，则关闭功能区，如图 1-1-29 所示。在命令行输入 Ribbon，并按回车键，则恢复功能区。

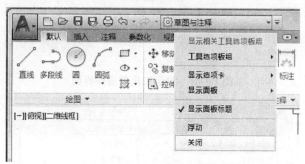

**图 1-1-29　关闭功能区操作界面**

（2）显示菜单栏。单击"快速访问工具栏"中 按钮，在下拉菜单中单击"显示菜单栏"，则显示菜单栏，如图 1-1-30 所示，

**图 1-1-30　显示菜单栏操作界面**

（3）显示工具条。单击【工具】|【工具栏】|【AutoCAD】，选择需要显示的工具条，如图 1-1-31 所示。在已有工具条上右键单击，从弹出的快捷菜单中选择标准、样式、工作空间、绘图、修改、标注、图层、特性等工具条。

（4）保存工作空间。单击"快速访问工具栏"中的"工作空间"按钮，选择"将当前工作空间另存为"选项，如图 1-1-32 所示。在弹出的"保存工作空间"对话框中输入名称"AutoCAD 二维经典"，单击"保存"按钮，如图 1-1-33 所示。

步骤 2：系统参数设置。

（1）设置显示颜色、显示精度。设置"窗口元素"的"配色方案"为"明"；设置"二维模型空间"的统一背景颜色为黑色；设置"自动追踪矢量"的颜色为红色；设置"显示精度"中"圆弧和圆的平滑度"为 10000。

图 1-1-31　显示工具条操作界面

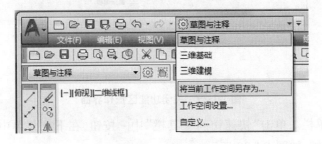

图 1-1-32　将当前工作空间另存为操作界面

图 1-1-33　"保存工作空间"对话框

（2）设置保存选项。在"选项"对话框的"打开和保存"选项卡中，从"另存为"下拉列表中选择"AutoCAD 2000/LT 2000 图形（＊.dwg）"。

（3）设置鼠标右键单击功能。按如图 1-1-28 所示设置鼠标右键单击功能。

（4）设置十字光标、自动捕捉标记及拾取框和夹点的大小。十字光标大小采用默认值 5。设置自动捕捉标记大小和靶框大小如图 1-1-34 所示。设置拾取框大小和夹点尺寸如图 1-1-35 所示。

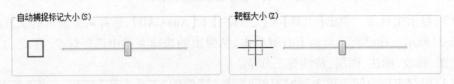

图 1-1-34　设置自动捕捉标记大小和靶框大小

图 1-1-35　设置拾取框大小和夹点尺寸

步骤 3:创建配置文件。

在"选项"对话框的"配置"选项卡中。单击 输出(E)... 按钮,弹出"输出配置"窗口,选择保存路径,输入文件名"我的配置2017"。

步骤 4:输入配置文件。

在"配置"选项卡中,单击 输入(I)... 按钮,弹出"输入配置"窗口,选择配置文件,如"我的配置2017.arg",弹出"输入配置"对话框,单击 应用并关闭 按钮,返回"配置"选项卡,单击 置为当前(C) 按钮,系统将"我的配置2017"置为当前,如图 1-1-36 所示。

图 1-1-36　输入配置

## ※　技能训练

1.建立"AutoCAD 三维经典"工作空间。调出工具条标准、样式、工作空间、图层、特性、绘图、修改、建模、实体编辑、三维导航、视觉样式、对象捕捉、标注、绘图次序、查询、UCS 等。

2.在建立的"AutoCAD 三维经典"工作空间基础上,设置系统参数:在"选项"对话框的"显示"选项卡中,设置"三维平行投影"的统一背景颜色为黑色,设置"自动追踪矢量"的颜色为红色;在"选项"对话框的"三维建模"选项卡中,选中"在标准十字光标中加入轴标签"复选框。设置完成后,创建配置文件,名称为"我的三维配置2017"。

# 任务 2　建立 AutoCAD 2017 绘图模板文件

## ※　任务描述

按照以下要求建立图形样板文件。参照《机械工程 CAD 制图规则》(GB/T 14661—

2012），新建粗实线、点画线、虚线、双点画线、细实线、标注、文字等图层，具体参数如表 1-2-1 所示。图形单位与图形界限采用系统默认设置。关闭捕捉和栅格，启用极轴追踪并设置增量角为 15°，启用对象捕捉和对象捕捉追踪。上述任务完成后，按照系统默认路径保存文件，文件类型选择"AutoCAD 图形样板（ ∗ . dwt）"，名称为"我的样板 2017"。

表 1-2-1 图层参数

| 图层名称 | 线型 | 颜色 | 线宽 |
|---|---|---|---|
| 粗实线 | Continuous | 白色 | 0.50 |
| 细实线 | Continuous | 绿色 | 0.25 |
| 虚线 | Hidden | 青色 | 0.25 |
| 粗虚线 | Hidden | 白色 | 0.50 |
| 点画线 | Center | 红色 | 0.25 |
| 粗点画线 | Center | 棕色 | 0.50 |
| 双点画线 | Divide | 品红色 | 0.25 |
| 标注 | Continuous | 蓝色 | 0.25 |
| 文字 | Continuous | 黄色 | 0.25 |

## ※相关知识

## 1 设置系统环境

### 1.1 设置图形单位

在 AutoCAD 2017 中，可以在"图形单位"对话框中设置图形单位，如图 1-2-1 所示。主要通过以下三种方法打开：

（1）菜单浏览器：单击按钮 **A**，选择【图形实用工具】|【单位】命令。

（2）菜单栏：选择【格式】|【单位】命令。

（3）命令行：输入 UNITS 后，按 Enter 键。

图形单位可采用公制或英制，用户可以根据具体情况进行设置：

（1）长度。默认类型为"小数"，默认精度为小数点之后四位数。

（2）角度。默认类型为"十进制度数"，默认精度为整数，角度方向默认以逆时针为正。

（3）插入时的缩放单位。有毫米、英寸等，默认为毫米。

（4）方向。单击"方向"按钮，弹出"方向控制"对话框，可以设置基准角度方向，默认的基准角度方向为正东方向。

（5）光源。用于设置当前图形中光源强度的单位，包括"国际"、"美国"和"常规"3 种测量单位，默认为国际。

### 1.2 设置图形界限

图形界限是指绘图的区域，通过指定绘图区域的左下角点和右上角点来确定。可以

**图 1-2-1　"图形单位"对话框**

通过以下两种方法设置图形界限:

(1)菜单栏:选择【格式】|【图形界限】命令。

(2)命令行:输入 LIMITS 后,按 Enter 键。

执行命令后,命令行提示如下:

命令: _limits

指定左下角点或[开(ON)/关(OFF)]<0.0000,0.0000>:

　　　　　　　　　　　　　　　　　//回车,或指定点,或输入选项

指定右上角点<420.0000,297.0000>: //回车,或指定点

AutoCAD 2017 的默认绘图界限为 420×297,即 A3 图纸幅面。

------------------------------

**★小提示:**

"开(ON)"选项即打开界限检查,将无法在图形界限以外绘制任何图形;

"关(OFF)"选项即关闭界限检查,可以在图形界限以外绘制或指定对象。

------------------------------

## 2　AutoCAD 视图控制

绘图中,为了观察和绘制图形,通常需要对视图进行缩放、平移等操作。

### 2.1　缩放视图

在绘图时,对视图进行缩放不会改变对象的绝对大小,只改变对象在屏幕上的显示效果。视图缩放工具条如图 1-2-2 所示。

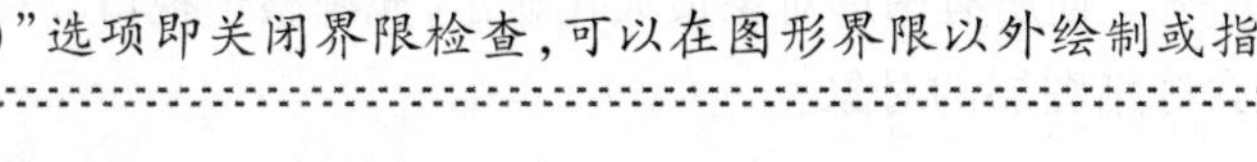

**图 1-2-2　视图缩放工具条**

在 AutoCAD 2017 中,执行缩放操作主要有以下四种方法:

（1）滚轮：上下滑动鼠标滚轮即可。

（2）菜单栏：选择【视图】|【缩放】命令，显示"缩放"子菜单。

（3）导航栏：单击"导航栏"中的缩放系列按钮。

（4）命令行：输入 ZOOM 或 Z 后，按 Enter 键。

视图缩放命令主要有：实时缩放、上一步缩放、窗口缩放、动态缩放、比例缩放、中心缩放、对象缩放、放大或缩小、全部缩放、范围缩放等，具体含义如下：

（1）实时缩放🔍。单击该按钮，在屏幕上会出现一个光标🔍⁺，按住鼠标左键上下移动，即可实现图形的缩放。

（2）上一步缩放🔍。单击该按钮，将恢复到前一个视图显示状态。

（3）窗口缩放🔍。通过指定一矩形窗口，可以使该矩形窗口内的图形放大至整个绘图区。矩形框越小，图形显示的越大。

（4）动态缩放🔍。单击该按钮，绘图区将显示一个带中心标记的方框。移动方框到要缩放的位置单击，可调整视图大小，按 Enter 键可将方框内的图形最大化显示。

（5）比例缩放🔍。该命令按输入的比例值进行缩放。有 3 种输入方法：直接输入数值，表示相对于图形界限进行缩放；在数值后加 X，表示相对于当前视图进行缩放；在数值后加 XP，表示相对于图纸空间单位进行缩放。

（6）中心缩放🔍。该命令以指定点为中心点，整个图形按照指定的缩放比例缩放。若输入的高度值比当前值小，则视图将放大，反之则缩小。

（7）对象缩放🔍。该命令使用尽可能大的、可包含所有选定对象的放大比例显示视图。可以在启用 ZOOM 命令之前或之后选择对象。

（8）放大🔍（缩小🔍）。每次单击该按钮，视图显示将比当前视图放大（缩小）一倍。

（9）全部缩放🔍。执行该命令，所有图形将被缩放到图形界限和当前范围两者中较大区域。

（10）范围缩放🔍。使所有图形对象最大化显示，充满整个视口。视图包含已关闭图层的对象，但不包含冻结图层的对象。

## 2.2 平移视图

平移视图是指不改变视图的大小和角度，在屏幕内移动视图以便观察图形。平移视图的命令主要有以下五种调用方法：

（1）鼠标键：按住鼠标滑轮拖动。

（2）导航栏：单击平移按钮✋即可进入视图平移状态。

（3）菜单栏：选择【视图】|【平移】命令。

（4）标准工具栏：单击按钮✋。

（5）命令行：在命令行输入 PAN 或 P 后，按 Enter 键。

常用的平移有实时平移和定点平移两种。实时平移位置由鼠标的运动控制，定点平移位置通过指定基点或位移进行确定。

### 2.3　重画与重生成

#### 2.3.1　重画

"重画"命令用于从当前视口中删除编辑命令留下的点标记,只刷新屏幕显示,生成图形的速度较快。执行"重画"命令主要有以下两种方法:

(1)菜单栏:选择【视图】|【重画】命令。

(2)命令行:输入 RADRAW 或 RA 后,按 Enter 键。

#### 2.3.2　重生成

"重生成"命令不仅重新计算当前视图中所有对象的屏幕坐标,还重新生成整个图形从而优化显示效果。执行"重生成"命令主要有以下两种方法:

(1)菜单栏:选择【视图】|【重生成】命令。

(2)命令行:输入 REGEN 或 RE 后,按 Enter 键。

重生成前后的效果如图 1-2-3 所示。如果要对整个图形执行重生成,可选择【视图】|【全部重生成】命令。

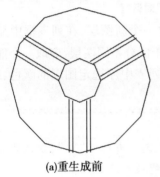 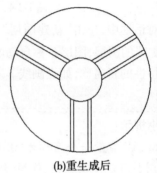

(a)重生成前　　　　　　　　　　　　　　　(b)重生成后

图 1-2-3　重生成前后的效果

## 3　图层管理

### 3.1　认识图层

图层是用户管理图形对象的重要工具。绘制工程图时,可以将不同类型的图形对象绘制在不同图层。每个图层就像一张没有厚度的透明纸,将这些图层叠加后一起显示出来,就形成了一张完整的工程图。

工程图中主要包括轮廓线、中心线、虚线、细实线等图线和尺寸标注等内容。绘图时应建立合适的图层,如果图层划分得合理,命名规范,将使图形信息清晰有序,给修改、观察及打印图样带来很大便利。

### 3.2　图层的基本操作

对图层的基本操作主要有新建图层、删除图层、指定颜色、指定线型、设置线宽等。主要通过"图层特性管理器"和"图层控制"命令进行操作。

#### 3.2.1　新建图层

新建图层时,首先需要启用"图层特性管理器"命令,主要有以下四种方法:

(1)菜单栏:选择【格式】|【图层】命令。

（2）工具栏：单击图层工具栏的按钮 📇。

（3）功能区：选择【默认】|【图层】命令。

（4）命令行：输入 LAYER 或 LA 后，按 Enter 键或空格键。

执行命令后，将出现"图层特性管理器"对话框，如图 1-2-4 所示。

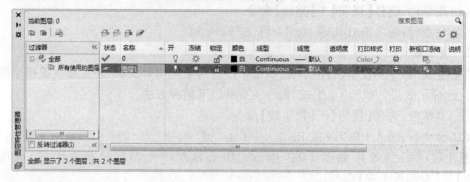

**图 1-2-4　"图层特性管理器"对话框**

在该对话框中，单击"新建图层"按钮 🎛️，则创建一个新图层，在列表框中显示出名称为"图层 1"的图层，图层名称自动顺序编号。为便于区分不同图层，应取一个能表征图层上图元特性的新名称，如点画线。新建图层将继承列表中原选定图层的颜色、线型、线宽等特性。

> ★**小提示：**
> AutoCAD 自带一个名称为"0"的默认图层，其状态列有标记"√"，默认为当前图层，"0"图层可以修改颜色、线型、线宽等属性，但不能被删除。

### 3.2.2　设置图层的颜色

在"图层特性管理器"对话框中，单击某图层的颜色名称后，弹出"选择颜色"对话框，如图 1-2-5 所示。该对话框有"索引颜色"、"真彩色"和"配色系统"三个选项卡，用户可以从中选择自己需要的颜色。

不同的图层，应尽量选用不同的颜色，以利于区分。在 AutoCAD 中，白色和黑色是一种颜色，由绘图窗口的背景决定。

### 3.2.3　设置图层的线型

#### 3.2.3.1　打开"选择线型"对话框

在"图层特性管理器"中，在某图层的线型名称处单击，弹出"选择线型"对话框，如图 1-2-6 所示。从"已加载的线型"列表中选择需要的线型后，单击按钮 确定 ，完成线型修改。如果列表中没有需要的线型，则需要加载。

#### 3.2.3.2　加载线型

在"选择线型"对话框中单击 加载(L)... ，弹出"加载或重载线型"对话框，如图 1-2-7 所示。在"可用线型"列表中选择线型后，单击 确定 ，系统返回"选择线型"对话框。在"加载或重载线型"对话框中，可以按住 Ctrl 键选择所需要的多个线型，一起加载。

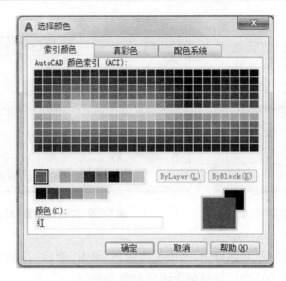

图 1-2-5　"选择颜色"对话框

图 1-2-6　"选择线型"对话框　　　　图 1-2-7　"加载或重载线型"对话框

### 3.2.3.3　选中线型

在"选择线型"对话框的"已加载的线型"列表中,选中该线型后,单击 确定 ,系统返回"图层特性管理器"对话框。

### 3.2.4　设置图层的线宽

在"图层特性管理器"对话框中,在某图层的线宽一列单击,弹出"线宽"对话框,如图 1-2-8 所示。在"线宽"列表框中选择宽度值后,单击 确定 ,返回"图层特性管理器"对话框,完成该图层的线宽设置。

使用"设置线宽"命令,可以调整图形对象的线宽在模型空间中的显示比例。启用"设置线宽"命令主要有以下四种方法:

(1)菜单栏:选择【格式】|【线宽】命令。

(2)状态栏:右键单击按钮 ,然后单击弹出的**线宽设置...**。

(3)命令行:输入 LWEIGHT 后,按 Enter 键或空格键。

(4)"选项"对话框:在"用户系统配置"选项卡中单击**线宽设置(L)...**。

执行命令后,弹出"线宽设置"对话框,如图 1-2-9 所示,可以设置默认线宽,可以拖动滑块来调整显示比例。

图 1-2-8　"线宽"对话框　　　　　图 1-2-9　"线宽设置"对话框

### 3.2.5　删除图层

在"图层特性管理器"对话框中,选中某图层后,单击"删除"按钮 ，则删除该图层。但不能删除当前图层、"0"图层以及包含图形对象的图层。

## 3.3　控制图层的状态

图层的状态主要包括打开/关闭、冻结/解冻、锁定/解锁、打印/不打印等。可以从"图层控制"列表框进行控制,如图 1-2-10 所示。也可以从"图层特性管理器"对话框进行控制。单击图层中相应的图标可以修改图层的状态。

图 1-2-10　"图层控制"列表框

### 3.3.1　打开或关闭图层

单击某图层的按钮 ，可以关闭( )或打开( )该图层。对于打开的图层,图形是可见的,且可以打印。对于关闭的图层,图形不可见,且不能打印。当图形重新生成时,被关闭的图层也将一起被生成。

### 3.3.2　冻结或解冻图层

单击某图层的按钮 ，就在所有视口中冻结( )或解冻( )该图层。对于解冻的图层,图形是可见的,且可以打印。对于冻结的图层,图形不可见,不能打印,也不能渲染或重生成对象。

可以冻结除当前图层外的所有图层。冻结图纸空间当前视口中选定的图层,而不影响其他视口的图层显示。

### 3.3.3　锁定或解锁图层

单击某图层的按钮🔓,可以锁定(🔒)或解锁(🔓)该图层。对于锁定的图层,图形是可见的,但是不能编辑。当不需要编辑某图层中的对象时,可以将该图层锁定,以避免不必要的误操作。

### 3.3.4　打印与不打印图层

在"图层特性管理器"对话框中,单击按钮🖨,可以不打印(🖨)或打印(🖨)该图层。指定某层不打印时,该图层的对象仍可见。不打印设置只对可见图层有效。若已设置为可打印,但该图层是冻结或关闭的,则仍不打印该层。

### 3.4　图层的其他操作

绘图过程中,用户通常需要切换图层,或将某些对象移至其他图层等。使用"图层特性管理器"和"图层控制"均可实现,而后者更为便捷。

> **★小提示:**
>
> "图层控制"下拉列表具有三种显示模式:(1)若没有选择任何对象,下拉列表显示当前图层。(2)若选择了一个对象,或同一图层的多个对象,则下拉列表显示对象所在图层。(3)若选择了不属于同一层的多个对象,则下拉列表显示空白。

### 3.4.1　设置当前图层

在选用某一线型绘图时,应将该线型的图层设置为当前图层。通过"图层控制"下拉列表,用户可以快速地设置当前图层,方法如下:

(1)直接选择图层。当没有选择对象时,单击"图层控制"下拉列表的空白处,打开列表,然后在某一图层的名称或空白处单击,该图层就成为当前图层。

(2)利用已选择的对象。首先选择对象,然后在如图 1-2-11 所示的"图层"工具栏上单击"将对象的图层置为当前"按钮🗐,则对象所在图层即成为当前图层。

**图 1-2-11　"图层"工具栏**

另外,已冻结的或依赖外部参照的图层,不能设置为当前图层。在"图层特性管理器"对话框中,直接在某一图层的状态列双击,或选中该层后单击按钮🗹,均可使该图层成为当前图层。

### 3.4.2　移动对象至其他图层

如果绘制的对象不在要求的图层,可先选择对象,然后在"图层控制"下拉列表目标图层的名称或空白处单击,按 Esc 键,则选中的对象就移动至该图层。

## 4　对象的特性

### 4.1　编辑对象的特性

对象特性包含对象的图层、颜色、线型、线宽和打印样式等。一般情况下,绘图时对象的特性应与图层设置保持一致,即随层(ByLayer)。若对象的特性不随层,则不利于编辑和观察。

当需要修改对象的颜色等特性时,最好采用"图层特性管理器"和"图层控制"编辑图层的方式。如果在同一图层中修改部分对象特性,也可以在"特性"工具栏或"特性"窗口进行编辑。

### 4.1.1 通过"特性"工具栏修改对象特性

"特性"工具栏如图 1-2-12 所示。主要包括"颜色控制"、"线型控制"、"线宽控制"等下拉列表框,分别用来修改颜色、线型和线宽。

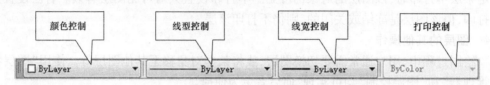

图 1-2-12 "特性"工具栏

选择对象后修改颜色、线型、线宽等特性,只对被选择的对象有效;当没有选择对象时,修改后的特性对新绘制的对象有效。

(1)编辑对象的颜色。要改变已有对象的颜色,首先选中对象,然后从如图 1-2-13 (a)所示的"颜色控制"下拉列表中选择所需颜色,即可实现已选对象的颜色修改。

若没有选中对象,在某一图层执行上述操作后,则更改了该图层的当前颜色设置,对新绘制的对象生效。

(2)编辑对象的线型。单击"特性"工具栏的"线型控制"下拉列表,显示当前文件中已定义的线型列表,如图 1-2-13(b)所示。在列表中选择线型,即可完成线型修改。如果列表中没有需要的线型,则单击"其他"项,加载需要的线型。

(3)编辑对象的线宽。改变对象的线宽,通过如图 1-2-13(c)所示的"线宽控制"下拉列表来完成,在列表中单击需要的线宽即可。

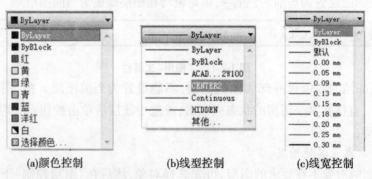

(a)颜色控制          (b)线型控制          (c)线宽控制

图 1-2-13 "颜色控制"、"线型控制"、"线宽控制"下拉列表

### 4.1.2 通过"特性"窗口修改对象特性

"特性"窗口是显示各个对象属性的窗口,它集合了强大的功能,利用该窗口可以查看、修改对象的属性,使对象的编辑和修改变得更为直观方便。

打开"特性"窗口的方法如下:

（1）工具栏：在"标准"工具栏中，单击"特性"按钮圆。

（2）快捷键：按 Ctrl + 1 组合键。

（3）右键菜单：选择对象后，单击右键，在快捷菜单中选择圆　**特性(S)**。

（4）菜单栏：选择【工具】|【选项板】|【特性】命令；或选择【修改】|【特性】命令。

"特性"窗口如图 1-2-14 所示。"特性"窗口可放置在屏幕的任意位置，可固定在屏幕一侧，也可以浮动放置，还可以调整窗口大小。

图 1-2-14　"特性"窗口

"特性"窗口各项目说明如下：

（1）"特性"窗口按类别显示对象特性，分为基本、打印样式、视图等多个选项组。单击按钮➕、➖，可以展开或收起选项组。

（2）如果没有选择对象，"特性"窗口将显示当前的特性，如当前的图层、颜色、线型、线宽和打印样式等。

（3）如果选择了一个对象，"特性"窗口将显示选定对象的特性。

（4）如果选择了多个对象，可以使用"特性"窗口顶部的下拉列表选择某一类对象，列表中还显示了当前每一类选定对象的数量。

在"特性"窗口中，可选中图层、颜色、线型、线宽等项目进行修改。若已选中对象，则修改结果对选中的对象生效；若没有选择对象，则修改结果对新绘制的对象生效，而不影响已有对象的特性。

### 4.2　非连续线型的比例

在使用各种线型绘图时，默认的线型比例是 1，以 A3 图纸作为基准。点画线或虚线等非连续线型由实线段、空白段、点或文本、图形组成，在不同绘图界限下的屏幕显示外观不同，有时如同连续线一样，可以通过改变线型比例来调整非连续线型对象的显示效果。

主要通过以下方式来修改线型比例：

（1）菜单栏：选择【格式】|【线型】命令。

（2）工具栏：单击"特性"工具栏的"线型控制"，选择"其他"。

（3）命令行：输入 LTSCALE 后，按 Enter 键或空格键，然后输入比例值。

执行前两种命令后，弹出"线型管理器"对话框，单击 显示细节(D) 按钮，则该对话框展开"详细信息"区域，如图 1-2-15 所示。

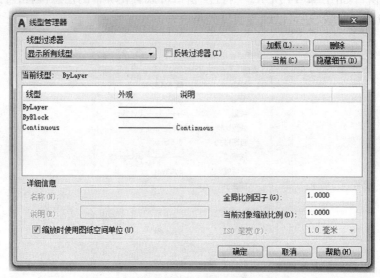

**图 1-2-15　"线型管理器"对话框**

线型比例 = 全局比例因子 × 当前对象缩放比例。通过修改全局比例因子或当前对象缩放比例，均可改变非线性对象的线型比例。

### 4.2.1　全局比例因子

LTSCALE 是控制线型的全局比例因子，它将影响图样中所有非连续线型的外观。LTSCALE 的默认值为 1，取值增加时，使非连续线中短横线及空格加长；反之，则缩短。全局比例因子取值变化时，点画线和虚线的外观变化如图 1-2-16 所示。

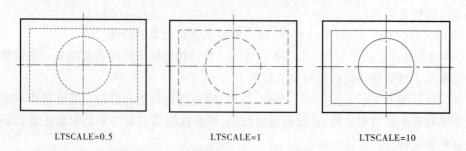

LTSCALE=0.5　　　　　　LTSCALE=1　　　　　　LTSCALE=10

**图 1-2-16　全局比例因子对非连续线型的影响**

修改全局比例因子后，将使图形中所有非连续线型发生变化，它对已有对象和新建对象均起作用。

### 4.2.2 当前对象缩放比例

当前对象缩放比例由系统变量 CELTSCALE 设定,默认值为 1,取值变化后,非连续性线型对象的外观将改变。当全局比例因子相同,而当前对象缩放比例变化时,点画线和虚线的外观变化如图 1-2-17 所示。

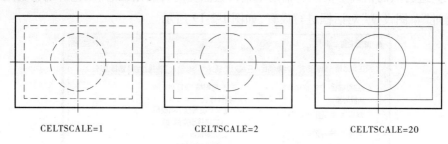

CELTSCALE=1          CELTSCALE=2          CELTSCALE=20

**图 1-2-17 当前对象缩放比例对非连续线型的影响**

当用户改变当前对象缩放比例后,将影响图形文件中所有新绘制的非连续线型,而不影响已有的对象。

### 4.3 特性匹配

使用"特性匹配"命令可以快速地将某对象的特性赋予其他对象,包括颜色、图层、线型、线型比例、线宽等基本特性,还有标注、文字、图案填充等特殊特性。调用"特性"命令的方式如下:

(1)工具栏:单击"标准"工具栏的"特性匹配"按钮 。

(2)菜单栏:选择【修改】|【特性匹配】命令。

执行命令后,此时光标形状变为 。首先单击选择要复制特性的源对象,然后选择要修改的目标对象。

如果只想复制源对象的部分特性,在提示"选择目标对象或[设置(S)]"时,输入 S,按回车键,将弹出"特性设置"对话框,如图 1-2-18 所示。用户可以选择需要匹配的特性,再次执行"特性匹配"命令时,将按新设置执行匹配。

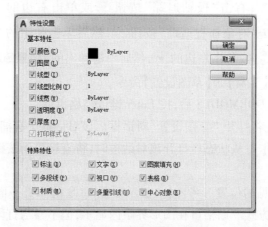

**图 1-2-18 "特性设置"对话框**

## 5　绘图辅助功能

在绘图过程中,可以使用状态栏的栅格、捕捉、正交、极轴追踪、对象捕捉、动态输入等辅助工具进行点的精确定位。当辅助工具按钮点亮时为启用状态,灰色时则为关闭状态。可以通过"草图设置"对话框进行设置,如图 1-2-19 所示。

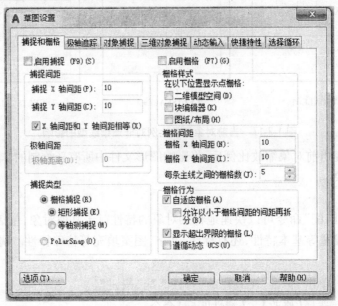

图 1-2-19　"草图设置"对话框

打开"草图设置"对话框的方法如下:

(1)状态栏:右击"栅格"按钮 ▦ ,然后单击弹出的 网格设置... 选项;右击"捕捉"按钮 ▦ 或单击右边的 ▼ ,然后单击弹出的 捕捉设置... 选项;右击"动态输入"按钮 ⁺▄ ,然后单击弹出的 动态输入设置... 选项;右击"极轴追踪"按钮 ⌀ 或单击右边的 ▼ ,然后单击弹出的 正在追踪设置... 选项;右击"对象捕捉追踪"按钮 ∠ ,然后单击弹出的 对象捕捉追踪设置... 选项;右击"对象捕捉"按钮 ▢ 或单击右边的 ▼ ,然后单击弹出的 对象捕捉设置... 选项。

(2)菜单栏:选择【工具】|【草图设置】命令。

(3)命令行:输入 DDRMODES 后,按 Enter 键或空格键。

执行命令后,系统将打开"草图设置"对话框。该对话框中有捕捉和栅格、极轴追踪、对象捕捉等 7 个选项卡。从状态栏打开该对话框时,将直接显示按钮命令对应的选项卡。

### 5.1　栅格和捕捉

栅格作为一种可见的位置参考图标,显示覆盖 UCS 的 XY 平面的等间距栅格,可直观地显示距离和对齐方式。栅格可在图形界限内显示,但不参与打印。

#### 5.1.1　启用或关闭栅格及捕捉

(1)启用或关闭栅格的主要方法如下:

①状态栏:单击状态栏的"栅格"按钮▦。

②快捷键:按 F7 键。

启用"栅格"后,只有同时启用"捕捉",移动光标时才会捕捉栅格点。启用栅格和捕捉后,十字光标以跳跃式移动自动捕捉最近的栅格点。

(2)启用或关闭捕捉的主要方法如下:

①状态栏:单击状态栏的"捕捉"按钮▦。

②快捷键:按 F9 键。

### 5.1.2　栅格和捕捉的参数设置

栅格间距等参数可以修改,主要通过 GRID 命令或如图 1-2-19 所示的"草图设置"对话框的"捕捉和栅格"选项卡进行设置。为了避免绘制的图形超出图形界限,可以设置栅格只在图形界限内显示。

## 5.2　正交模式

启用正交模式可以用来精确定位点,它将定点设备的输入限制为水平或垂直,对于绘制水平线或垂直线比较方便。

启用或关闭正交模式的方式如下:

(1)状态栏:单击状态栏的"正交"按钮▙。

(2)快捷键:按 F8 键。

(3)命令行:输入 ORTHO 后,按 Enter 键,然后输入 ON 启用,输入 OFF 则关闭。

在正交模式下,可以通过输入坐标值绘制斜线。

## 5.3　极轴追踪

极轴追踪是按设定的角度增量来追踪特征点的。应用极轴追踪方式时,将显示对齐路径导航线,可以方便地捕捉到所设角度线上的任意点。

### 5.3.1　启用或关闭极轴追踪

启用或关闭极轴追踪的主要方法如下:

(1)状态栏:单击状态栏的"极轴追踪"按钮⊘。

(2)快捷键:按 F10 键。

启用极轴追踪后,当光标接近增量角的整数倍时,绘图区将显示对齐路径的导航线,可以直接输入距离绘制相应角度的直线。

### 5.3.2　极轴追踪的参数设置

在如图 1-2-20 所示的"草图设置"对话框的"极轴追踪"选项卡中,用户可以对极轴追踪的参数进行设置。

(1)勾选"启用极轴追踪"复选框。

(2)设置增量角。单击"增量角"下拉列表选择 90、45、30、22.5、18、15、10、5 等值中的一个角度,或输入角度数字。勾选"附加角"复选框后,可以新建附加角度,该角度为绝对值。当光标移到增量角的整数倍或附加角的位置时,将显示极轴追踪导航线,可以输入

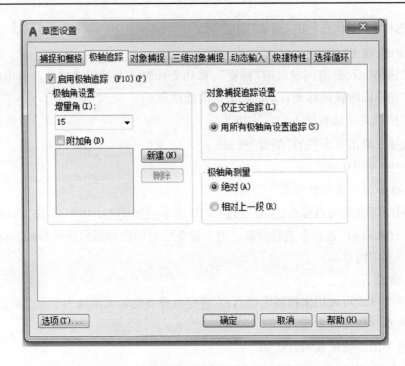

图 1-2-20　"草图设置"对话框的"极轴追踪"选项卡

距离绘制直线,如图 1-2-21 所示。增量角也可以从快捷菜单中选择设置,如图 1-2-22 所示。

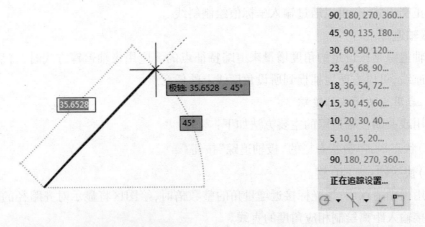

图 1-2-21　极轴追踪绘制直线　　　　　　　图 1-2-22　极轴追踪增量角快捷菜单

(3)对象捕捉追踪设置。"仅正交追踪"表示只显示获取对象捕捉点的水平或垂直方向上的追踪路径。"用所有极轴角设置追踪"表示将极轴追踪设置应用到对象捕捉追踪,使用对象捕捉时,光标将从捕捉点起,沿极轴对齐角度进行追踪。

(4)极轴角测量方式。"绝对"表示以当前坐标系为基准计算极轴追踪角度。"相对上一段"表示以最后绘制的两点之间的直线为基准计算极轴追踪角度。

> **★小提示:**
>
> 　　若启用"极轴追踪",则"正交模式"自动关闭,二者互斥,不能同时启用。绘制图形时,可以两种模式来回切换;当增量角的整数倍数值能包含 90 或附加角含有 90、180、270 时,可以只利用"极轴追踪"绘制包含水平或垂直的图线。

### 5.4　对象捕捉

　　在 AutoCAD 2017 中,可以通过"对象捕捉"工具栏、"草图设置"对话框等方法调用对象捕捉功能,以便迅速、准确地捕捉特征点(如直线的端点或中点等),实现精确绘图。对象捕捉模式又可分为临时捕捉模式和自动捕捉模式。

#### 5.4.1　临时捕捉模式

　　在执行命令的过程中,通过输入关键字(如 mid、cen、qua 等)或工具栏执行捕捉命令,称为临时捕捉模式,它仅对本次捕捉点有效。

　　执行临时捕捉命令的方式如下:

　　(1)工具栏:在"对象捕捉"工具栏上选择相应的捕捉方式。

　　(2)快捷菜单:按住 Shift 或 Ctrl 键,右键单击,弹出对象捕捉快捷菜单。

　　(3)命令行:输入对象捕捉方式的关键字后,按 Enter 键或空格键。

　　"对象捕捉"工具栏如图 1-2-23 所示,"对象捕捉"快捷菜单如图 1-2-24 所示。在绘图过程中,当命令行提示用户确定或输入点时,单击工具栏或快捷菜单中相应的按钮,再将光标移到图形对象的特征点附近,就捕捉到相应的特征点,并显示特征点符号。对象捕捉模式说明如表 1-2-2 所示。

**图 1-2-23　"对象捕捉"工具栏**

#### 5.4.2　自动捕捉模式

　　在绘图过程中,使用自动捕捉将更加快捷。自动捕捉是指对象捕捉模式启用后持续有效,直到关闭为止。系统自动捕捉到对象上所有符合条件的几何特征点,并显示相应的捕捉标记。如果把光标置于捕捉点上稍作停留,系统还会显示捕捉的提示信息,可以在选择点之前预览和确认捕捉点。

　　(1)启用或关闭自动对象捕捉模式的主要方法如下:

　　①状态栏:单击"对象捕捉"按钮 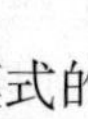 。

　　②快捷键:按 F3 键。

　　(2)对象捕捉设置。使用自动捕捉模式时,用户应根据自己的需求,预先在"草图设置"对话框的"对象捕捉"选项卡中设置捕捉特征点的类型,如图 1-2-25 所示。

　　勾选"启用对象捕捉"复选框,然后选择需要的对象捕捉模式。单击 全部选择 按钮,将选择所有捕捉模式;单击 全部清除 按钮,则全不选。

★小提示：

（1）临时捕捉与自动捕捉配合使用。例如，捕捉端点、中点、交点、象限点等绝大多数特征点时采用自动捕捉；画圆的公切线时，可以采用临时捕捉切点。

（2）如果希望对象捕捉忽略图案填充对象，则将 OSNAPHATCH 系统变量设置为0。

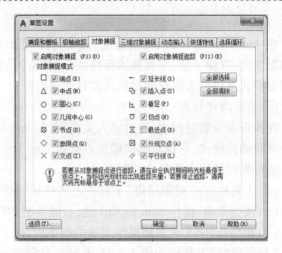

图 1-2-24　"对象捕捉"快捷菜单　　　图 1-2-25　"草图设置"对话框的"对象捕捉"选项卡

表 1-2-2　对象捕捉模式说明

| 按钮 | 名称及关键字 | 功能及说明 |
| --- | --- | --- |
| ⊷ | 临时追踪点（TT） | 确定临时参照点，在图形上单击一点，获取点将显示小加号（＋），移动光标将相对于该临时点显示自动追踪对齐路径 |
| 🔽 | 自（FROM） | 确定临时参照或基点后，输入自该基点的偏移坐标@$X,Y$ |
| ✕ | 端点（END） | 捕捉离光标最近图线的端点。圆弧、椭圆弧、直线、多线、多段线、样条曲线、面域、实体和射线的端点 |
| ✕ | 中点（MID） | 捕捉离光标最近图线的中点。圆弧、椭圆、椭圆弧、直线、多线、多段线、面域、实体、样条曲线或参照线的中点 |
| ✕ | 交点（INT） | 捕捉离光标最近两图线的交点。圆弧、圆、椭圆、椭圆弧、直线、多线、多段线、射线、面域、样条曲线等线段交点 |
| ✕ | 外观交点（APPINT） | 捕捉两图线的延伸交点。也可捕捉到不在同一平面但当前视图中相交的两个对象的外观交点 |
| ---- | 延长线（EXT） | 捕捉离光标最近图线的延伸点，光标经过对象端点时，端点将显示（＋），沿线段方向移动光标，可在延长线上指定点 |
| ◎ | 圆心（CEN） | 捕捉离光标最近的曲线、圆弧、圆、椭圆或椭圆弧的圆心 |

| 按钮 | 名称及关键字 | 功能及说明 |
|---|---|---|
| ⊙ | 几何中心 | 捕捉离光标最近的多线、多段线、样条曲线的几何中心 |
| ◈ | 象限点(QUA) | 捕捉离光标最近的曲线、圆弧、圆、椭圆的象限点 |
| ○ | 切点(TAN) | 捕捉离光标最近的图线切点,直线与曲线或曲线与曲线的切点 |
| ⊥ | 垂足(PER) | 捕捉点到指定图线的(直线、圆弧、圆、多段线、射线、构造线、多线或三维实体的边等)的垂足 |
| ∥ | 平行线(PAR) | 捕捉与直线平行的直线,指定第一个点后,将光标触碰另一条直线,当显示与原直线平行的导航线时指定点 |
| ⊠ | 插入点(INS) | 捕捉块、图形、文字等对象的插入点 |
| ○ | 节点(NOD) | 捕捉离光标最近的点对象、标注定义点或标注文字起点 |
| ✕ | 最近点(NEA) | 捕捉离光标最近圆弧、圆、椭圆、椭圆弧、直线、多线、点、多段线、射线、样条曲线或参照线等图线上的点 |
| ⬚ | 两点之间的中点(MTP/M2P) | 根据两个点,捕捉到该两点之间的中点 |
| 🗙 | 无捕捉(NON) | 暂时关闭所有对象捕捉模式,对当前选择不执行对象捕捉 |
| ⋔ | 对象捕捉设置(OSNAP) | 打开"草图设置"对话框的"对象捕捉"选项卡,设置对象自动捕捉模式 |

## 5.5　对象捕捉追踪

当应用对象捕捉追踪时,将沿着基于对象捕捉点的对齐路径进行追踪,可以方便地捕捉到指定对象点延长线上的点。

对象捕捉追踪工具的打开方式如下:

(1)状态栏:单击"对象捕捉追踪"按钮⊿。

(2)快捷键:按 F11 键。

极轴追踪和对象捕捉追踪应与对象捕捉一起使用。必须设置对象捕捉,才能从对象的捕捉点进行追踪,将光标悬停于该点上,当移动光标时会出现追踪矢量,若要停止追踪,应再次将光标悬停于该点上。

## 5.6　动态输入

当使用动态输入时,在命令执行过程中十字光标旁边将显示工具栏提示,并随着光标移动。可以在工具栏提示中输入值,但动态输入不会取代命令窗口。

### 5.6.1　启用或关闭动态输入

启用或关闭动态输入的主要方法如下:

(1)状态栏:单击"动态输入"按钮 ＋． 。

(2)快捷键:按 F12 键。

### 5.6.2　动态输入的参数设置

动态输入有指针输入和标注输入两种类型。用户可以在"草图设置"对话框的"动态输入"选项卡中进行参数设置,如图 1-2-26 所示。

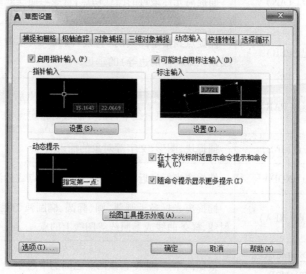

图 1-2-26　"草图设置"对话框的"动态输入"选项卡

(1)指针输入。指针输入用于输入相对直角坐标值。采用系统默认值时,输入点的 $X$ 坐标值后,按",",切换到输入 $Y$ 坐标值。单击"指针输入"选项组的 设置(S)... ,打开"指针输入设置"对话框,可以设置采用相对坐标或绝对坐标。

(2)标注输入。标注输入一般用于输入相对极坐标值,采用系统默认值时,输入极轴长度后,按 Tab 键切换到下一个标注输入字段,按回车键确认。单击"标注输入"选项组的 设置(E)... ,可以进一步设置。

(3)动态提示。在"动态输入"窗口选中"在十字光标附近显示命令提示和命令输入"和"随命令提示显示更多提示",则绘图时十字光标附近将显示命令行的内容;若不选中,则仅显示坐标内容。单击 绘图工具提示外观(A)... ,可以对绘图工具提示的颜色、大小、透明度等参数进行设置。

## 6　图形样板文件

应用图形样板文件绘图可以减少大量的重复性设置。用户可以使用程序提供的样板文件,也可创建自定义样板文件。图形样板文件的扩展名为"∗.dwt"。

### 6.1　图形样板文件的内容

通常可以存储在图形样板文件中的内容主要有：

（1）单位类型和精度的设置。

（2）标题栏、边框和徽标。

（3）图层设置。

（4）捕捉、栅格和正交设置。

（5）栅格界限的设置。

（6）标注样式的设置。

（7）文字样式的设置。

（8）线型的设置。

### 6.2　从现有图形创建图形样板

打开要用作样板的文件后，删除图形内容，然后保存文件。在"图形另存为"对话框的"文件类型"下拉列表中，选择"AutoCAD 图形样板（ * . dwt）"文件类型；输入此样板的名称，输入样板说明，保存文件。新样板文件默认保存在 template 文件夹中。

### 6.3　从新建图形创建图形样板

新建一个 AutoCAD 文件，然后对存储在样板文件中的内容进行设置和绘制。然后保存为图形样板。

### 6.4　利用图形样板文件创建图形

新建文件时，在"选择样板"对话框中，用户可以在"文件类型"下拉列表中选择样板文件，然后单击"打开"按钮，即可创建一个基于样板的图形文件。

## 7　使用帮助系统

AutoCAD 2017 中文版提供了详细的中文在线帮助，使用帮助系统可以快速解决绘图中遇到的问题。

### 7.1　帮助系统概述

在 AutoCAD 2017 中，打开中文帮助系统主要有以下四种方法：

（1）快捷键：按 F1 键。

（2）标题栏：单击"信息中心"中的"帮助"按钮 ⑦ 。

（3）菜单栏：选择【帮助】|【帮助】命令。

（4）命令行：输入 HELP 后，按 Enter 键。

在"搜索"文本框中输入主题关键字，系统将与之相关的主题罗列出来，用户只要单击合适的项目即可查看相关内容。

### 7.2　即时帮助系统

AutoCAD 2017 加强了即时帮助系统，为工具按钮及对话框中的选项设置了图文并茂的说明。当执行命令时，只需将鼠标在按钮上悬停 3 s，就会显示该命令的即时帮助，如图 1-2-27 所示。

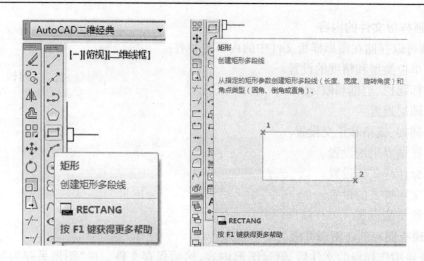

图 1-2-27　即时帮助命令提示

## ※　任务实施

步骤 1：按照表 1-2-1 的参数，新建图层，如图 1-2-28 所示。

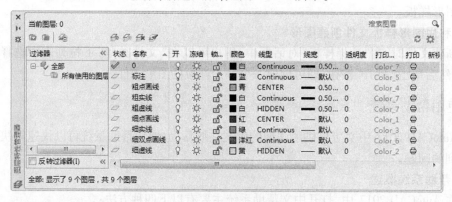

图 1-2-28　图层

（1）打开图层特性管理器。单击"图层"工具栏上的按钮，打开"图层特性管理器"对话框，如图 1-2-4 所示。

（2）新建图层。单击 8 次新建图层按钮，新建 8 个图层，在列表框中显示名称为图层 1 至图层 8。

（3）修改图层名称。在图层 1"名称"列间隔双击后，输入"粗实线"，以同样操作完成其余图层的名称修改。

（4）修改图层颜色。粗实线图层和粗虚线图层采用默认的白色；在点画线图层的"颜色"列单击，在弹出的"选择颜色"对话框中选择红色，单击　确定　按钮，完成该图层的颜色设置，以同样操作完成其余图层的颜色设置。

（5）修改图层线型。粗实线图层采用默认的 Continuous 线型；在点画线图层的"线型"列单击,在弹出的"选择线型"对话框中单击 加载(L)... 按钮,在弹出的"加载或重载线型"对话框中选择 CENTER 线型后,单击 确定 按钮,系统返回"选择线型"对话框,选中 CENTER 线型后,单击 确定 按钮,完成该图层的线型设置,以同样操作,完成其余图层的线型设置。

(6)修改图层线宽。在粗实线图层的线宽列单击,在弹出的"线宽"对话框中选择0.50,单击 确定 按钮,以同样操作,完成其余图层的线宽设置。

步骤 2:图形单位、图形界限使用系统默认设置。

步骤 3:辅助工具设置。

(1)在状态栏中单击按钮 ▦ 关闭栅格,单击按钮 ▦ 关闭捕捉。

(2)设置极轴追踪。在"草图设置"对话框中,选中"启用极轴追踪"复选框,并设置增量角为 15°,如图 1-2-20 所示。

(3)设置对象捕捉和对象捕捉追踪。在"草图设置"对话框中,选中"启用对象捕捉"和"启用对象捕捉追踪"复选框,设置结果如图 1-2-25 所示。

步骤 4:保存样板文件。

(1)选择保存类型和路径。在"图形另存为"对话框的"文件类型"下拉列表中,选择"AutoCAD 图形样板(∗.dwt)"文件类型,保存路径按系统默认。

(2)输入样板说明。输入文件名为"我的样板 2017",单击"保存"按钮,在弹出的"样板选项"对话框中添加"图层、辅助工具、单位、图形界限"文字说明,如图 1-2-29 所示。单击"确定"按钮,完成样板文件的创建。

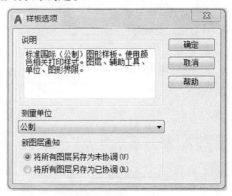

图 1-2-29　样板选项对话框

## ※　技能训练

1.新建图形文件,选择本任务中创建的"我的样板 2017"为样板文件,然后绘制如图 1-2-30 所示的图形。

2.新建图形文件,选择本任务中创建的"我的样板 2017"为样板文件,然后绘制如图 1-2-31 所示的图形。

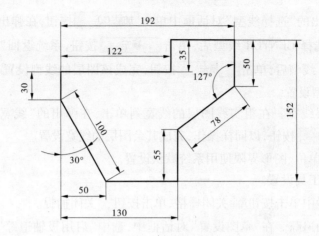

图 1-2-30　第 1 题图

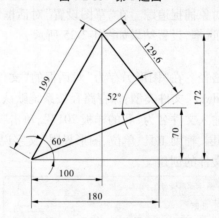

图 1-2-31　第 2 题图

# 项目 2  绘制基本二维图形

【学习目标】

熟悉 AutoCAD 2017 软件的坐标系和坐标输入方法。

掌握直线、矩形、圆、椭圆、多边形等绘图命令的操作方法。

掌握直接选择、窗口选择、快速选择等选择对象的方法。

掌握删除、复制、阵列、镜像、修剪、延伸等编辑命令的操作方法。

掌握对象特性的编辑方法和使用夹点编辑对象的方法。

# 任务 1  绘制直线图形

## ※  任务描述

打开 AutoCAD 2017 软件,绘制如图 2-1-1 所示图形。要求:利用直线命令,综合运用绝对坐标、相对坐标、极坐标输入点的方法绘制图形。

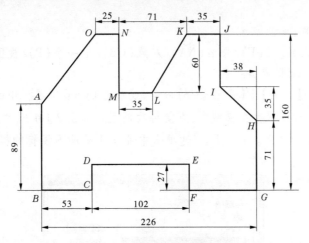

图 2-1-1  二维简单图形的绘制

## ※  相关知识

### 1  AutoCAD 2017 坐标

#### 1.1  认识 AutoCAD 坐标系

在 AutoCAD 中,点的坐标输入是绘图精度的重要保证。AutoCAD 的坐标系分为世界坐标系和用户坐标系两种。

### 1.1.1　世界坐标系

世界坐标系(World Coordinate System,WCS)是 AutoCAD 的默认坐标系,WCS 由 3 个相互垂直的坐标轴 $X$、$Y$、$Z$ 组成,$Z$ 轴正方向垂直于屏幕向外,坐标系原点显示为正方形标记,如图 2-1-2 所示。

### 1.1.2　用户坐标系

用户坐标系(User Coordinate System,UCS)为用户建立的坐标系。用户可以修改坐标系的原点位置和 $X$、$Y$、$Z$ 轴的坐标方向。UCS 原点处无正方形标记,如图 2-1-3 所示。

图 2-1-2　世界坐标系图标　　　　　　图 2-1-3　用户坐标系图标

启用"新建 UCS"命令的方法有以下几种:

(1)菜单栏:选择【工具】|【新建 UCS】命令。

(2)工具栏:单击 UCS 工具栏中的 UCS 按钮 ⌐ 。

(3)命令行:输入 UCS,并按 Enter 键。

执行新建 UCS 命令后,命令行提示如下:

命令:_ucs

当前 UCS 名称:＊世界＊

指定 UCS 原点或[面(F)/命名(NA)/对象(OB)/上一个(P)/视图(V)/世界(W)/X/Y/Z/Z 轴(ZA)]＜世界＞:

用户可以选择【工具】|【命名 UCS】命令,或单击 UCS Ⅱ 工具栏中的"命名 UCS"按钮 ⛶ 命名 UCS,将坐标系保存在模型中,方便再次调用。如图 2-1-4 所示,在"正交 UCS"选项卡中可以选择正交方向。在"设置"选项卡中可以设置 UCS 图标的样式、大小等显示效果。

图 2-1-4　UCS 窗口

## 1.2　坐标输入方法

在使用 AutoCAD 进行绘图时,可以使用指定点的坐标位置来确定点,从而实现精确绘图。常用的坐标表示方法有绝对直角坐标、相对直角坐标、绝对极坐标和相对极坐标4种。

### 1.2.1 绝对直角坐标

采用绝对直角坐标时,以坐标系原点 $O(0,0,0)$ 为基点定位所有的点,通过输入 $(X,Y,Z)$ 坐标的方式来定义一个点的位置。

如图 2-1-5 所示,当点的 $Z$ 坐标为 0 时,坐标原点的绝对坐标为 $(0,0)$。绘制直线 $AC$ 时,$A$ 点绝对坐标为 $(30,40)$,$C$ 点绝对坐标为 $(110,40)$。

### 1.2.2 相对直角坐标

相对直角坐标是以某一点的相对位置定义下一个点的位置。相对某坐标点 $(X,Y,Z)$,增量为 $(\Delta X,\Delta Y,\Delta Z)$ 的坐标输入格式为"$@\Delta X,\Delta Y,\Delta Z$"。

在图 2-1-5 中,当用相对直角坐标绘制直线 $AC$ 时,$A$ 点相对于 $O$ 点相对坐标为"$@30,40$",$C$ 点相对于 $A$ 点相对坐标为"$@80,0$"。

### 1.2.3 绝对极坐标

以坐标原点 $O(0,0,0)$ 为极点定位所有的点,通过输入相对于极点的距离和角度的方式来定义一个点的位置,其使用格式为"距离<角度"。

如图 2-1-6 所示,采用绝对极坐标绘制直线 $OA$ 时,$O$ 点绘制后,再输入"50<60"即可确定 $A$ 点位置。

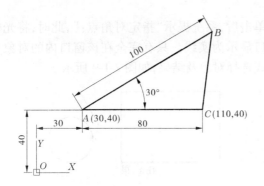

图 2-1-5 用直角坐标确定点的位置

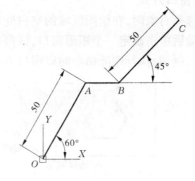

图 2-1-6 用极坐标确定点的位置

### 1.2.4 相对极坐标

以某一点为参考极点,输入相对于该点的距离和角度来定义一个点的位置。其使用格式为"@距离<角度"。在图 2-1-6 中,采用相对极坐标绘制直线 $BC$ 时,$B$ 点绘制后,再输入"$@50<45$"即可确定 $C$ 点的位置。

> ★小提示:
>
> 在绘图中,多种坐标输入方式配合使用会使绘图更灵活,再配合对象捕捉、极轴追踪、动态输入、夹点编辑等方式,则使绘图更快捷。

## 2 选择图形对象

在编辑图形时,需要选择被编辑的对象。当命令行提示为"选择对象:"时,光标变成拾取框,主要有直接点取、窗口、窗交等选择对象方式。如要了解所有选择对象方式,可在"选择对象:"提示下输入"?",系统将显示如下提示信息:

需要点或窗口(W)/上一个(L)/窗交(C)/框(BOX)/全部(ALL)/栏选(F)/圈围(WP)/圈交(CP)/编组(G)/添加(A)/删除(R)/多个(M)/前一个(P)/放弃(U)/自动(AU)/单个(SI)。

用户在输入选项字母后,按 Enter 键,即可选取相应的选择对象方式。

## 2.1　直接点取方式

直接点取方式为系统默认的选择对象方式,在"选择对象:"的提示下,在要选择的对象上单击,该对象高亮显示,如图 2-1-7 所示。在 AutoCAD 2017 中,执行删除命令时,被选择的对象灰暗显示,如图 2-1-8 所示。

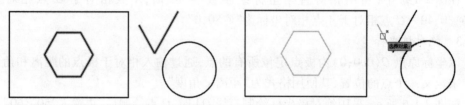

图 2-1-7　直接点取方式高亮显示　　　图 2-1-8　直接点取方式灰暗显示

## 2.2　窗口方式

选择对象时,在绘图区域的空白处单击后,系统提示"指定对角点:",此时,将光标向右移动后单击确定一个矩形窗口,该窗口显示为实线。只有完全在该窗口内的对象才被选中。例如,执行删除命令时以窗口方式选择对象及结果,如图 2-1-9 所示。

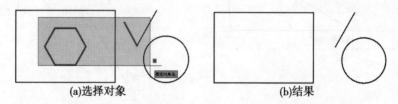

(a)选择对象　　　　　　　　　　　　(b)结果

图 2-1-9　执行删除命令时,以窗口方式选择对象及结果

## 2.3　窗交方式

选择对象时,以从右向左的方式确定矩形选择窗口,该窗口显示为虚线。只要图形对象有一部分在该窗口内,即被选中。例如,执行删除命令时以窗交方式选择对象及结果,如图 2-1-10 所示。

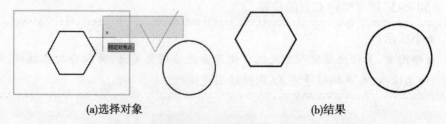

(a)选择对象　　　　　　　　　　　　(b)结果

图 2-1-10　执行删除命令时,以窗交方式选择对象及结果

## 2.4　栏选方式

在"选择对象:"提示下,输入"F"按 Enter 键,命令行提示为"指定第一个栏选点:"

时,单击确定第一个点,命令行提示为"指定下一个栏选点或［放弃(U)］:"时,单击拾取第二个点。可以拾取多个点,最后按 Enter 键结束。例如,执行删除命令时,以栏选方式选择对象及结果,如图 2-1-11 所示。

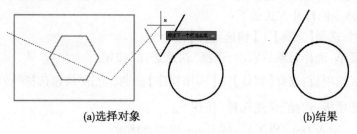

(a)选择对象　　　　　　　　　　(b)结果

图 2-1-11　执行删除命令时,以栏选方式选择对象及结果

## 2.5　圈交方式

在"选择对象:"提示下,输入"CP",按 Enter 键,命令行提示为"第一个圈围点或拾取/拖动光标:"时,单击确定第一个点,命令提示为"指定直线的端点或［放弃(U)］:"时,单击拾取第二个点。可以拾取多个点,最后按 Enter 键结束。例如,执行删除命令时,以圈交方式选择对象及结果,如图 2-1-12 所示。

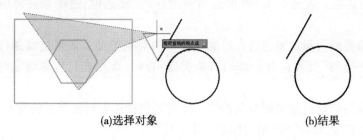

(a)选择对象　　　　　　　　　　(b)结果

图 2-1-12　执行删除命令时,以圈交方式选择对象及结果

## 2.6　全部、前一个和上一个方式

在"选择对象:"提示下,输入"ALL",按 Enter 键,将选中当前图形中的所有对象;若输入"P",按 Enter 键,则将最近的一个选择集设置为当前选择集;若输入"L",按 Enter 键,则将选中最后绘制的图形对象。

## 2.7　删除与添加方式

选择对象过程中,输入"R"进入删除方式,可以从当前选择集中删除已选取的对象。在删除方式提示下,输入"A",可继续向选择集中添加图形对象。

★小提示:

(1)在 AutoCAD 2017 中,选择对象时系统默认为高亮显示,若改为经典的虚线显示,可以设置 SelectionEffect 参数值为 0。直线点取方式、窗口方式和窗交方式较常用。

(2)选择对象时,按 Shift 键,重新选择某对象,则将其排除在选择集中。

### 2.8　快速选择

使用"快速选择"功能,用户可以将颜色、线型或线宽作为过滤选择集的条件,快速地将对象包含到选择集或排除选择集。

快速选择命令的打开方式如下:

(1)菜单栏:选择【工具】|【快速选择】命令。

(2)快捷菜单:选择对象后右击,选择"快速选择"按钮。

(3)功能区选项板:选择【默认】|【实用程序】命令,点击"快速选择"按钮🔧。

(4)特性选项板:选择"快速选择"按钮🔧。

(5)命令行:输入 QSELECT 后,按 Enter 键或空格键。

执行命令后,将出现"快速选择"对话框,如图 2-1-13 所示。

"快速选择"对话框中各选项的含义如下:

(1)"应用到":将过滤条件应用到整个图形或当前选择集。"整个图形"选项是选择符合过滤条件的全部对象;"当前选择"是用已选对象的特性作为过滤条件来选择对象。单击选择对象按钮🔶,用户在绘图区选择要对其应用过滤条件的对象,按 Enter 键返回"快速选择"对话框。若选中了"附加到当前选择集"复选框,过滤条件将应用到整个图形。

(2)"对象类型":指定要包含在过滤条件中的对象类型。如果过滤条件应用于整个图形,则"对象类型"列表包含全部的对象类型;否则,该列表只包含选定对象的对象类型。

(3)"特性":指定过滤器的对象特性。此列表包括选定对象类型的所有可搜索特性。选定的特性决定"运算符"和"值"中的可用选项。

(4)"运算符":控制过滤的范围。根据选定的特性,选项可能包括"等于"、"不等于"、"大于"、"小于"和"＊通配符匹配"。对于某些特性,"大于"和"小于"选项不可用,而"＊通配符匹配"只能用于可编辑的文字字段。

(5)"值":指定过滤器的特性值。如果选定对象的值可用,则"值"成为一个列表,可以从中选择一个值;否则,需要输入一个值。

(6)"如何应用":指定将符合给定过滤条件的对象包括在新选择集内或排除在新选择集之外。

确定好选择条件后,单击"确定"按钮,将选择所有符合条件的对象。例如,按图 2-1-13 设置的条件进行选择,快速选择结果如图 2-1-14 所示。

## 3　直线命令

利用直线命令可以在任意两点之间画直线段,也可以连续输入下一点绘制一系列连续而独立的直线段,直至结束命令。

启用直线命令的方法如下:

(1)绘图工具栏:单击"直线"按钮✏。

(2)菜单栏:选择【绘图】|【直线】命令。

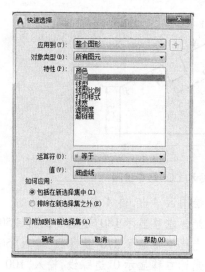

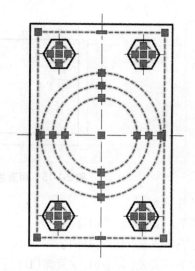

图 2-1-13　"快速选择"对话框　　　　图 2-1-14　快速选择结果

（3）命令行：输入 L 或 LINE 后，按 Enter 键或空格键。

执行命令后，命令行提示如下：

命令：_line　　　　　　　　　　　　//显示直线命令名称

指定第一个点：　　　　　　　　　　//单击指定点或输入点的坐标

指定下一点或[放弃(U)]：　　　　　//输入下一点；输入"U"，回车(按 Enter 键或
　　　　　　　　　　　　　　　　　空格键，下同)，放弃前面操作；回车，结束

指定下一点或[闭合(C)/放弃(U)]：　//输入下一点；输入"C"，回车，则首尾相连闭合

【例 2-1-1】　利用直线命令绘制如图 2-1-15 所示图形，不标注尺寸。

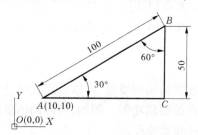

图 2-1-15　用直线命令绘图

绘图过程如下：

命令：_line　　　　　　　　　　　　//启用直线命令

指定第一个点：　　　　　　　　　　//输入"10,10"，回车

指定下一点或[放弃(U)]：　　　　　//输入"@100<30"，回车

指定下一点或[放弃(U)]：　　　　　//光标下移显示 270°追踪线，输入"50"，回车

指定下一点或[闭合(C)/放弃(U)]：//单击 A 点；或输入"C"，回车

【例 2-1-2】　利用直线命令和 UCS 命令绘制如图 2-1-16 所示图形，不标注尺寸。

打开动态输入、极轴追踪、对象捕捉等辅助工具，绘图过程如下：

命令：_line　　　　　　　　　　　　//启用直线命令

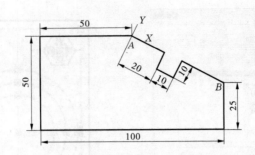

图 2-1-16　用直线命令和 UCS 命令绘图

指定第一点：　　　　　　　　　　　　//绘图区单击,得 A 点
指定下一点或[放弃(U)]：　　　　　　//光标左移显示 180°追踪线,输入"50",回车
指定下一点或[放弃(U)]：　　　　　　//光标下移显示 270°追踪线,输入"50",回车
指定下一点或[闭合(C)/放弃(U)]：//光标右移显示 0°追踪线,输入"100",回车
指定下一点或[闭合(C)/放弃(U)]：//光标上移显示 90°追踪线,输入"25",回车
命令：_ucs　　　　　　　　　　　　　//单击 启用 UCS 命令
指定新原点 <0,0,0>：　　　　　　　//单击点 A 确定原点,单击点 B 确定 X 轴方向
命令：_line　　　　　　　　　　　　//启用直线命令
指定第一点：　　　　　　　　　　　//单击点 A
指定下一点或[放弃(U)]：　　　　　//输入"20",按",",输入"0",回车
指定下一点或[放弃(U)]：　　　　　//输入"0",按",",输入" –10",回车
指定下一点或[闭合(C)/放弃(U)]：//输入"10",按",",输入"0",回车
指定下一点或[闭合(C)/放弃(U)]：//输入"0",按",",输入"10",回车
指定下一点或[闭合(C)/放弃(U)]：//单击点 B,回车

## 4　多段线命令

多段线是作为单个对象连续的系列线段,可以创建直线、圆弧或两者的组合线段。多段线命令具有直线命令所没有的编辑功能。例如,可以调整多段线的宽度和曲率,或者利用 EXPLODE 命令将其转换成独立线段。

### 4.1　多段线的绘制

启用多段线命令的方法如下：

(1)绘图工具栏:单击"多段线"命令按钮 。

(2)菜单栏:选择【绘图】|【多段线】命令。

(3)命令行:输入 PLINE 或 PL 后,按 Enter 键或空格键。

执行命令后,命令行显示如下提示：

命令：_pline　　//显示多段线命令名称
指定起点：　　//单击指定起点或输入点的坐标
指定下一个点或[圆弧(A)/半宽(H)/长度(L)/放弃(U)/宽度(W)]：
　　　　　　　//指定点或输入选项

多段线命令主要选项的说明如下：

(1)圆弧(A)：绘制圆弧。①角度(A)，指定圆弧从起点开始的包含角；②闭合(CL)，用圆弧将多段线闭合；③直线(L)，绘制直线。

(2)半宽(H)：指定从多段线的线段中心到其一边的宽度。

(3)长度(L)：在与上一线段相同的方向上绘制指定长度的直线。如果上一线段是圆弧，将绘制与该圆弧相切的直线。

(4)放弃(U)：删除最近一次添加到多段线上的线段。

(5)宽度(W)：指定线段的起点和终点宽度。

> ★**小提示**：
> 在用多段线命令绘制有宽度的线时，闭合时使用C命令，相较于用鼠标单击方式，在外形上有所区别。

**【例2-1-3】** 利用多段线命令，绘制如图2-1-17所示的箭头图形，不标注尺寸。

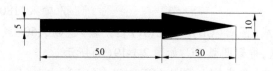

图2-1-17 用多段线绘制箭头

绘图过程如下：

命令：_pline　　　　　　　//单击 ⤵ 启用多段线命令

指定起点：　　　　　　　　//单击指定起点

指定下一个点或[圆弧(A)/半宽(H)/长度(L)/放弃(U)/宽度(W)]：

　　　　　　　　　　　　// 输入"W"，回车

指定起点宽度 <0.0000>：　// 输入"5"，回车

指定端点宽度 <5.0000>：　//回车

指定下一个点或[圆弧(A)/半宽(H)/长度(L)/放弃(U)/宽度(W)]：

　　　　　　　　　　　　//输入"@50,0"，回车

指定下一点或[圆弧(A)/闭合(C)/半宽(H)/长度(L)/放弃(U)/宽度(W)]：

　　　　　　　　　　　　//输入"W"，回车

指定起点宽度 <5.0000>：　//输入"10"，回车

指定端点宽度 <10.0000>：　//输入"0"，回车

指定下一点或[圆弧(A)/闭合(C)/半宽(H)/长度(L)/放弃(U)/宽度(W)]：

　　　　　　　　　　　　//输入"@30,0"，回车

**【例2-1-4】** 利用多段线命令绘制如图2-1-18所示长圆孔，不标注尺寸。

绘图过程如下：

命令：_pline　　　　　　　//单击 ⤵ 启用多段线命令

指定起点　　　　　　　　　//单击指定起点A

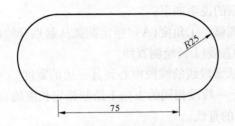

**图 2-1-18　用多段线绘制长圆孔**

指定下一个点或[圆弧(A)/半宽(H)/长度(L)/放弃(U)/宽度(W)]：
　　　　　　　　　//输入"@75,0"，得点 B，如图 2-1-19(a)所示

指定下一点或[圆弧(A)/闭合(C)/半宽(H)/长度(L)/放弃(U)/宽度(W)]：
　　　　　　　　　//输入"A"，回车

指定圆弧的端点或[角度(A)/圆心(CE)/闭合(CL)/方向(D)/半宽(H)/直线(L)/
半径(R)/第二个点(S)/放弃(U)/宽度(W)]：　　　　　//输入"A"，回车

指定夹角：　　　　　　　　　　　　　　//输入"180"，回车

指定圆弧的端点或[圆心(CE)/半径(R)]：//输入"@0,50"或在 90°追踪线时输入
"50"，回车，确定 C 点，得到圆弧 BC，如图 2-1-19(b)所示

指定圆弧的端点或[角度(A)/圆心(CE)/闭合(CL)/方向(D)/半宽(H)/直线(L)/
半径(R)/第二个点(S)/放弃(U)/宽度(W)]：　　　　　//输入"L"，回车

指定下一点或[圆弧(A)/闭合(C)/半宽(H)/长度(L)/放弃(U)/宽度(W)]：//在
180°追踪线时输入"75"，回车，得到线段 CD，如图 2-1-19(c)所示

指定下一点或[圆弧(A)/闭合(C)/半宽(H)/长度(L)/放弃(U)/宽度(W)]：
　　　　　　　　　//输入"A"，回车

指定圆弧的端点或[角度(A)/圆心(CE)/闭合(CL)/方向(D)/半宽(H)/直线(L)/
半径(R)/第二个点(S)/放弃(U)/宽度(W)]：//拾取点 A，结束，如图 2-1-19(d)所示

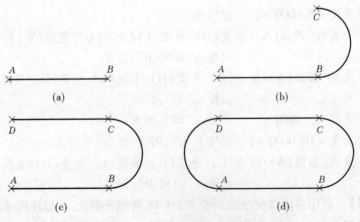

**图 2-1-19　用多段线绘制长圆孔的过程**

#### 4.2　编辑多段线命令

编辑多段线命令可以用来闭合或分解多段线,移动、添加或删除单个顶点,在两顶点之间拉直线段,为每段线段设置不同宽度,创建线性近似样条曲线等。

启用编辑多段线命令主要有以下几种方式:

(1)菜单栏:选择【修改】|【对象】|【多段线】命令。

(2)功能区选项板:选择【默认】|【绘图】命令,点击"编辑多段线"按钮 ⬭。

(3)修改Ⅱ工具栏:选择"编辑多段线"按钮 ⬭。

(4)快捷菜单:选择要编辑的多段线,右键菜单选择"编辑多段线"选项。

(5)命令行:输入 PEDIT,按 Enter 键或空格键。

下面举例说明编辑多段线命令的操作步骤。

【例 2-1-5】　利用直线命令绘制如图 2-1-20(a)所示的三角形,然后用编辑多段线命令转换成线宽为 5 的多段线,最后转换为样条线,不标注尺寸。

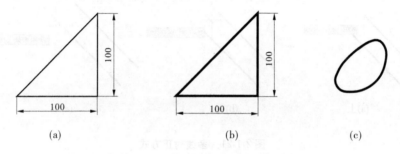

(a)　　　　　　　　　(b)　　　　　　　　　(c)

图 2-1-20　绘制多段线并转换为样条线

利用直线命令绘制如图 2-1-20(a)所示图形后,启用编辑多段线命令。

命令:_pedit　　　　　　　　　　　//单击 ⬭,启用编辑多段线命令

选择多段线或[多条(M)]:　　　　　//输入"M",回车

选择对象:　　　　　　　　　　　　//选取如图 2-1-20(a)所示的图形,回车

是否将直线、圆弧和样条曲线转换为多段线?[是(Y)/否(N)]? <Y>:

　　　　　　　　　　　　　　　　//回车,转换为多段线

输入选项[闭合(C)/打开(O)/合并(J)/宽度(W)/拟合(F)/样条曲线(S)/非曲线化(D)/线型生成(L)/反转(R)/放弃(U)]:　//输入"J",回车,合并

输入模糊距离或[合并类型(J)]<0.0000>:　//回车,距离为 0

输入选项[闭合(C)/打开(O)/合并(J)/宽度(W)/拟合(F)/样条曲线(S)/非曲线化(D)/线型生成(L)/反转(R)/放弃(U)]:　//输入"W",回车

指定所有线段的新宽度:　　　　　　//输入"5",回车,如图 2-1-20(b)所示

输入选项[闭合(C)/打开(O)/合并(J)/宽度(W)/拟合(F)/样条曲线(S)/非曲线化(D)/线型生成(L)/反转(R)/放弃(U)]:　//输入"S",回车,如图 2-1-20(c)所示

## 5　多线命令

多线是一种复合线,由连续的直线段复合而成,可以方便地绘制平行线。启用多线命

令的主要方式如下:

(1)菜单栏:选择【绘图】|【多线】命令。

(2)命令行:输入 ML 或 MLINE 后,按 Enter 键或空格键。

启用多线命令后,命令行显示如下提示:

命令:_mline

当前设置:对正 = 上,比例 = 20.00,样式=STANDARD //多线的当前设置情况

指定起点或[对正(J)/比例(S)/样式(ST)]:　　　　　//指定点或输入选项

多线命令的部分选项说明如下:

(1)对正。设置多线的对正方式,分为上、无、下三种,如图 2-1-21 所示。

上:指定点处于最大正偏移值的直线上,在光标的下方绘制多线。

无:将光标作为原点绘制多线,即在多线的中间绘制。

下:指定点处于最大负偏移值的直线上,在光标的上方绘制多线。

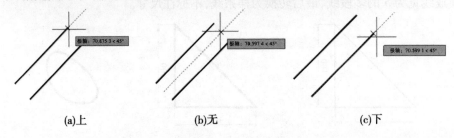

图 2-1-21　多线对正方式

(2)比例。控制多线的全局宽度,默认比例为 1,总宽度为 20。

(3)样式。指定多线的样式,系统默认的 Standard 样式为双线。其中,样式名:指定已加载的样式名或创建的样式名。

可以通过选择【格式】|【 ≫ 多线样式(M)... 】命令,打开"多线样式"窗口,修改 Standard 系统默认样式,也可以新建多线样式。

【例 2-1-6】　建立"三线"多线样式,两条线之间的距离均为 10。

主要步骤如下:

(1)启用多线样式命令,打开"多线样式"窗口。

(2)在"多线样式"窗口中,单击"新建"按钮,打开"创建新的多线样式"窗口,在"新样式名"中输入"三线"。

(3)单击"继续"按钮,打开"新建多线样式:三线"窗口,单击"添加"按钮,在"图元"显示框中高亮显示了添加的线,如图 2-1-22 所示。

(4)单击"确定"按钮,返回"多线样式"窗口,在样式列表框中显示"三线"样式,同时在"预览"区中显示了"三线"的图形样式。

(5)单击"确定"按钮,完成"三线"样式的创建。

## 6　矩形命令

矩形命令提供了创建矩形的有效方法,从而快速创建矩形,可以使用 EXPLODE(分

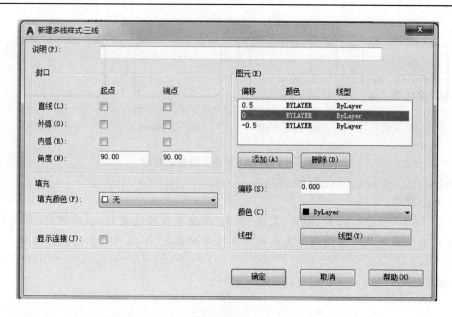

图 2-1-22 "新建多线样式：三线"窗口

解）命令将矩形的多段线对象转换为 4 段直线对象。

启用矩形命令的主要方法如下：

（1）绘图工具栏：单击"矩形" 按钮。

（2）菜单栏：选择【绘图】|【 矩形（G）】命令。

（3）功能区选项板：选择【默认】|【绘图】命令，点击"矩形"按钮 。

（4）命令行：输入 RECTANG 或 REC 后，按 Enter 键或空格键。

执行命令后，命令行显示如下提示：

命令：_rectang

指定第一个角点或［倒角（C）/标高（E）/圆角（F）/厚度（T）/宽度（W）］：

//指定点或选项

指定另一个角点或［面积（A）/尺寸（D）/旋转（R）］： //指定点或选项

矩形命令的选项说明如下：

（1）指定第一个角点：指定矩形的第一个角点，拾取或输入坐标。

（2）指定另一个角点：使用对角点创建矩形，如图 2-1-23（a）所示。

（3）倒角（C）：设置矩形的倒角距离，如图 2-1-23（b）所示。

（4）圆角（F）：指定矩形的圆角半径，如图 2-1-23（c）所示。

（5）标高（E）/厚度（T）：用于三维绘图。

（6）宽度（W）：指定组成矩形的多段线宽度，如图 2-1-23（d）所示。

（7）面积（A）：按指定的面积与长度或宽度创建矩形。

（8）尺寸（D）：按指定的长度和宽度来创建矩形。

（9）旋转（R）：按指定的旋转角度创建矩形。

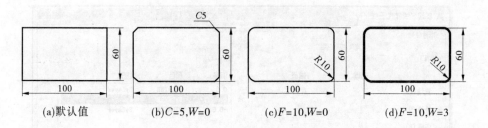

(a)默认值　　　　(b)C=5,W=0　　　　(c)F=10,W=0　　　　(d)F=10,W=3

**图 2-1-23　用不同参数绘制的矩形**

> ★ **小提示：**
> 　RETANG 命令的倒角、圆角、宽度、标高、厚度等参数设置后,以后执行RECTANG命令时此值将成为当前倒角距离或圆角半径等的参数,不能自动初始化各参数。

**【例 2-1-7】** 绘制如图 2-1-24 所示的图形。

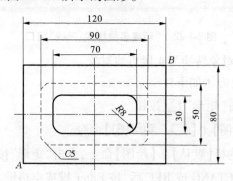

**图 2-1-24　例 2-1-7 图**

绘图过程如下。

(1)绘制 120×80 的矩形。

命令:_rectang　　　　　　　　　　　　　　//启用矩形命令

指定第一个角点或 [倒角(C)/标高(E)/圆角(F)/厚度(T)/宽度(W)]:

　　　　　　　　　　　　　　　　　　　//指定点 A

指定另一个角点或 [面积(A)/尺寸(D)/旋转(R)]:

　　　　　　　　　　　　　//输入点 B 坐标"@120,80",回车

(2)绘制 90×50 的带倒角矩形。启动矩形命令,输入"C",回车。

指定矩形的第一个倒角距离 <0.0000>:// 输入"5",回车

指定矩形的第二个倒角距离 <5.0000>:// 回车

指定第一个角点或[倒角(C)/标高(E)/圆角(F)/厚度(T)/宽度(W)]:

　　　　　　　　　　　　　// _from 基点 A: <偏移>:@15,15

指定另一个角点或 [面积(A)/尺寸(D)/旋转(R)]:

　　　　　　　　　　　　// _from 基点 B: <偏移>:@ -15, -15

(3)绘制 70×30 的带圆角矩形。启动矩形命令,输入"F",回车。

指定矩形的圆角半径 <5.0000>：　　　　　　//输入"8"，回车

指定第一个角点或［倒角（C）/标高（E）/圆角（F）/厚度（T）/宽度（W）］：

　　　　　　　　　　　　　　　　　//_from 基点 A，<偏移>：@25,25

指定另一个角点或［面积（A）/尺寸（D）/旋转（R）］：

　　　　　　　　　　　　　　　//_from 基点 B：<偏移>：@ -25, -25

## 7　多边形命令

利用多边形命令是绘制正多边形的简单方法，可创建具有 3~1 024 边的正多边形。该命令创建的多边形为多段线，可以使用分解（EXPLODE）命令将其分解为独立的直线。

启用多边形命令的主要方式如下：

（1）绘图工具栏：单击"多边形" ⬠ 按钮。

（2）菜单栏：选择【绘图】|【⬠ **多边形(V)**】命令。

（3）功能区选项板：选择【默认】|【绘图】| 命令，点击"多边形"按钮⬠。

（4）命令行：输入 POLYGON 或 POL 后，按 Enter 键或空格键。

执行多边形命令后，根据不同选择，命令行出现如下提示：

命令：_polygon 输入侧面数 <4>：　　　　　　//输入多边形的边数，回车

指定正多边形的中心点或［边（E）］：　　　　//指定中心点或输入选项

输入选项［内接于圆（I）/外切于圆（C）］<I>：　//输入选项字母，回车

指定圆的半径：　　　　　　　　　　　　//输入圆的半径

多边形命令选项说明如下：

（1）边（E）：指定第一条边的端点来定义正多边形，按逆时针方向绘制。

（2）内接于圆（I）：指定正多边形外接圆半径，所有顶点都在此圆周上。

（3）外切于圆（C）：指定从正多边形中心到各边中点的距离。

### 7.1　用内接于圆的方式绘制正多边形

用内接于圆的方式绘制正多边形需要已知多边形的边数、圆心和外接圆的半径，操作步骤如下：

命令：_polygon 输入侧面数 <4>：　　　　　　//输入"6"，回车

指定正多边形的中心点或［边（E）］：　　　　//指定中心点

输入选项［内接于圆（I）/外切于圆（C）］<I>：　//回车

指定圆的半径：//输入"60"，回车；若顶点朝上，则输入"@60<90"或"@0,60"后回车半径 60 即为正六边形中心到顶点的距离，如图 2-1-25（a）所示。

### 7.2　用外切于圆的方式绘制正多边形

用外切于圆的方式绘制正多边形需要已知多边形的边数、圆心和内切圆的半径，操作步骤如下：

命令：_polygon 输入侧面数 <4>：　　　　　　　　//输入"6"，回车

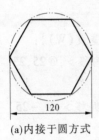
(a)内接于圆方式

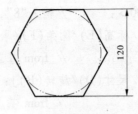
(b)外切于圆方式

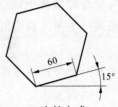
(c)边长方式

**图 2-1-25　用三种不同的方式绘制的正六边形**

指定正多边形的中心点或[边(E)]:　　　　　　　　//指定中心点

输入选项[内接于圆(I)/外切于圆(C)] <I>:　　　//输入"C",回车

指定圆的半径://输入"60",回车;若顶点朝上,则输入"@60<0"或"@60,0"后回车

半径 60 即为正六边形中心到边距离,如图 2-1-25(b)所示。

### 7.3　用边长方式绘制正多边形

用边长方式绘制正多边形需要已知多边形的边长和角度,操作步骤如下:

命令:_polygon 输入侧面数 <4>:　　　　　　　//输入"6",回车

指定正多边形的中心点或[边(E)]:　　　　　　//输入"E",回车

指定边的第一个端点:　　　　　　　　　　　//单击

指定边的第二个端点:　　　　//输入"@60<15",或在 15°追踪线时输入"60",回车

上述操作后,边长为 60,角度为 15°的正六边形,如图 2-1-25(c)所示。

## ※　任务实施

步骤 1:新建绘图文件。

新建绘图文件,选择"我的样板 2017. dwt",保存为"图 2-1-1. dwg"。

步骤 2:绘制图形。

单击绘图工具栏上的"直线"按钮 ，启用直线命令,绘图过程如下:

命令:_line　　　　　　　　　　//启用 line 命令

指定第一个点:　　　　　　　　//单击指定点,绘制 A 点

指定下一点或[放弃(U)]:　　　//下移光标于 270°追踪线,输入"89",回车,得 B 点

指定下一点或[放弃(U)]:　　　//右移光标于 0°追踪线,输入"53",回车,得 C 点

指定下一点或[闭合(C)/放弃(U)]:

　　　　　　　　　　　　　　//上移光标于 90°追踪线,输入"27",回车,得 D 点

指定下一点或[闭合(C)/放弃(U)]:

　　　　　　　　　　　　　　//右移光标于 0°追踪线,输入"102",回车,得 E 点

指定下一点或[闭合(C)/放弃(U)]:

　　　　　　　　　　　　　　//下移光标于 270°追踪线,输入"27",回车,得 F 点

指定下一点或[闭合(C)/放弃(U)]:

　　　　　　　　　　　　//右移光标于0°追踪线,输入"71",回车,得 $G$ 点

指定下一点或[闭合(C)/放弃(U)]:

　　　　　　　　　　　　//上移光标于90°追踪线,输入"71",回车,得 $H$ 点

指定下一点或[闭合(C)/放弃(U)]:

　　　　　　　　　　　　//输入"@ -38,35",回车,得 $I$ 点

指定下一点或[闭合(C)/放弃(U)]:

　　　　　　　　　　　　//上移光标于90°追踪线,输入"54",回车,得 $J$ 点

指定下一点或[闭合(C)/放弃(U)]:

　　　　　　　　　　　　//左移光标于180°追踪线,输入"35",回车,得 $K$ 点

指定下一点或[闭合(C)/放弃(U)]:

　　　　　　　　　　　　//输入"@ -36, -60",回车,得 $L$ 点

指定下一点或[闭合(C)/放弃(U)]:

　　　　　　　　　　　　//左移光标于180°追踪线,输入"35",回车,得 $M$ 点

指定下一点或[闭合(C)/放弃(U)]:

　　　　　　　　　　　　//上移光标于90°追踪线,输入"60",回车,得 $N$ 点

指定下一点或[闭合(C)/放弃(U)]:

　　　　　　　　　　　　//左移光标于180°追踪线,输入25,回车,得 $O$ 点

指定下一点或[闭合(C)/放弃(U)]:

　　　　　　　　　　　　//单击 $A$ 点,或输入"C",回车,完成

完成的图形如图 2-1-1 所示。

## ※　技能训练

1. 用1∶1的比例绘制如图 2-1-26 所示图形。

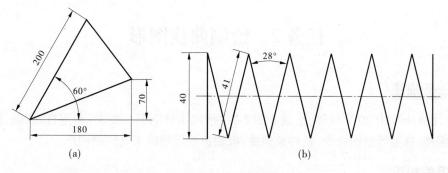

(a)　　　　　　　　　　　　　　　　　(b)

**图 2-1-26　第 1 题图**

2. 用1∶1的比例绘制如图 2-1-27 所示图形。

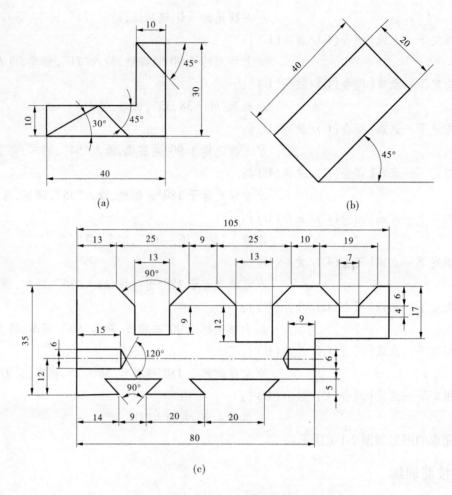

图 2-1-27　第 2 题图

# 任务 2　绘制曲线图形

## ※　任务描述

启用 AutoCAD 2017 软件,绘制如图 2-2-1 所示手柄图形。要求:利用直线、圆、圆弧、镜像、偏移、修剪等绘图命令,及对象捕捉、极轴追踪等辅助工具绘制图形。

## ※　相关知识

### 1　圆命令

圆是工程图中常见的一种基本几何形状。在 AutoCAD 中,根据已知条件,可以使用 6 种方式绘制圆,如图 2-2-2 所示。

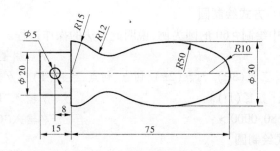

图2-2-1　手柄图形

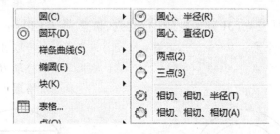

图2-2-2　绘图菜单中绘制圆的6种方式

执行圆命令的方式如下：

（1）绘图工具栏：单击"圆"按钮 ⊙。

（2）菜单栏：选择【绘图】|【圆】|【 ⊙ 圆心、半径(R) 】命令。

（3）命令行：输入 CIRCLE 或 C 后，按 Enter 键或空格键。

（4）功能区选项板：选择【默认】|【绘图】命令，单击 ⊙ 圆心、半径(R)。

## 1.1　用圆心、半径（R）方式绘制圆

用圆心、半径（R）方式绘制圆是系统默认的方法，下面以图2-2-3为例，说明此方法的操作过程。

（1）绘制φ60的圆。

命令：_circle　　　　　　　　　　　　　　　　//启用圆命令

指定圆的圆心或［三点(3P)/两点(2P)/切点、切点、半径(T)］://输入"50,50"，回车

指定圆的半径或［直径(D)］：　　　　　　　　//输入"30"，回车

（2）绘制φ80的圆。

命令：_circle　　　　　　　　　　　　　　　　//回车，重复圆命令

指定圆的圆心或［三点(3P)/两点(2P)/切点、切点、半径(T)］://拾取φ60圆的圆心

指定圆的半径或［直径(D)］：　　　　　　　　//输入"40"，回车

通过以上操作，绘制出以点(50,50)为圆心、以30、40为半径的同心圆。

----

★小提示：

　　在绘图中，圆的半径将作为默认值，绘制同样大小的圆，当在系统提示输入半径时，直接回车即可。此方法也适用于根据圆心和直径绘制圆的情况。

### 1.2 用圆心、直径(D)方式绘制圆

下面以图 2-2-3 中绘制 $\phi 60$ 的圆为例,说明此方法的操作过程。

命令:_circle　　　　　　　　　　　　　　　　//启用圆命令

指定圆的圆心或[三点(3P)/两点(2P)/切点、切点、半径(T)]://输入"50,50",回车

指定圆的半径或[直径(D)]:　　　　　　　　　//输入"D",回车

指定圆的直径 <80.0000>:　　　　　　　　　 //输入"60",回车

### 1.3 用三点(3)方式绘制圆

由不在同一直线上的三点绘制圆。以图 2-2-4 为例,说明此方法的操作过程。

命令:_circle　　　　　　　　　　　　　　　　//启用圆命令

指定圆的圆心或[三点(3P)/两点(2P)/切点、切点、半径(T)]://输入"3P",回车

指定圆上的第一个点:　　　　　　　　　　　 //拾取 A 点

指定圆上的第二个点:　　　　　　　　　　　 //拾取 B 点

指定圆上的第三个点:　　　　　　　　　　　 //拾取 C 点

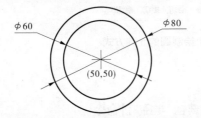 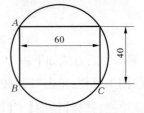

图 2-2-3　用圆心、半径(R)或直径(D)方式绘制圆　　图 2-2-4　用三点(3)或两点(2)方式绘制圆

### 1.4 用两点(2)方式绘制圆

绘制由两点所确定直径的圆。以图 2-2-4 为例,说明此方法的操作过程。

命令:_circle　　　　　　　　　　　　　　　　//启用圆命令

指定圆的圆心或[三点(3P)/两点(2P)/切点、切点、半径(T)]://输入"2P",回车

指定圆直径的第一个端点:　　　　　　　　　 //拾取 A 点

指定圆直径的第二个端点:　　　　　　　　　 //拾取 C 点

### 1.5 用相切、相切、半径(T)方式画圆

利用此方式,可以绘制与两个对象相切,半径为给定值的圆。

以图 2-2-5 为例,作与圆 $O_1$、$O_2$ 相切,半径为 20 的圆。

命令:_circle　　　　　　　　　　　　　　　　//启用圆命令

指定圆的圆心或[三点(3P)/两点(2P)/切点、切点、半径(T)]://输入"T",回车

指定对象与圆的第一个切点:　　　　　　　　 //在圆 O1 的点 P1 附近拾取

指定对象与圆的第二个切点:　　　　　　　　 //在圆 O2 的点 P2 附近拾取

指定圆的半径 <25.0000>:　　　　　　　　　 //输入"20",回车

应注意拾取切点的位置。例如,当拾取点 P3 和点 P4 时,结果如图 2-2-6 所示。

### 1.6 用相切、相切、相切(A)方式绘制圆

绘制与三个对象相切的圆。下面以图 2-2-7 为例,说明此方法的操作方法。

命令:_circle　　　　　　　　　　//点击【绘图】|【圆】|【相切、相切、相切(A)】

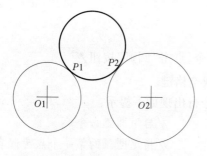

图 2-2-5　用相切、相切、半径(T)方式画圆　　　图 2-2-6　拾取位置不同时的变化

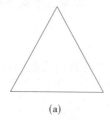　　　　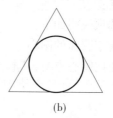

(a)　　　　　　　　　　　　(b)

图 2-2-7　相切、相切、相切画圆

指定圆的圆心或[三点(3P)/两点(2P)/切点、切点、半径(T)]:_3p 指定圆上的第一个点:_tan 到:　　　　　　//拾取如图 2-2-7(a)所示三角形的一条边

指定圆上的第二个点:_tan 到:　　//拾取另外一条边

指定圆上的第三个点:_tan 到:　　//拾取最后一条边

通过以上的操作,绘制出了三角形的内切圆,如图 2-2-7(b)所示。

## 2　圆弧命令

圆弧也是工程图中的常见几何对象,AutoCAD 2017 提供了 11 种绘制圆弧方式。展开【绘图】|【圆弧】,显示圆弧子菜单,如图 2-2-8 所示。

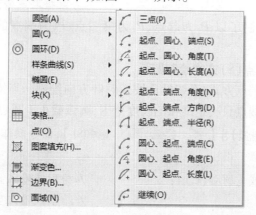

图 2-2-8　圆弧子菜单

启用圆弧命令的主要方式如下:

(1)绘图工具栏:单击"圆弧"按钮 。

(2)菜单栏:选择【绘图】|【圆弧】命令。

(3)功能区选项板:选择【默认】|【绘图】命令,点击"圆弧"按钮 。

(4)命令行:输入 ARC 或 A 后,按 Enter 键或空格键。

执行圆弧命令后,默认采用三点画圆弧,命令行出现如下提示:

命令:_arc                               //启用圆弧命令

指定圆弧的起点或[圆心(C)]:         //指定圆弧的第一个点为起点

指定圆弧的第二个点或[圆心(C)/端点(E)]: //第二个点是圆弧线上的一个点

指定圆弧的端点:                    //第三个点是圆弧终点

圆弧命令中各选项说明如下:

(1)圆心(C):指定圆弧的圆心。

(2)端点(E):使用圆心点时,从起点向端点逆时针方向绘制圆弧。

---

**★小提示:**

(1)绘制与直线相切的圆弧,或与圆弧相切的直线,绘制前一对象后,执行下一命令时按 Enter 键,将以上一命令为终止点,圆弧和直线之间的连接自动相切。

(2)实际绘制圆弧时,也可以先绘制圆,再利用修剪等编辑命令得到需要的圆弧。

---

## 2.1 用三点(P)方式绘制圆弧

单击绘图工具栏的按钮 ,启用圆弧命令。命令操作过程如下:

命令:_arc

指定圆弧的起点或 [圆心(C)]:         //拾取或输入坐标,得起点 $P_1$

指定圆弧的第二个点或[圆心(C)/端点(E)]: //拾取或输入坐标,得第二个点 $P_2$

指定圆弧的端点:                    //拾取或输入坐标,得端点 $P_3$

经过上述操作,绘制了以 $P_1$ 为起点、$P_2$ 为第二点、$P_3$ 为端点的圆弧,结果如图 2-2-9 所示。

## 2.2 用起点、圆心、端点(S)方式绘制圆弧

采用起点、圆心、端点方式,系统默认按逆时针方向绘制。当给出圆弧的起点和圆心后,圆弧半径即确定,端点只决定圆弧的长度范围,圆弧截止于圆心和终点的连线上。

单击【绘图】|【圆弧】|【 起点、圆心、端点(S) 】,命令操作过程如下:

命令:_arc

指定圆弧的起点或 [圆心(C)]:             //拾取或输入坐标,得到起点 $P_1$

指定圆弧的圆心:                    //拾取或输入坐标,得到圆心 $P_2$

指定圆弧的端点(按 Ctrl 键以切换方向)或[角度(A)/弦长(L)]://拾取或输入 $P_3$ 点

通过以上操作,绘制出以 $P_1$ 为起点、$P_2$ 为圆心、$P_3$ 为终点的圆弧,如图 2-2-10 所示。指定端点时按 Ctrl 键,可以绘制该圆弧的补弧。

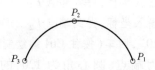 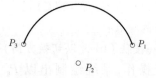

**图2-2-9 用三点(P)方式绘制圆弧    图2-2-10 作起点、圆心、端点(S)方式绘制圆弧**

### 2.3 用起点、圆心、角度(T)方式绘制圆弧

起点、圆心、角度方式中的角度是指圆弧所对应的圆心角,系统默认按逆时针绘制。

单击【绘图】|【圆弧】|【 起点、圆心、角度(T) 】,命令操作过程如下:

命令:_arc

指定圆弧的起点或 [圆心(C)]:            //拾取或输入坐标,得到起点 $P_1$

指定圆弧的圆心:                    //拾取或输入坐标,得到圆心 $P_2$

指定夹角(按住 Ctrl 键以切换方向):     //输入"120"(按住 Ctrl 键绘制补弧)

通过以上操作,绘制出以 $P_1$ 为起点、$P_2$ 为圆心、$P_1P_2$ 为半径、圆心角为120°的圆弧,如图2-2-11(a)所示。当指定夹角时按 Ctrl 键切换方向后,可绘制该圆弧的补弧,如图2-2-11(b)所示。

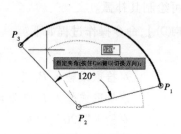 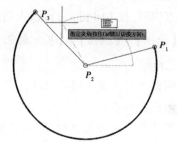

(a)圆心角为120° 的圆弧          (b)圆心角为240° 的圆弧

**图2-2-11 用起点、圆心、角度(T)方式绘制圆弧**

### 2.4 用起点、圆心、长度(A)方式绘制圆弧

采用起点、圆心、长度方式绘制圆弧,其中长度是指圆弧的弦长。

单击【绘图】|【圆弧】|【 起点、圆心、长度(A) 】,命令操作过程如下:

命令:_arc

指定圆弧的起点或 [圆心(C)]:            //拾取或输入 $P_1$ 点为起点

指定圆弧的圆心:                    //拾取或输入 $P_2$ 点为圆心

指定弦长(按住 Ctrl 键以切换方向):     //输入"45",回车(按住 Ctrl 键绘制补弧)

通过以上操作,系统绘制出以 $P_1$ 为起点、$P_2$ 为圆心、$P_1P_2$ 为半径、弦长为45的圆弧,指定弦长时光标不一定在 $P_3$ 点,如图2-2-12所示。

### 2.5 用起点、端点、角度(N)方式绘制圆弧

采用起点、端点、角度方式绘制圆弧,其中的角度是指圆弧的圆心角。

单击【绘图】|【圆弧】|【 起点、端点、角度(N) 】,命令操作过程如下:

命令:_arc

指定圆弧的起点或［圆心（C）］：　　　　//拾取或输入坐标，得到起点 $P_1$

指定圆弧的端点：　　　　　　　　　　//拾取或输入坐标，得到端点 $P_2$

指定夹角（按住 Ctrl 键以切换方向）：//输入"120"，回车（按住 Ctrl 键绘制补弧）

通过以上操作，系统绘制出以 $P_1$ 为起点、$P_2$ 为端点、圆心角为 120° 的圆弧，如图 2-2-13 所示。

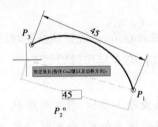
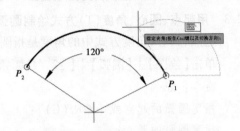

图 2-2-12　用起点、圆心、长度（A）方式　　　　图 2-2-13　用起点、端点、角度（N）
　　　　　　绘制圆弧　　　　　　　　　　　　　　　　　　方式绘制画圆弧

### 2.6　用起点、端点、方向（D）方式绘制圆弧

采用起点、端点、方向方式绘制圆弧，其中方向是指圆弧起点的相切方向。在指定起点的相切方向时，按 Ctrl 键后，再输入角度值，则可绘制其补弧。

单击【绘图】|【圆弧】|【　起点、端点、方向(D)　】，命令操作过程如下：

命令：_arc

指定圆弧的起点或［圆心（C）］：　　　　　　　　　//拾取或输入 $P_1$ 点为起点

指定圆弧的端点：　　　　　　　　　　　　　　　//拾取或输入 $P_2$ 点为端点

指定圆弧起点的相切方向（按 Ctrl 键以切换方向）：//输入"120"，回车

通过以上操作，系统绘制出以 $P_1$ 为起点、$P_2$ 为端点、起点的切线方向为 120° 的圆弧，如图 2-2-14 所示。

### 2.7　用起点、端点、半径（R）方式绘制圆弧

用起点、端点、半径方式绘制圆弧，其中指定圆弧半径时，若半径为正值，则绘制优弧；若半径为负值，则绘制劣弧。

单击【绘图】|【圆弧】|【　起点、端点、半径(R)　】，命令操作过程如下：

命令：_arc

指定圆弧的起点或［圆心（C）］：　　　　　　　　//拾取或输入 $P_1$ 点为起点

指定圆弧的端点：　　　　　　　　　　　　　　//拾取或输入 $P_2$ 点为端点

指定圆弧的半径（按住 Ctrl 键以切换方向）：//输入"20"，回车

通过以上操作，系统绘制出以 $P_1$ 为起点、$P_2$ 为端点、半径为 20 的圆弧，如图 2-2-15 所示。

### 2.8　用圆心、起点、端点（C）方式绘制圆弧

单击【绘图】|【圆弧】【　圆心、起点、端点(C)　】，命令操作过程如下：

命令：_arc

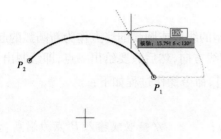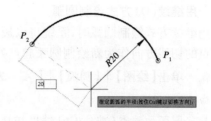

**图 2-2-14　用起点、端点、方向(D)**　　　　**图 2-2-15　用起点、端点、半径(R)**
**方式绘制圆弧**　　　　　　　　　　**方式绘制圆弧**

指定圆弧的圆心：　　　　　　　　　　//拾取或输入 $P_1$ 点为圆心

指定圆弧的起点：　　　　　　　　　　//拾取或输入 $P_2$ 点为起点

指定圆弧的端点(按 Ctrl 键以切换方向)或[角度(A)弦长(L)]：//拾取或输入 $P_3$ 点

该方式与起点、圆心、端点方式类似。通过以上操作，绘制出以 $P_1$ 为圆心、$P_2$ 为起点、$P_3$ 为端点的圆弧，如图 2-2-16 所示。

### 2.9　用圆心、起点、角度(E)方式绘制圆弧

单击【绘图】|【圆弧】|【　圆心、起点、角度(E)】，命令操作过程如下：

命令：_arc

指定圆弧的圆心：　　　　　　　　　　//拾取或输入 $P_1$ 点为圆心

指定圆弧的起点：　　　　　　　　　　//拾取或输入 $P_2$ 点为起点

指定夹角(按住 Ctrl 键以切换方向)：　//输入"120"(按住 Ctrl 键绘制补弧)

该方式与起点、圆心、角度方式类似。通过以上操作，绘制出以 $P_1$ 为圆心、$P_2$ 为起点、$P_1P_2$ 为半径、圆心角为 120° 的圆弧，如图 2-2-17 所示。

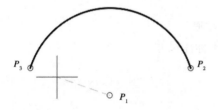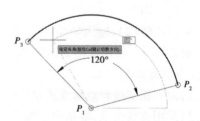

**图 2-2-16　用圆心、起点、端点(C)方式绘制圆弧　图 2-2-17　用圆心、起点、角度(E)方式绘制圆弧**

### 2.10　用圆心、起点、长度(L)方式绘制圆弧

单击【绘图】|【圆弧】|【　圆心、起点、长度(L)】，命令操作过程如下：

命令：_arc

指定圆弧的圆心：　　　　　　　　　　//拾取或输入 $P_1$ 点为圆心

指定圆弧的起点：　　　　　　　　　　//拾取或输入 $P_2$ 点为起点

指定弦长(按住 Ctrl 键以切换方向)：　//输入"45"，回车(按住 Ctrl 键绘制补弧)

该方式与起点、圆心、长度方式类似，通过上述操作，绘制出以 $P_1$ 为圆心、$P_2$ 为起点、弦长为 45 的圆弧，如图 2-2-18 所示。

### 2.11　用继续(O)方式绘制圆弧

用继续方式绘制圆弧时,系统将以最后绘制的线段或圆弧的终点作为新圆弧的起点,以该点的切线方向作为新绘制圆弧起点处的切线方向,然后只要给出一点,即绘制出一段新圆弧。单击【绘图】|【圆弧】|【 ⌒ 继续(O) 】,命令操作过程如下:

命令:_arc

指定圆弧的端点(按住 Ctrl 键以切换方向):　　　　　//拾取或输入 $P_4$ 点为端点

通过上述操作,绘制了以 $P_3$ 为起点、$P_4$ 为端点,与上一圆弧端点 $P_3$ 相切的圆弧,如图 2-2-19 所示。

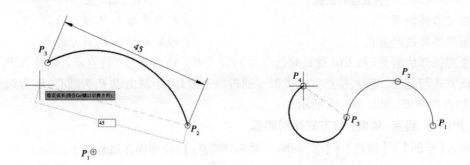

图 2-2-18　用圆心、起点、长度(L)方式绘制圆弧　　　图 2-2-19　用继续(O)方式绘制圆弧

【例 2-2-1】　绘制如图 2-2-20 所示的图形,不标注尺寸。

操作步骤如下:

(1)调用直线命令画水平线段长 22。

(2)调用"起点、端点、半径"圆弧命令后,先捕捉直线左端点 $P_1$,然后捕捉右端点 $P_2$,输入半径"-20"。

(3)同步骤(2),输入半径"-25",完成图形绘制。

【例 2-2-2】　绘制如图 2-2-21 所示的图形,不标注尺寸。

操作步骤如下:

(1)建立粗实线和点画线图层。

(2)调用直线命令,绘制中心线。

(3)调用圆命令,绘制 $\phi 30$、$\phi 60$、$\phi 40$、$\phi 80$ 的圆。

(4)调用直线命令,绘制外公切线。

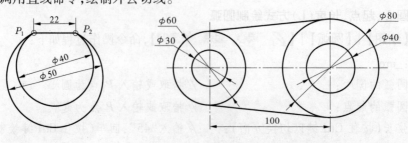

图 2-2-20　圆弧图形　　　　　　图 2-2-21　直线与圆相切图形

## 3　椭圆命令

启用椭圆命令的方式如下：

(1)绘图工具栏：单击"椭圆"按钮 。

(2)菜单栏：选择【绘图】|【椭圆】命令

(3)功能区选项板：选择【默认】|【绘图】命令，点击"椭圆"按钮 。

(4)命令行：输入 ELLIPSE 或 EL 后，按 Enter 键或空格键。

### 3.1　用轴、端点方式绘制椭圆

轴、端点方式是根据两个端点定义椭圆的第一条轴，其角度确定了整个椭圆的角度。

执行椭圆命令，命令行出现如下提示：

命令：_ellipse

指定椭圆的轴端点或[圆弧(A)/中心点(C)]：　　//拾取或输入 $P_1$ 点

指定轴的另一个端点：　　　　　　　　　　　//拾取或输入 $P_2$ 点

指定另一条半轴长度或[旋转(R)]：　　　　　//输入"15"，完成绘制，如图 2-2-22(a)所示

椭圆命令中各选项说明如下：

(1)圆弧(A)：创建椭圆弧。

(2)中心点(E)：指定椭圆的中心点。

(3)旋转(R)：指定绕长轴旋转的角度。旋转 15°时，如图 2-2-22(b)所示。

通过上述操作，绘制出长轴为 50、短轴为 30 的椭圆，如图 2-2-22 所示。

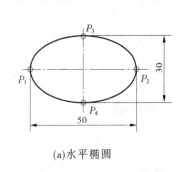
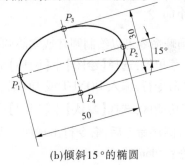

　　　(a)水平椭圆　　　　　　　　　　　　　　　　(b)倾斜 15°的椭圆

**图 2-2-22　用轴、端点方式绘制椭圆**

### 3.2　用中心点方式绘制椭圆

执行椭圆命令后，命令行出现如下提示：

命令：_ellipse

指定椭圆的轴端点或[圆弧(A)/中心点(C)]：//输入"C"，回车

指定椭圆的中心点：　　　　　　　　　　　//拾取或输入 $P_1$ 点

指定轴的端点：　　　　　　　　　　　　　//拾取或输入 $P_2$ 点($P_1P_2$ 为半轴长度 25)

指定另一条半轴长度或[旋转(R)]：　　　　//输入"15"(15 为短轴长度的一半)

通过上述操作，绘制出长轴 50、短轴 30 的椭圆，如图 2-2-23 所示。

### 3.3 绘制椭圆弧

使用椭圆命令或单击绘图工具栏的 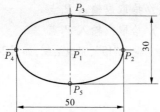，均可绘制椭圆弧。下面以绘制如图 2-2-24 所示的椭圆弧为例，说明该命令的操作步骤。

命令：_ellipse

指定椭圆弧的轴端点或[中心点(C)]：　　//输入"C"，回车

指定椭圆弧的中心点：　　　　　　　　//拾取或输入 $P_1$ 点

指定轴的端点：　　　　　　　　　　//拾取或输入 $P_2$ 点（$P_1P_2$ 为半轴长度 25）

指定另一条半轴长度或[旋转(R)]：　　//输入"15"

指定起点角度或[参数(P)]：　　　　//输入"0"，或于 0°追踪线上单击

指定端点角度或[参数(P)/夹角(I)]：　//输入"270"，或于 270°追踪线上单击

通过上述操作，完成了如图 2-2-24 所示椭圆弧的绘制。

**图 2-2-23　用中心点方式绘制椭圆**　　　　　**图 2-2-24　绘制椭圆弧**

## 4 圆环命令

用圆环命令可以绘制圆环或实心圆。启用圆环命令的方式如下：

(1)菜单栏:选择【绘图】|【圆环】命令。

(2)命令行:输入 DONUT 或 DO 后，按 Enter 键或空格键。

(3)功能区:选择【默认】|【绘图】命令，点击"圆环"按钮◎。

执行圆环命令后，命令行出现如下提示：

命令：_donut

指定圆环的内径 <0.5000>：　　　//输入内径值 20，或拾取两点为直径

指定圆环的外径 <20.0000>：　　//输入外径值 30，或拾取两点为直径

指定圆环的中心点或 <退出>：　　//拾取或输入中心点

可以绘制多个相同的圆环，直至结束命令。如果指定内径为 0，则绘制的圆环为实心圆。可以用 fill 命令或系统变量 fillmode 来控制圆环是否填充，当值为 1 时，圆环填充，如图 2-2-25 所示；当值为 0 时，圆环不填充，如图 2-2-26 所示。

## 5 删除命令

删除命令用来删除不需要的对象。启用删除命令的主要方式如下：

(1)菜单栏:选择【修改】|【删除】命令。

(2)快捷菜单:选择对象后，在出现的右键快捷菜单中选择"删除"选项。

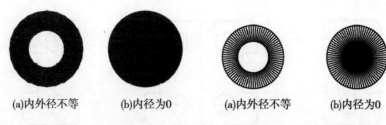

(a)内外径不等　　　(b)内径为0　　　　　(a)内外径不等　　　(b)内径为0

图 2-2-25　填充的圆环　　　　　图 2-2-26　不填充的圆环

（3）功能区选项板：选择【常用】|【修改】中的"删除"按钮 🗑。

（4）修改工具栏：选择"删除"按钮 🗑。

（5）快捷键：选择要删除的对象，按 Delete 键。

（6）组合键：选择要删除的对象，按 Ctrl + X 组合键。

（7）命令行：输入 ERASE 或 E 后，按 Enter 键或空格键。

执行命令后，被选定的对象即被删除。一般可用 oops（恢复删除）命令来恢复最后一次使用 erase 命令删除的所有对象。

# 6　镜像命令

镜像命令用于将选择的对象沿对称轴进行对称复制，常用于对称图形的绘制。命令中的镜像线由两点确定，不一定真实存在，且可以为任意角度的直线。可以选择删除源对象，或者保留源对象，默认为保留源对象。

镜像命令的打开方式如下：

（1）菜单栏：选择【修改】|【镜像】命令。

（2）功能区选项板：选择【默认】|【修改】命令，点击"镜像"按钮 ⚠。

（3）修改工具栏：选择"镜像"按钮 ⚠。

（4）命令行：输入 MIRROR 或 MI 后，按 Enter 键或空格键。

执行命令后，命令行出现如下提示。

命令：_mirror

选择对象：　　　　　　//选择需要镜像的对象，按 Enter 键或空格键结束选择

指定镜像线的第一点：//拾取或输入第一个点

指定镜像线的第二点：//拾取或输入第二个点

要删除源对象吗？[是（Y）/否（N）] <N>：//输入"Y"或"N"，或按 Enter 键默认选择 N

对于如图 2-2-27（a）所示的源对象，执行镜像命令不删除源对象时，如图 2-2-27（b）所示；执行镜像命令删除源对象时，如图 2-2-27（c）所示。

另外，当对文字对象（见图 2-2-28（b））进行镜像时，镜像效果由系统变量 MIRRTEXT 控制，其默认值为 0，此时文字不产生反转，如图 2-2-28（a）所示；当 MIRRTEXT = 1 时，镜像时将产生反转，如图 2-2-28（c）所示。

# 7　偏移命令

偏移命令用于创建与选定直线平行的直线，创建与选定圆或圆弧同心的更大或更小

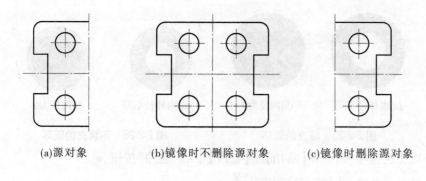

(a)源对象　　　　　　(b)镜像时不删除源对象　　　(c)镜像时删除源对象

图 2-2-27　用镜像命令编辑图形

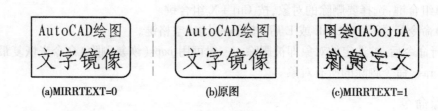

(a)MIRRTEXT=0　　　　　　(b)原图　　　　　　(c)MIRRTEXT=1

图 2-2-28　镜像文字

的圆或圆弧,创建对象取决于向哪一侧偏移。

启用偏移命令的主要方式如下:

(1)菜单栏:选择【修改】|【偏移】命令。

(2)功能区选项板:选择【默认】|【修改】命令,点击"偏移"按钮 ⎨⎬。

(3)修改工具栏:选择"偏移"按钮 ⎨⎬。

(4)命令行:输入 OFFSET 后,按 Enter 键或空格键。

执行命令后,命令行出现如下提示:

命令:_offset

当前设置:删除源 = 否 图层 = 源　OFFSETGAPTYPE = 0

指定偏移距离或[通过(T)/删除(E)/图层(L)]<通过 >://输入值或选项,回车

选择要偏移的对象,或[退出(E)/放弃(U)]<退出 >:　//选择对象或输入选项

指定要偏移的那一侧上的点,或[退出(E)/多个(M)/放弃(U)]<退出 >://单击或输入选项

偏移命令中部分选项的含义如下:

(1)指定偏移距离:默认选项,指定与选定对象的距离。

(2)通过(T):创建通过指定点的对象。

(3)多个(M):将选定对象按当前偏移距离重复进行偏移操作。

(4)删除(E):用于设置在偏移对象时是否要删除源对象。

(5)图层(L):用于设置偏移对象的图层是否和源对象相同。

常见几何对象的偏移结果如图 2-2-29 所示。

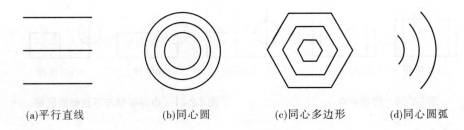

(a)平行直线        (b)同心圆        (c)同心多边形        (d)同心圆弧

**图 2-2-29    偏移结果**

## 8    修剪命令

使用修剪命令,可以修剪对象,使它们精确地终止于剪切边(边界)。对象既可以作为剪切边,也可以是被修剪的对象。如果在指定边界时直接回车,则所有显示的对象都将成为边界。

启用修剪命令的主要方式如下:

(1)菜单栏:选择【修改】|【修剪】命令。

(2)功能区选项板:选择【默认】|【修改】命令,点击"修剪"按钮-/--。

(3)修改工具栏:选择"修剪"按钮-/--。

(4)命令行:输入 TRIM 或 TR 后,按 Enter 键或空格键。

执行修剪命令后,命令行出现如下提示:

命令:_trim

当前设置:投影 = UCS,边 = 无    //当前的参数情况

选择剪切边...                              //提示下一行的选择对象是指剪切边界

选择对象或 <全部选择>:    //选择对象为剪切边界,或回车全部选择为边界

选择要修剪的对象,或按 Shift 键选择要延伸的对象,或[栏选(F)/窗交(C)/投影(P)/边(E)/删除(R)/放弃(U)]://选择被修剪的对象或输入选项

在图 2-2-30(a)中,以矩形和圆为边界,修剪后如图 2-2-30(b)所示。

修剪命令中部分选项的含义如下:

(1)选择要修剪的对象:指定修剪对象,可以选择多个,再按 Enter 键结束。

(2)按住 Shift 键选择要延伸的对象:延伸选定对象,而不是修剪它们。

(3)栏选(F):选择与选择栏相交的所有对象。

(4)窗交(C):选择矩形区域内部或与之相交的对象。

(5)投影(P):指定修剪对象时使用的投影方法。

(6)边(E):确定对象是否在边界的延长处进行修剪,包括延伸与不延伸。

①延伸(E):若剪切边界没有与修剪对象相交,系统会假想地将剪切边延长后进行修剪。如图 2-2-31(a)中以 ab 为剪切边,结果如图 2-2-31(b)所示。

②不延伸(N):如果剪切边界没有与修剪对象相交,则不修剪改对象,如图 2-2-31(c)所示。

<table>
<tr><td>(a)修剪前</td><td>(b)修剪后</td><td>(a)原图</td><td>(b)延伸</td><td>(c)不延伸</td></tr>
</table>

图 2-2-30　修剪命令　　　　　图 2-2-31　　边界延伸与不延伸的区别

## 9　延伸命令

使用延伸命令,可以使指定的对象延伸到选定的边界。如果在选择边界时直接回车,则所有显示的对象都将成为边界。

启用延伸命令的主要方式如下:

(1)菜单栏:选择【修改】│【延伸】命令。

(2)功能区选项板:选择【默认】│【修改】│命令,点击"延伸"按钮--/。

(3)修改工具栏:选择"延伸"按钮--/。

(4)命令行:输入 EXTEND 或 EX 后,按 Enter 键或空格键。

执行延伸命令后,命令行出现如下提示:

命令:_extend

当前设置:投影=UCS,边=无　　//当前的参数情况

选择边界的边...　　　　　　　//提示下一行的选择对象是指延伸边界

选择对象或 <全部选择>:　　//选择对象为延伸边界,或回车全部选择为边界

选择要延伸的对象,或按 Shift 键选择要修剪的对象,或[栏选(F)/窗交(C)/投影(P)/边(E)/删除(R)/放弃(U)]: //选择被延伸的对象或输入选项

在图 2-2-32(a)中,以直线 ab 为边界,延伸后如图 2-2-32(b)所示。

延伸命令中各选项的含义与修剪命令类似,边(E)选项中的边界(如 ab,见图 2-2-33)也有延伸与不延伸模式,其结果如图 2-2-33(b)、图 2-2-33(c)所示。

<table>
<tr><td>(a)延伸前</td><td>(b)延伸后</td><td>(a)原图</td><td>(b)延伸</td><td>(c)不延伸</td></tr>
</table>

图 2-2-32　延伸命令　　　　　图 2-2-33　　边界延伸与不延伸的区别

在选择延伸对象时,按住 Shift 键,则修剪对象,而不是延伸它们。

## 10　倒角命令

使用倒角命令,可以在两条不平行的直线间绘制一个斜角。

启用倒角命令的主要方式如下:

(1)菜单栏:选择【修改】│【倒角】命令。

(2)功能区选项板:选择【默认】│【修改】命令,点击"倒角"按钮◿。

（3）修改工具栏：选择"倒角"按钮 ◨。

（4）命令行：输入 CHAMFER 或 CHE 后，按 Enter 键或空格键。

执行命令后，命令行出现如下提示：

命令：_chamfer

（"修剪"模式）当前倒角距离 1 = 0.0000，距离 2 = 0.0000    //当前的参数情况

选择第一条直线或[放弃（U）/多段线（P）/距离（D）/角度（A）/修剪（T）/方式（E）/多个（M）]：

　　//选择第一条要倒角的直线，或输入选项

选择第二条直线，或按住 Shift 键选择要应用角点的直线：

　　　//选取第二条直线后生成倒角。如果按住 Shift 键选择直线，则倒角距离为 0

倒角命令中部分选项的含义如下：

（1）多段线（P）：对多段线各顶点同时倒角，也适用于矩形和正多边形。

（2）距离（D）：设置倒角距离，第一条和第二条直线的距离可以不同，若不同，选择直线时应注意拾取顺序，如图 2-2-34（a）、（b）所示。

（3）角度（A）：以第一个倒角距离和角度设置倒角尺寸，如图 2-2-34 所示。

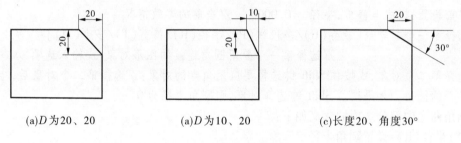

（a）D 为 20、20　　　　　　（a）D 为 10、20　　　　　　（c）长度 20、角度 30°

图 2-2-34　倒角命令

（4）修剪（T）：设置倒角时是否修剪倒角边。包括修剪和不修剪。

①修剪（T）：生成倒角时对倒角边进行修剪，如图 2-2-35（b）所示。

②不修剪（N）：生成倒角时对倒角边不进行修剪，如图 2-2-35（c）所示。

（a）原始图形　　　　　　（b）修剪模式　　　　　　（c）不修剪模式

图 2-2-35　倒角命令的修剪模式与不修剪模式

在修剪模式下对相交的两条直线进行倒角时，两条直线的保留部分将是拾取点一侧，如图 2-2-36 所示。如果倒角距离为 0，或按住 shift 键拾取对象，则执行倒角命令后，将使延伸后能相交的两条直线交于一点，如图 2-2-37 所示。

## 11　圆角命令

圆角命令用于将两个图形对象以指定半径的圆弧光滑连接起来。

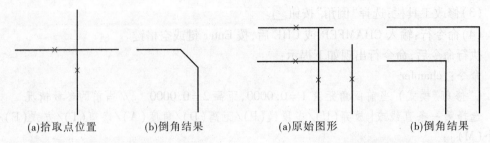

(a)拾取点位置　　　(b)倒角结果　　　　　　(a)原始图形　　　(b)倒角结果

图 2-2-36　倒角时两条直线的保留部分　　　图 2-2-37　倒角距离为 0 时的结果

启用圆角命令的主要方式如下：

(1)菜单栏:选择【修改】|【圆角】命令。

(2)功能区选项板:选择【常用】|【修改】命令,点击"圆角"按钮。

(3)修改工具栏:选择"圆角"按钮。

(4)命令行:输入 FILLET 或 FIL 后,按 Enter 键或空格键。

执行圆角命令后,命令行出现如下提示：

命令:_fillet

当前设置:模式＝修剪,半径 ＝0.0000　　//当前的参数情况

选择第一个对象或[放弃(U)/多段线(P)/半径(R)/修剪(T)/多个(M)]：

　　　　　　　　　　　//选择第一个要用圆角连接的图形对象,或输入选项

选择第二个对象,或按住 Shift 键选择要应用角点的对象://选择第二个对象后,生成指定半径的圆角。如果按住 Shift 键选择对象,则圆角半径为 0

圆角命令中部分选项的含义如下：

(1)半径(R):设置圆角半径。

(2)修剪(T):设置生成圆角时是否修剪对象。分为修剪模式与不修剪模式,如图 2-2-38所示。

(a)原始图形　　　　　(b)修剪模式　　　　　(c)不修剪模式

图 2-2-38　圆角时修剪与不修剪模式

执行圆角命令时,两个对象的保留部分是拾取点一侧,如图 2-2-39 所示。

当选取对象为两条平行线时,将以两平行线距离的一半为半径,将其用半圆连接起来,如图 2-2-40 所示。

如果将圆角半径设置为 0,或拾取对象时按住 shift 键,则可以使延伸后能相交的两条直线交于一点。

圆角命令也可以用于圆弧连接的绘制,如图 2-2-41 所示的半径为 20 的圆弧。

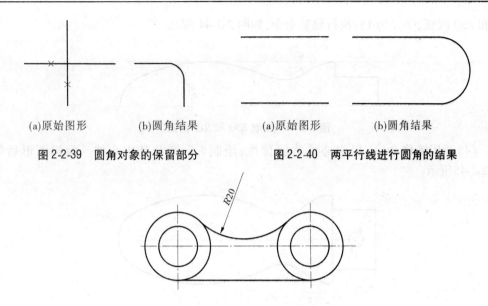

(a)原始图形　　　(b)圆角结果　　　　(a)原始图形　　　(b)圆角结果

图 2-2-39　圆角对象的保留部分　　　图 2-2-40　两平行线进行圆角的结果

图 2-2-41　用圆角命令绘制圆弧连接

## ※　任务实施

步骤 1:新建绘图文件。

新建绘图文件,在"选择样板"对话框中,选择"我的样板 2017. dwt",
单击"打开"按钮,将文件保存为"手柄. dwg"。

步骤 2:绘制图形。

(1)在点画线图层,调用直线命令绘制长度约为 100 的中心线。在粗实线图层,绘制
手柄的左外轮廓,如图 2-2-42 所示。

图 2-2-42　绘制中心线和左外轮廓

(2)调用圆弧命令绘制 $R15$ 圆弧;调用圆命令,绘制右端 $\phi 20$ 圆;执行偏移命令,将中
心线向上偏移 15,如图 2-2-43 所示。

(3)利用切点、切点、半径方式绘制圆,拾取偏移线和 $\phi 20$ 圆,半径为 50;拾取 $R15$ 圆

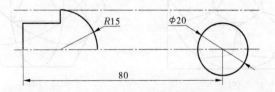

图 2-2-43　绘制圆弧和圆

弧和 R50 圆弧,半径为 15;执行修剪命令,如图 2-2-44 所示。

**图 2-2-44  绘制 R50 和 R15 圆弧**

(4)调用镜像命令,以中心线为镜像线;绘制 φ5 圆及其中心线。编辑图形后如图 2-2-45 所示。

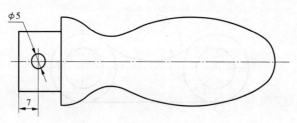

**图 2-2-45  镜像图形及绘制 φ5 圆**

(5)标注尺寸后,最终效果如图 2-2-1 所示。

## ※ 技能训练

1. 按 1:1 的比例绘制如图 2-2-46 所示图形。

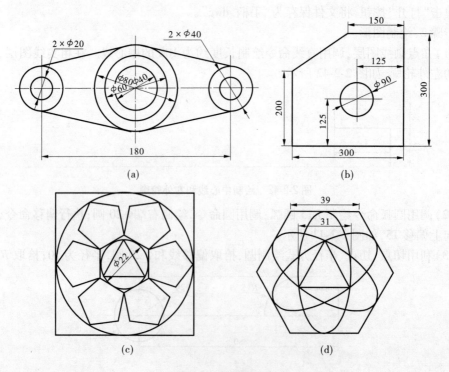

(a)  (b)

(c)  (d)

**图 2-2-46  题 1 图**

2.用 1∶1 的比例绘制如图 2-2-47 所示图形。

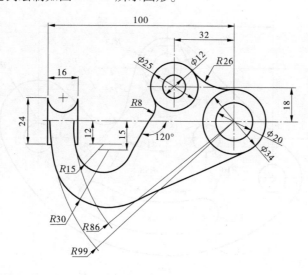

图 2-2-47    题 2 图

3.用 1∶1 的比例绘制如图 2-2-48 所示图形。

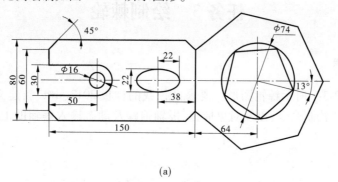

(a)

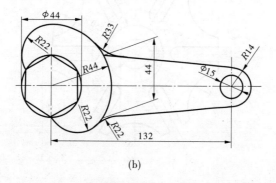

(b)

图 2-2-48    题 3 图

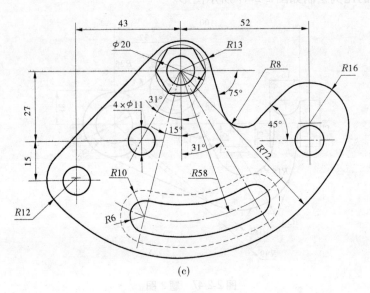

(c)

续图 2-2-48

# 任务 3　绘制棘轮

## ※　任务描述

　　绘制如图 2-3-1 所示棘轮图形。要求:用"我的样板 2017. dwt"新建文件,利用直线、圆、阵列、修剪等绘制命令,以及对象捕捉、极轴追踪及动态输入等辅助工具绘制图形,不标注尺寸。

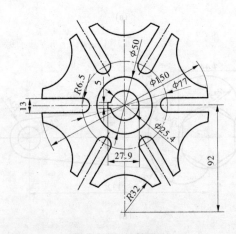

图 2-3-1　棘轮图形

## ※　相关知识

### 1　点命令

点与直线、圆等一样,也是图形对象,具有图形对象的属性,可以被编辑,对绘制的点可以利用捕捉节点的模式进行捕捉。

#### 1.1　点的样式

点样式命令的打开方式如下:

(1)菜单栏:选择【格式】|【点样式】命令。

(2)命令行:输入 DDPTYPE 后,按 Enter 键或空格键。

执行命令后,出现"点样式"对话框,如图 2-3-2 所示,用户可以选择点样式。显示当前的点样式和大小。

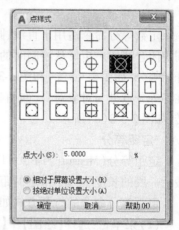

图 2-3-2　"点样式"对话框

#### 1.2　绘制点

点命令的打开方式如下:

(1)菜单栏:选择【绘图】|【点】|【多点】命令。

(2)功能区选项板:选择【默认】|【绘图】命令,单击"点"按钮 。

(3)绘图工具栏:单击"点"按钮 。

(4)命令行:输入 POINT 或 PO 后,按 Enter 键或空格键。

执行命令后,命令行出现如下提示:

命令: _point

当前点模式: PDMODE = 0　PDSIZE = 0.0000

指定点: //以各种方式确定点的位置(单点绘制一个点结束,多点可以连续绘制点)

#### 1.3　定数等分

定数等分(Divide)命令可以在对象上按指定数目等间距地绘制点或插入块,该操作并不将对象等分为多段。定数等分命令的打开方式如下:

(1)菜单栏:选择【绘图】|【点】|【定数等分】命令。

(2)功能区选项板:选择【默认】|【绘图】命令,点击"定数等分"按钮 。

(3)命令行:输入 DIVIDE 后,按 Enter 键或空格键。

下面以图 2-3-3 为例,说明定数等分命令的操作过程。

命令: _divide

选择要定数等分的对象:　　　//拾取对象。如图 2-3-3(a)中的直线、圆弧、样条

输入线段数目或 [块(B)]:　//输入"3",结束(输入"B",回车,显示下一提示)

输入要插入的块名:　　　　//输入已创建块的名称

是否对齐块和对象? [是(Y)/否(N)] <Y>:

　　　　　　　　　　　　//输入"Y",对齐块和对象;输入"N",不对齐

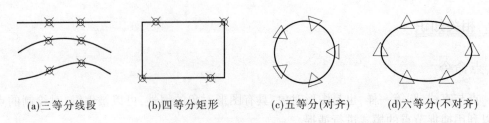

(a)三等分线段　　　　(b)四等分矩形　　　(c)五等分(对齐)　　　(d)六等分(不对齐)

图 2-3-3　定数等分

定数等分命令适用于直线、圆弧、样条曲线等开放线段,也适用于矩形、多边形、圆、椭圆等闭合线段。矩形从绘制时的第一个角点开始等分,如图 2-3-3(b)所示;圆、椭圆从 0°开始等分,如图 2-3-3(c)和图 2-3-3(d)所示。等分点可以插入块,选择块对齐对象时,块在各等分点处与对象对齐,如图 2-3-3(c)所示;若选择不对齐对象,则块在等分点处不旋转,如图 2-3-3(d)所示。

### 1.4　定距等分

定距等分(Measure)命令可以从选定的单个图形对象的一端开始定距地绘制点,直至最后一段的长度不大于指定的距离。可以使用点或块标记等分点。

定距等分命令的打开方式如下:

(1)菜单栏:选择【绘图】|【点】|【定距等分】命令。

(2)功能区选项板:选择【默认】|【绘图】命令,点击"定距等分"按钮　。

(3)命令行:输入 MEASURE 后,按 Enter 键或空格键。

下面以图 2-3-4 为例,说明定距等分命令的操作过程。

命令: _ measure

选择要定距等分的对象:　　//拾取对象,如图 2-3-4(a)中的直线、圆弧、样条

指定线段长度或［块(B)］:　//输入"18",回车

通过以上操作,从左端开始,定距地绘制了若干点,如图 2-3-4(b)所示。

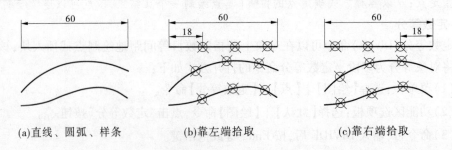

(a)直线、圆弧、样条　　　(b)靠左端拾取　　　　(c)靠右端拾取

图 2-3-4　定距等分

执行定距等分命令时,从靠近拾取位置的端点处开始绘制点,如图 2-3-4(c)所示为拾取点靠近右端的结果。

## 2　复制命令

复制命令可以连续地将选定的对象复制到指定位置,直至退出复制命令。复制命令

的打开方式如下：

（1）菜单栏：选择【修改】|【复制】命令。

（2）功能区选项板：选择【默认】|【修改】命令，点击"复制"按钮❧。

（3）修改工具栏：选择"复制"按钮❧。

（4）命令行：输入 COPY 或 CO 后，按 Enter 键或空格键。

下面以图 2-3-5 为例，说明复制命令的操作过程。

命令：_copy

选择对象： //选择图 2-3-5（a）中的六边形和圆，回车结束选择

指定基点或［位移（D）/模式（O）］＜位移＞： //拾取 M8 的圆心为基点

指定第二个点或［阵列（A）］＜使用第一个点作为位移＞：//拾取交点，如图 2-3-5 所示

指定第二个点或［阵列（A）/退出（E）/放弃（U）］＜退出＞：//拾取交点，回车结束

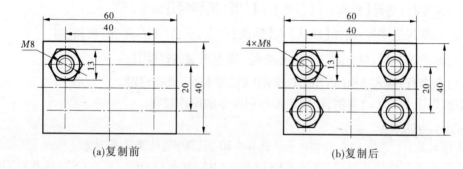

图 2-3-5 复制命令

复制后，如图 2-3-5（b）所示。复制命令中部分选项说明如下：

（1）位移（D）：输入坐标值来指定副本的目标位置。

（2）模式（O）：单个复制或多重复制，默认为多重复制。

（3）阵列（A）：将选择的对象沿任意方向的直线等距离复制。

（4）使用第一个点作为位移：以基点的绝对坐标值作为 X、Y 方向的位移。

以图 2-3-6（a）中的 φ20 圆为例，执行阵列选项后，命令行出现如下提示：

输入要进行阵列的项目数： //输入"3"，项目数包含被复制对象

指定第二个点或［阵列（A）/退出（E）/放弃（U）］＜退出＞://指定第二个点

阵列选项中，指定项目数和第二个点后，项目位置即确定，如图 2-3-6 所示。

> **★小提示：**
>
> 在复制、阵列、移动、旋转等命令中，选择基点时应借助于对象捕捉等辅助绘图命令，以保证精确定位。

## 3 阵列命令

利用阵列命令可以在矩形、环形或路径阵列中创建多个定间距的对象副本。AutoCAD 2017 强化了阵列命令的编辑功能，取消了阵列对话框。

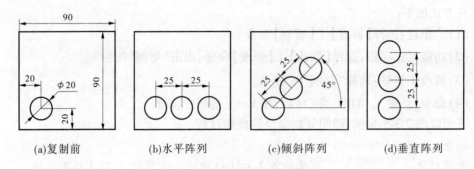

|(a)复制前|(b)水平阵列|(c)倾斜阵列|(d)垂直阵列|

**图 2-3-6　复制命令中阵列选项**

### 3.1　矩形阵列

将对象按指定的行列数和间距进行阵列。矩形阵列命令的打开方式如下：

(1)菜单栏:选择【修改】|【阵列】|【 🔲 矩形阵列】命令。

(2)功能区选项板:选择【默认】|【修改】命令,点击"矩形阵列"按钮🔲。

(3)修改工具栏:单击🔲,若为🔵或🔲,则单击▲,选择🔲。

(4)命令行:输入 ARRAYRECT 或 AR 后,按 Enter 或空格键。

下面以图 2-3-7(a)为例,说明矩形阵列命令的操作过程。

命令:_arrayrect

选择对象:　　　　　　　　　　　　　//选择φ20 圆,回车,结束选择对象

选择夹点以编辑阵列或[关联(AS)/基点(B)/计数(COU)/间距(S)/列数(COL)/

行数(R)/层数(L)/退出(X)]＜退出＞:　　　　　　　//输入"COL",回车

　　输入列数或[表达式(E)]＜4＞:　　　　　　　//回车,列数为 4

　　指定列数之间的距离或[总计(T)/表达式(E)]＜30＞://输入"25",回车

选择夹点以编辑阵列或[关联(AS)/基点(B)/计数(COU)/间距(S)/列数(COL)/

行数(R)/层数(L)/退出(X)]＜退出＞:　　　　　　　//输入"R",回车

　　输入行数或[表达式(E)]＜3＞:　　　　　　　//回车,行数为 3

　　指定行数之间的距离或[总计(T)/表达式(E)]＜30＞://输入"25",回车

经过上述操作,完成矩形阵列,如图 2-3-7(b)所示。

矩形阵列命令中主要选项的含义说明如下:

(1)选择夹点以编辑阵列:选择夹点指定行列数、行间距等。

(2)关联(AS):选择关联,阵列后对象是整体的,否则阵列后是独立的。

(3)计数(COU):指定列数和行数,可以输入数值或表达式。

(4)间距(S):指定列间距和行间距,输入数值或由对角点确定单位单元。

(5)列数(COL):指定列数和列间距。

(6)行数(R):指定行数和行间距。

(7)层数(L):指定三维对象的层数和层间距。

若行、列间距为正,则阵列对象向上、右排列;若为负,则向下、左排列。阵列命令可以通过夹点实现参数编辑,如图 2-3-8 所示。当光标悬停于蓝色夹点时,夹点变为红色,显

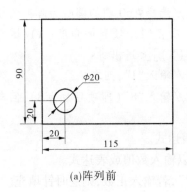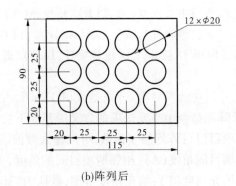

(a)阵列前　　　　　　　　　　　　　　(b)阵列后

**图 2-3-7　矩形阵列**

示数值或快捷菜单,单击后可进行编辑,具体如下:

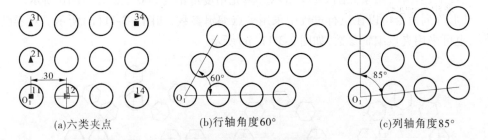

(a)六类夹点　　　　　(b)行轴角度60°　　　　　(c)列轴角度85°

**图 2-3-8　选择夹点编辑阵列**

夹点 11:显示快捷菜单,包括移动和层数。

夹点 12:显示列间距尺寸,可以单击后输入新值。

夹点 14:显示列数值和快捷菜单,包括列数、列总间距和轴角度。

夹点 21:显示行间距尺寸,可以单击后输入新值。

夹点 31:显示行数值和快捷菜单,包括行数、行总间距和轴角度。

夹点 34:显示快捷菜单,包括行数和列数、行和列总间距值。

### 3.2　环形阵列

环形阵列是指将对象绕选定的中心点进行复制,命令的打开方式如下:

(1)菜单栏:选择【修改】|【阵列】|【⬚⬚ 环形阵列】命令。

(2)功能区选项板:选择【默认】|【修改】|命令,点击"环形阵列"按钮⬚⬚。

(3)修改工具栏:单击⬚⬚,若为⬚⬚或⬚⬚,则单击▲,选择⬚⬚。

(4)命令行:输入 ARRAYPOLAR 或 AR 后,按 Enter 或空格键。

下面以图 2-3-9 为例,说明环形阵列命令的操作过程。

命令:_arraypolar

选择对象:　　　　　　　　　　　　　　//选择六边形和中心线,回车,结束选择

指定阵列的中心点或[基点(B)/旋转轴(A)]:

　　　　　　　　　　　　　　　　　//输入"B",回车(若旋转项目,刚基点省略)

指定基点或[关键点(K)]<质心>:　　//选择六边形的质心或直接回车

指定阵列的中心点或[基点(B)/旋转轴(A)]: //选择φ60圆的圆心为阵列的中心点

选择夹点以编辑阵列或[关联(AS)/基点(B)/项目(I)/项目间角度(A)/填充角度(F)/行数(ROW)/层数(L)/旋转项目(ROT)/退出(X)] <退出>:

　　　　　　　　　　　　　　　　　　　//输入"I",回车

输入阵列中的项目数或[表达式(E)] <6>: //输入"8"(即项目数为8),回车

环形阵列命令中主要选项的含义说明如下:

(1)项目(I):阵列的项目数,可以输入数值或表达式。

(2)项目间角度(A):相邻两项间的角度,可以输入数值或表达式。

(3)填充角度(F):填充角度范围,默认为"360°",若输入正数,则逆时针填充。

(4)行数(ROW):指定向外偏移的行数和行间距。

(5)旋转项目(ROT):指定阵列时是否旋转项目,默认为旋转。

经过上述操作,结果如图2-3-9所示。填充角度可不为360°,如图2-3-10所示。

环形阵列命令可以在执行过程中采用夹点编辑参数,如图2-3-11(a)所示。对于已有图形,也可采用夹点编辑参数,如图2-3-11(b)所示。

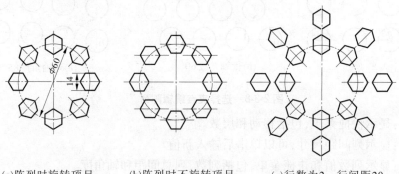

(a)阵列时旋转项目　　　　(b)阵列时不旋转项目　　　　(c)行数为2,行间距20

图 2-3-9　环形阵列

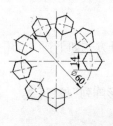 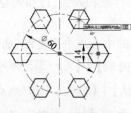 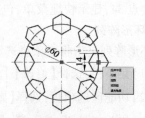

(a)命令执行过程中　　　　(b)环形阵列结束后

图 2-3-10　填充角度为270°　　　　图 2-3-11　使用夹点编辑环形阵列

### 3.3　路径阵列

路径阵列是指按照指定路径生成复制副本,命令的打开方式如下:

(1)菜单栏:选择【修改】|【阵列】|【　路径阵列】命令。

(2)功能区选项板:选择【默认】|【修改】命令,点击"路径阵列"按钮。

(3)修改工具栏:单击　,若为　或　,则单击　,选择　。

（4）命令行：输入 ARRAYPATH 或 AR 后，按 Enter 或空格键。

下面以图 2-3-12 为例，说明路径阵列命令的操作过程。

命令：_arraypath

选择对象：　　　　　　　　　//选择圆、六边形、字母 A，回车，结束选择对象

类型 = 路径　关联 = 是　　　//阵列类型及关联性

选择路径曲线：　　　　　　　//选择样条线

选择夹点以编辑阵列或［关联（AS）/方法（M）/基点（B）/切向（T）/项目（I）/行数（R）/层数（L）/对齐项目（A）/方向（Z）/退出（X）］< 退出 >：//输入"I"，回车

　指定沿路径的项目之间的距离或［表达式（E）］< 18 >：　//输入"16"，回车

　指定项目数或［填写完整路径（F）/表达式（E）］< 7 >：　//输入"6"，回车

　选择夹点以编辑阵列或［关联（AS）/方法（M）/基点（B）/切向（T）/项目（I）/行数（R）/层数（L）/对齐项目（A）/z 方向（Z）/退出（X）］< 退出 >：　　　//回车，结束命令

(a)路径阵列前　　　　　　　　　(b)路径阵列的结果及夹点

**图 2-3-12　路径阵列命令**

经过上述操作，完成路径阵列，如图 2-3-12（b）所示。路径阵列也可以通过夹点编辑项目数、项目总间距等参数。

路径阵列中主要选项的含义说明如下：

（1）方法（M）：选择沿某路径定数等分还是定距等分，默认为定距等分。

（2）切向（T）：指定源对象的切向。当切向为 30°时，阵列效果如图 2-3-13 所示。

（3）项目（I）：确定项目之间的距离和项目数。

（4）对齐项目（A）：是否将项目与路径对齐，选择否时，阵列效果如图 2-3-14 所示。

（5）z 方向（Z）：是否对阵列中的所有项目保持 z 方向，适合三维路径。

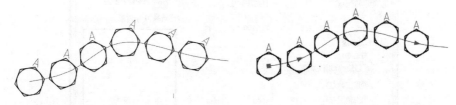

**图 2-3-13　切向为 30°的阵列效果**　　　**图 2-3-14　对齐项目时不旋转**

### 3.4　经典阵列命令

用户可以通过以下操作，调出经典阵列命令的对话框。单击【工具】|【自定义】|【编辑程序参数】，在"acad. pgp - 记事本"文件中，将"AR，* ARRAY"，修改为"AR，* ARRAYCLASSIC"，保存文件后。在命令行输入"AR"，回车，即可弹出经典"阵列"对话框，如图 2-3-15 所示。

### 3.4.1 矩形阵列对话框

对于如图 2-3-7 所示的图形,在如图 2-3-15 所示的"阵列"对话框中,相关参数可以在文本框中输入,行偏移、列偏移也可以通过单击按钮 在绘图区拾取两点确定,然后单击按钮 ,在绘图区选择对象。

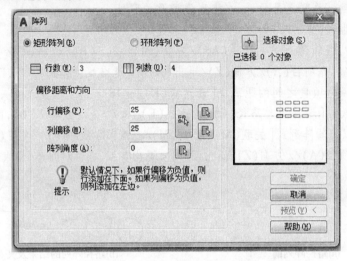

图 2-3-15  "阵列"对话框——矩形阵列

### 3.4.2 环形阵列对话框

在"阵列"对话框中选择"环形阵列"选项,切换到环形阵列参数界面。对于如图 2-3-9 所示的图形,各参数如图 2-3-16 所示。"中心点"通过单击按钮 后,在图形上拾取,可以选择"项目总数和填充角度",在相关文本框中输入参数,默认选中"复制时旋转项目",然后单击按钮 ,在绘图区选择对象。

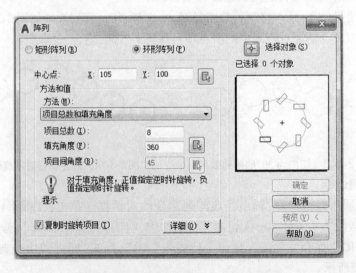

图 2-3-16  "阵列"对话框——环形阵列

## 4　移动命令

移动命令可以将对象以指定的角度和方向移动到指定位置。

移动命令的打开方式如下：

(1)菜单栏：选择【修改】|【移动】命令。

(2)功能区选项板：选择【默认】|【修改】命令，点击"移动"按钮✛。

(3)修改工具栏：选择"移动"按钮✛。

(4)命令行：输入 MOVE 或 M 后，按 Enter 键或空格键。

下面以图 2-3-17 为例，说明移动命令的操作过程。

命令：_move

选择对象：　　　　　　　　　　　　　　　//选择圆，回车结束选择

指定基点或 [位移(D)] <位移>：　　　　　 //选择圆心为基点

指定第二个点或<使用第一个点作为位移>：//选择交点，完成

(a)移动前　　　　　(b)指定第二点　　　　　(c)移动结果

图 2-3-17　移动对象

移动命令中主要选项的含义说明如下：

(1)基点：被移动对象的基准点，一般选择质心、交点等。

(2)指定第二个点：指定将源对象移动到的目标位置。

(3)位移(D)：输入绝对坐标或相对于基点的相对坐标，确定目标位置。

(4)使用第一个点作为位移：以基点的坐标值为 $X$、$Y$、$Z$ 方向的移动量。如基点的坐标为(2,3)，则该对象从当前位置在 $X$ 方向移动 2，在 $Y$ 方向移动 3。

## 5　旋转命令

旋转命令可以将图形中的对象绕指定基点旋转一定角度。输入旋转角度(0°～±360°)为正值时，按逆时针旋转对象；旋转角度为负值时，按顺时针旋转对象。

旋转命令的打开方式如下：

(1)菜单栏：选择【修改】|【旋转】命令。

(2)功能区选项板：选择【默认】|【修改】命令，点击"旋转"按钮⟳。

（3）修改工具栏：选择"旋转"按钮 。

（4）快捷菜单：选择要旋转的对象，单击鼠标右键，在右键菜单中选择"旋转"选项。

（5）命令行：输入 ROTATE 或 RO 后，按 Enter 键或空格键。

下面以图 2-3-18 为例，说明旋转命令的操作过程。

命令：_rotate　　　　　　　//启用旋转命令

选择对象：　　　　　　　　//选择长圆孔及其中心线

选择对象：　　　　　　　　//回车，结束选择

指定基点：　　　　　　　　//选择 C 点

指定旋转角度，或［复制（C）/参照（R）］< 0 >：//输入"－15"，回车，结果如图 2-3-18（b）所示。

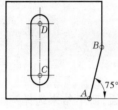 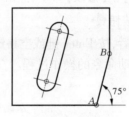 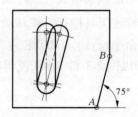

(a)旋转前　　　　　　　　(b)删除源对象　　　　　　　　(c)复制源对象

**图 2-3-18　旋转对象**

旋转命令中主要选项的含义说明如下：

（1）旋转角度：被选中的对象绕基点旋转的角度。

（2）复制（C）：创建要旋转的对象副本，即旋转后保留源对象。

（3）参照（R）：将对象从指定角度旋转到新角度，为绝对角度。

对于图 2-3-18（b），按参照（R）方式旋转对象时，方法如下：

指定旋转角度或［复制（C）/参照（R）］< 0 >：//输入"R"，回车

指定参照角度 < 0 >：　　　　　　//回车或输入"90"，或先后拾取 C、D 两点

指定新角度或［点（P）］< 0 >：　　//输入"－15"或"75"，或输入"P"，回车

指定第一点：指定第二点：　　　　//先后拾取 A、B 两点，完成

在上述操作中，如果参照角度为 0，则新角度应输入"－15"；如果参照角度为 90，则新角度应输入"75"。拾取点时，应注意拾取顺序。

## 6　缩放命令

缩放命令可以将选中对象以指定基点，按照统一比例或指定长度缩放。缩放命令的打开方式如下：

（1）菜单栏：选项【修改】|【缩放】命令。

（2）功能区选项板：选择【默认】|【修改】命令，点击"缩放"按钮 。

（3）修改工具栏：选项"缩放"按钮 。

（4）命令行：输入 SCALE 或 SC 后，按 Enter 键或空格键。

下面以图 2-3-19 为例,说明缩放命令的操作过程。

命令: _scale　　　　　　　　　　　//启用缩放命令

选择对象:　　　　　　　　　　　　//选择圆和六边形,按 Enter 键完成选择

指定基点:　　　　　　　　　　　　//拾取圆心为基点

指定比例因子或[复制(C)/参照(R)]://输入 1.5,回车,结果如图 2-3-19(b)所示

缩放命令中部分选项的含义说明如下:

(1)指定比例因子:输入数值,整数、小数或分数均可,如 1.5,30/20。

(2)复制(C):缩放时保留源对象,如图 2-3-19(c)所示。

(3)参照(R):按参照长度和新长度以缩放对象。命令行出现如下提示:

指定参照长度 <1.0000>: //指定被缩放对象的起始长度

指定新的长度或[点(P)]: //输入数值,或输入"P",使用两点定义新长度

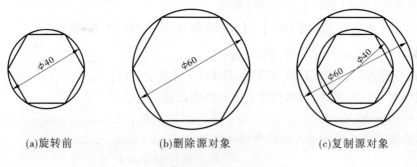

(a)旋转前　　　　　　　(b)删除源对象　　　　　　(c)复制源对象

**图 2-3-19　缩放对象**

【例 2-3-1】　在边长为 100 的正三角形内,绘制 15 个相同的圆,使各圆两两相切,并与三角形各边相切。

绘图主要过程如下:

(1)调用多边形命令绘制边长为 100 的正三角形,利用相切、相切、半径方式绘制 $\phi$14 圆,如图 2-3-20(a)所示。

(2)调用阵列命令将 $\phi$14 圆关联阵列为 5 行 5 列,行、列间距为 14,如图 2-3-20(b)所示。

(3)将光标置于左上角夹点,在快捷菜单中选择"轴角度",输入"60",回车;删除多余圆;绘制切线 DE,如图 2-3-20(c)所示。

(4)调用缩放命令,选择对象为 15 个圆,以点 A 为基点,输入"R"并回车。

指定参照长度 <1.0000>:指定第二点: //分别拾取 A 点和 D 点

指定新的长度或[点(P)]:　　　　　　//输入"100"或拾取点 B

(5)删除直线 DE,完成图形绘制,如图 2-3-20(d)所示。

## 7　拉伸命令

拉伸命令用于将图形的一部分进行拉伸或压缩。使用拉伸命令时,必须用交叉窗口的方式来选择对象。如果选择了部分对象,则拉伸命令只移动选择范围内的对象端点,而其他端点保持不变。可使用拉伸命令的对象包括直线、多段线、射线、圆弧、椭圆弧和样条

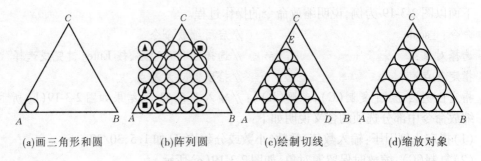

| (a)画三角形和圆 | (b)阵列圆 | (c)绘制切线 | (d)缩放对象 |

**图 2-3-20　利用缩放命令绘图**

曲线等。

拉伸命令的打开方式如下：

（1）菜单栏：选择【修改】|【拉伸】命令。

（2）功能区选项板：选择【默认】|【修改】命令，点击"拉伸"按钮 。

（3）修改工具栏：选择"拉伸"按钮 。

（4）命令行：输入 STRETCH 或 S 后，按 Enter 键或空格键。

下面以图 2-3-21 为例，说明拉伸命令的操作过程。

命令：_stretch　　　　　　　　//启用拉伸命令

以交叉窗口或交叉多边形选择要拉伸的对象…

　　　　　　　　　　　　　　　//提示选择拉伸对象的方式

选择对象：　　　　　　　　　　//以交叉窗口选择对象 BC，如图 2-3-21(a)所示

选择对象：　　　　　　　　　　//可以继续选择对象，或回车结束选择

指定基点或[位移(D)]<位移>：//选择 B 点为基点

指定第二个点或<使用第一个点作为位移>：

　　　　　　　　　　　　　　　//导航线为 0°时，输入"10"，回车

经过上述操作，拉伸结果如图 2-3-21(b)所示。若选择对象时，交叉窗口仅包含直线 BC 的一部分，如图 2-3-21(c)所示，则拉伸结果如图 2-3-21(d)。

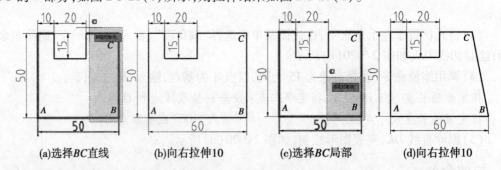

| (a)选择 BC 直线 | (b)向右拉伸 10 | (c)选择 BC 局部 | (d)向右拉伸 10 |

**图 2-3-21　拉伸对象**

如果拉伸的图线带尺寸标注或者有关联填充，其尺寸数字或填充都随之改变为拉伸后的实际大小。

## 8　拉长命令

拉长命令用于改变圆弧的圆心角,或改变非闭合对象的长度,如直线、圆弧、多段线、椭圆弧和样条曲线等。拉长命令的打开方式如下:

(1)菜单栏:选择【修改】|【拉长】命令。

(2)功能区选项板:选择【默认】|【修改】命令,点击"拉长"按钮 。

(3)命令行:输入 LENGTHEN 或 LEN 后,按 Enter 键或空格键。

下面以图 2-3-22 为例,说明拉长命令的操作过程。

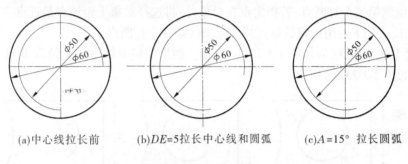

(a)中心线拉长前　　　　(b)DE=5拉长中心线和圆弧　　　　(c)A=15° 拉长圆弧

**图 2-3-22　拉长对象**

命令:_lengthen　　　　　　　　　　　　　　　　　　//启用拉长命令
选择对象或[增量(DE)/百分比(P)/全部(T)/动态(DY)]: //选择中心线
当前长度:60.0000 //中心线的当前长度(若选择φ50 圆,则同时显示夹角为 270°)
选择对象或[增量(DE)/百分比(P)/全部(T)/动态(DY)]://输入"DE",回车
输入长度增量或[角度(A)]<1.0000>://输入"5",回车(或输入"A",回车,输入"15")
选择要修改的对象或[放弃(U)]:　　　　　　　　　//选择中心线和圆弧

经过上述操作,结果如图 2-3-22(b)所示。对于圆弧,还可以按角度方式拉长,如图 2-3-21(c)所示。

拉长命令中主要选项的含义说明如下:

(1)增量(DE):指定长度或角度的增量,正值拉长,负值缩短,对象从拾取点较近的端点开始拉长或缩短。

(2)百分比(P):对象的长度(角度)为原长度(角度)乘以指定的百分比。输入值可以大于或小于 100,对象从拾取点较近的端点开始拉长或缩短。

(3)全部(T):指定对象修改后总长度(角度)的绝对值。

(4)动态(DY):拖动距离拾取点最近的端点,确定对象的长度(角度)。

## 9　打断命令

打断命令用于删除图形对象的一部分或将图形对象分为两部分。打断命令适用于圆弧、圆、多段线、椭圆、样条曲线、圆环等。打断命令的打开方式如下:

(1)菜单栏:选择【修改】|【打断】命令。

(2)功能区选项板:选择【默认】|【修改】命令,点击"打断"按钮 。

(3)修改工具栏:选择"打断"按钮 。

(4)命令行:输入 BREAK 或 BR 后,按 Enter 键或空格键。

下面以图 2-3-23 为例,说明打断命令的操作过程。

命令: _break

选择对象: // 拾取中心线的 A 点(圆拾取 C 点),如图 2-3-23(a)所示

指定第二个打断点或[第一点(F)]: // 拾取中心线的左端点(圆拾取 B 点)

打断命令中主要选项的含义说明如下:

(1)选择对象:单击要打断的对象,选择点作为第一断点。

(2)指定第二个打断点:若指定点在对象外,将选择对象上距该点最近点。

(3)第一点(F):用指定的新点替换原来的第一个打断点。

经过上述操作,结果如图 2-3-23(b)所示。如果按顺时针方向先拾取 B 点,后拾取 C 点,结果如图 2-3-23(c)所示。

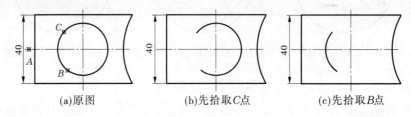

　　(a)原图　　　　　　　　(b)先拾取 C 点　　　　　　　(c)先拾取 B 点

**图 2-3-23　打断命令**

## 10　打断于点命令

用打断于点命令打断对象时,中间没有间隙,适合于直线、圆弧、椭圆弧、矩形、多边形等,但不能用于圆、椭圆。打断于点命令的打开方式如下:

(1)功能区选项板:选择【默认】|【修改】命令,点击"打断于点"按钮 。

(2)修改工具栏:选择"打断于点"按钮 。

下面以图 2-3-24 为例,说明打断于点命令的操作过程。

命令: _break　　　// 打断于点命令

选择对象:　　　　// 选择 AD 所在直线

指定第一个打断点: // 利用对象捕捉拾取交点 A

重复打断于点命令,拾取点 D;采用同样方法,分别拾取点 B、E、C、F。将线段 AD、BE、CF 移至虚线层,结果如图 2-3-24 所示。

★小提示:

执行打断命令时,第一点默认为拾取点位置;执行打断于点命令后,回车时,默认为重复打断命令,要重复打断于点命令时,应单击"打断于点"按钮 。

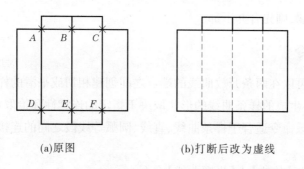

(a)原图　　　　　　　　　　(b)打断后改为虚线

**图 2-3-24　打断于点命令**

## 11　合并命令

合并命令用于将断开的几部分图形对象合并,使其成为一个整体。合并必备条件:直线必须共线;圆弧必须位于同一圆上;多段线之间不能有间隙,并且必须位于平行于 $XY$ 平面的同一平面上。

合并命令的打开方式如下:

(1)菜单栏:选择【修改】|【合并】命令。

(2)修改工具栏:选择"合并"按钮➤✦。

(3)功能区选项板:选择【默认】|【修改】命令,点击"合并"按钮➤✦。

(4)命令行:输入 JOIN 后,按 Enter 键或空格键。

下面以图 2-3-25 为例,说明合并命令的操作过程。

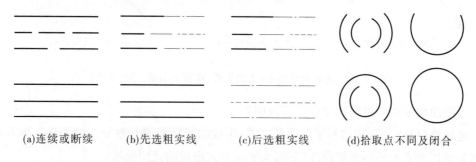

(a)连续或断续　　(b)先选粗实线　　(c)后选粗实线　　(d)拾取点不同及闭合

**图 2-3-25　合并命令(上为合并前,下为合并后)**

命令: _join

选择源对象或要一次合并的多个对象://拾取对象,如图 2-3-25(a)中的直线

选择要合并的对象:　　　　　　　//拾取要合并对象,回车

若拾取第一段圆弧后,回车,则命令行出现如下提示:

选择圆弧以合并到圆或[闭合(L)]://选择圆弧,则合并;输入"L",回车,则变成整圆

两条或多条直线连续或断续,均可合并为一条直线,如图 2-3-25(a)所示。合并后的对象特性与首次拾取的源对象相同,如图 2-3-25(b)和(c)所示。对于圆弧,合并结果与源对象的拾取位置有关,如图 2-3-25(d)中,大圆弧拾取位置接近上端,先合并上部;小圆

弧拾取位置接近下端,则先合并下部。

## 12　光顺曲线命令

光顺曲线命令可以在两条开放曲线的端点之间创建相切或平滑的样条曲线。选择端点附近的每个对象,生成的样条曲线的形状取决于指定的连续性和拾取点的位置,原对象的长度保持不变。该命令适合于样条曲线、直线、圆弧等线段之间的连接。光顺曲线命令的打开方式如下:

(1)菜单栏:选择【修改】|【光顺曲线】命令。

(2)功能区选项板:选择【默认】|【修改】命令,点击"光顺曲线"按钮 。

(3)修改工具栏:选择"光顺曲线"按钮 。

(4)命令行:输入 BLEND 或 BLE 后,按 Enter 键或空格键。

下面以图 2-3-26 为例,说明光顺曲线命令的操作过程。

命令：_blend

连续性 = 相切

选择第一个对象或[连续性(CON)]：//拾取对象,如图 2-3-26(a)中的样条曲线

选择第二个点：　　　　　　//拾取如图 2-3-26(a)中的另一条样条曲线,完成

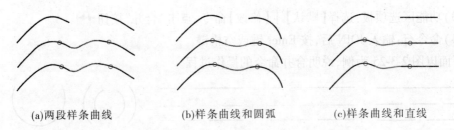

(a)两段样条曲线　　　　　(b)样条曲线和圆弧　　　　(c)样条曲线和直线

**图 2-3-26　光顺曲线命令(上为原图,中部为相切,下为平滑)**

光顺曲线命令中主要选项的含义说明如下:

连续性(CON):有相切和平滑两种方式,生成的光顺曲线有差异。如图 2-3-26 所示,中间为相切方式形成的光顺曲线,下部为平滑方式形成的光顺曲线。

## 13　分解命令

分解命令用于分解整体对象,使其成为独立个体,如矩形、正多边形、多段线、面域、填充图案、图块、尺寸标注、三维实体等。

分解命令的打开方式如下:

(1)菜单栏:选择【修改】|【分解】命令。

(2)功能区选项板:选择【默认】|【修改】命令,点击"分解"按钮 。

(3)修改工具栏:选择"分解"按钮 。

（4）命令行：输入 EXPLODE 或 X 后，按 Enter 键或空格键。

分解命令的操作过程如下：

命令：_explode        //启用分解命令

选择对象：            //可以选择多个对象，按 Enter 键或空格键，结束命令

在如图 2-3-27 所示的图形中，尺寸标注、矩形、正六边形、剖面线经分解命令后，均变成独立个体。

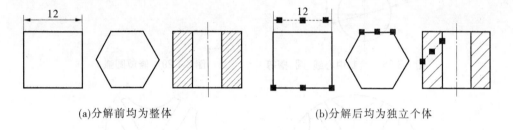

(a)分解前均为整体                       (b)分解后均为独立个体

图 2-3-27   分解命令

---

**★ 小提示：**

矩形、正六边形分解后，可以使用组合命令形成整体，而尺寸标注、剖面线等无法重新组合成整体，因此尽量不要分解，否则将影响后续编辑，降低绘图效率。

---

## ※  任务实施

步骤 1：新建图形文件。

新建图形文件，选择"我的样板 2017. dwt"，文件保存为"棘轮. dwg"。

步骤 2：绘制中心线；绘制φ25.4、φ50、φ150 圆；绘制棘轮槽的φ13 圆和直线；绘制φ64圆，如图 2-3-28 所示。

步骤 3：修剪φ13、φ64 圆，得到 R6.5、R32 圆弧，如图 2-3-29 所示。

步骤 4：环形阵列棘轮槽和 R32 圆弧，如图 2-3-30 所示。

步骤 5：绘制键槽；利用修剪和删除等命令编辑图形，如图 2-3-31 所示。

经过上述操作，并标注尺寸后，如图 2-3-1 所示。

## ※  技能训练

1. 用 1∶1的比例绘制如图 2-3-32 所示图形，不标注尺寸。

2. 用 1∶1的比例绘制如图 2-3-33 所示图形，不标注尺寸。

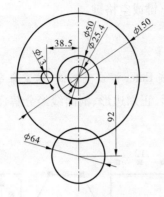

图 2-3-28　绘制中心线、圆、槽等

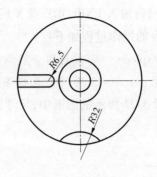

图 2-3-29　修剪圆弧

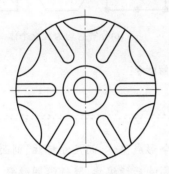

图 2-3-30　阵列棘轮槽和 R32 圆弧

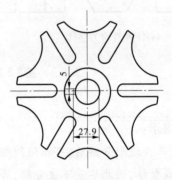

图 2-3-31　绘制键槽并编辑

(a)

(b)

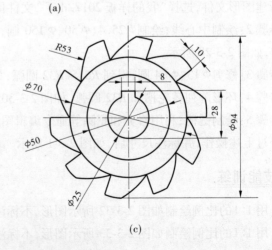

(c)

图 2-3-32　第 1 题图

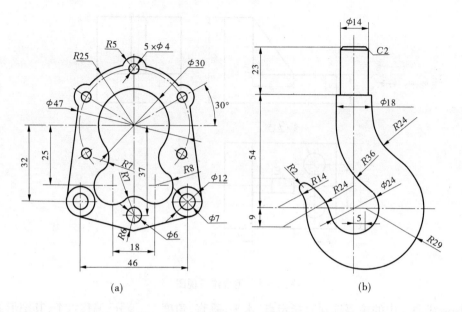

图 2-3-33　第 2 题图

# 任务 4　绘制组合体三视图

## ※　任务描述

绘制如图 2-4-1 所示组合体三视图。要求:用"我的样板 2017. dwt"新建图形文件,利用直线、圆等绘图命令,以及对象捕捉、极轴追踪、动态输入等辅助工具绘制图形,不标注尺寸。

## ※　相关知识

## 1　构造线命令

构造线命令的打开方法如下:

(1)绘图工具栏:选择"构造线"按钮 。

(2)菜单栏:选择【绘图】|【构造线】命令。

(3)命令行:输入 XLINE 或 XL 后,按 Enter 键或空格键。

执行命令后,命令行出现如下提示:

命令:_xline　　　//启用构造线命令

指定点或[水平(H)/垂直(V)/角度(A)/二等分(B)/偏移(O)]:

　　　　　　　　//指定点或输入选项

指定通过点:　　//单击指定通过点或输入点的坐标,回车结束

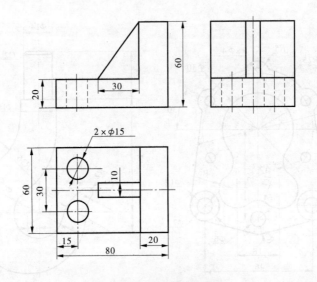

图 2-4-1　组合体三视图

　　构造线命令中的主要选项有指定点、水平、垂直、角度、二等分、偏移六个,其图形效果如图 2-4-2 所示。

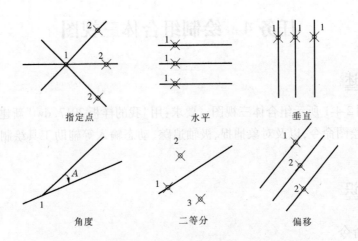

　　　指定点　　　　　　　　水平　　　　　　　　垂直

　　　角度　　　　　　　　二等分　　　　　　　　偏移

图 2-4-2　构造线的六个主要选项提示的图形效果

## 2　射线命令

　　射线命令的打开方法如下:

　　(1)菜单栏:选择【绘图】|【╱　射线(R)】命令。

　　(2)命令行:输入 RAY 后,按 Enter 键或空格键。

　　执行命令后,命令行出现如下提示:

　　命令:_ray 指定起点　　　　　　//单击指定起点或输入点的坐标

　　指定通过点　　　　　　　　　　//单击指定通过点或输入点的坐标,回车结束

　　射线的起点和通过点,决定了射线的延伸方向,由同一起点可绘制多条射线。

## 3　对齐命令

对齐是指在二维和三维空间中将对象移动、旋转、缩放后,与其他对象对齐。对齐命令的打开方式如下:

(1)菜单栏:选择【修改】|【三维操作】|【🔲 对齐(L)】命令。

(2)功能区选项板:选择【默认】|【修改】命令,点击"对齐"按钮🔲。

(3)命令行:输入 ALIGN 或 AL 后,按 Enter 键或空格键。

下面以图 2-4-3 为例,说明对齐命令的操作过程。

| 命令:_align | //对齐命令 |
| 选择对象: | //选择矩形,回车 |
| 指定第一个源点: | //选择矩形上的 A 点 |
| 指定第一个目标点: | //选择三角形上的 C 点 |
| 指定第二个源点: | //选择矩形上的 B 点 |
| 指定第二个目标点: | //选择三角形上的 D 点 |
| 指定第三个源点或 <继续>: | //回车,结束选择 |

是否基于对齐点缩放对象?[是(Y)/否(N)] <否>://回车,仅对齐图形,结果如图 2-4-3(b)所示;如果输入"Y",回车,则对齐时按目标大小进行缩放,结果如图 2-4-3(c)所示。

(a)原图　　　　　　(b)仅对齐不缩放　　　　　(c)基于对齐点缩放对象

**图 2-4-3　对齐命令**

## 4　使用夹点编辑图形

在空白命令状态下,选择对象后,所选对象的夹点就显示出来,如图 2-4-4 所示。此时,从右键菜单中可以选择删除、移动、缩放等命令,也可以按 Delete 键删除对象。若要取消夹点,按 Esc 键即可。

夹点有两种状态:未激活状态和激活状态。选择某图形对象后出现蓝色方块,图形处于未激活状态,该夹点称为冷点,如图 2-4-4 所示。如果单击某个夹点,该夹点就被激活,显示为红色,称为热点,如图 2-4-5 中的 A、B、C、D 四个夹点。

当夹点为热点时,命令行出现如下提示:

＊＊拉伸＊＊

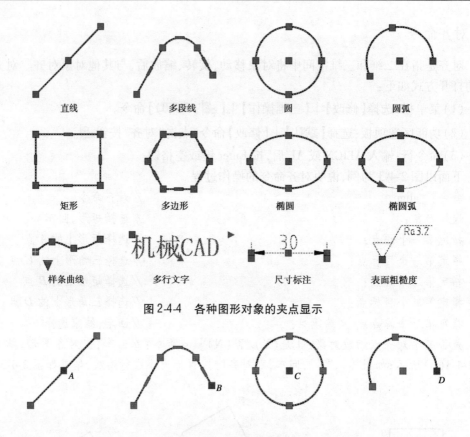

图 2-4-4　各种图形对象的夹点显示

图 2-4-5　夹点激活样式

指定拉伸点或［基点(B)/复制(C)/放弃(U)/退出(X)］:

当执行拉伸命令时,可以指定拉伸点或输入相应选项,按 Enter 键进行切换,选择执行移动、旋转、比例缩放和镜像等其他编辑命令。

当光标悬停于某些夹点时,将显示尺寸信息和快捷菜单,如图 2-4-6 所示,顶点的悬停菜单可以选择拉伸顶点、添加顶点或删除顶点。当选择中间夹点的拉伸选项时,可以生成矩形或平行四边形,也可以添加顶点,或将该边转换为圆弧。

当图形对象的夹点为热点时,右键菜单如图 2-4-7 所示,可以执行相应的夹点编辑命令。选择不同的基点,拖动光标后得到的结果也不相同。

(1)当基点为直线中点时,拖动光标后移动直线的位置,如图 2-4-8(a)所示;当基点为直线端点时,拖动光标后可以按 Ctrl 键切换拉长或拉伸直线,如图 2-4-8(b)所示。

(2)当圆的基点选择圆心时,拖动光标后移动圆的位置,如图 2-4-8(c)所示;当基点选择圆的象限点时,拖动光标后圆的半径发生变化,如图 2-4-8(d)所示。

若选择基点后,执行旋转命令,则图线以基点为中心进行旋转,同时选择复制选项时,则旋转并复制图形,如图 2-4-9 所示。

若选择基点后,执行镜像命令,图线以基点为镜像轴的一点,镜像并删除源对象,同时选择复制选项时,则镜像后保留源对象,如图 2-4-10 所示。

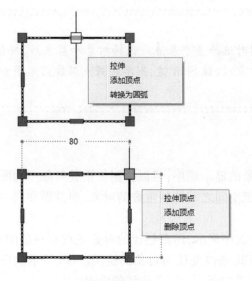

图 2-4-6　夹点悬停菜单　　　　　　　　　　图 2-4-7　热点右键菜单

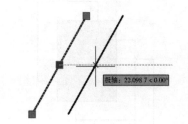

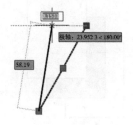

(a)基点为直线中点　　　　　　　　　　　(b)基点为直线端点

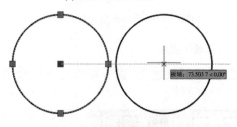

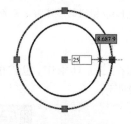

(c)基点为圆的圆心　　　　　　　　　　　(d)基点为圆的象限点

图 2-4-8　不同基点拖动光标后的图形

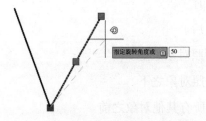

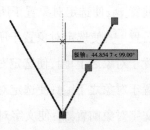

图 2-4-9　旋转并复制图形　　　　　　　　图 2-4-10　镜像图形

★小提示：

　　选中对象后，按 Shift 键，可以同时选择多个基点。选择对象和基点后，按住 Ctrl 键，则单击基点移动光标可以复制对象；按住 Shift 键，则单击基点只能沿水平和垂直方向移动或者修改对象。

## 5　绘图次序

　　通过绘图次序工具条可以修改对象的显示顺序，可以控制将重叠对象中的哪一个对象显示在前端。不能在模型空间和图纸空间之间控制重叠的对象，而只能在同一空间内控制它们。

　　通常情况下，重叠对象按其创建的次序显示，即新创建的对象在现有对象的前面，如图 2-4-11 所示。可以使用 DRAWORDER 来改变任何对象的绘图次序、显示次序和打印次序，可以使用 TEXTTOFRONT 修改图形中所有文字和标注的绘图次序。

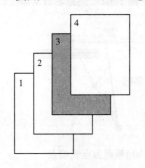
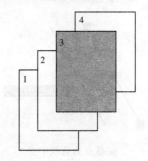

(a)以创建的顺序显示矩形　　　　　(b)第三个矩形已被指定绘图顺序

**图 2-4-11　绘图次序**

　　绘图次序工具条中，包含前置、后置、置于对象之上、置于对象之下等命令按钮，如图 2-4-12所示。

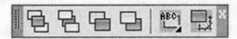

**图 2-4-12　绘图次序工具条**

　　(1)前置🔲：使选定对象置于所有对象之前。

　　(2)后置🔲：使选定对象置于所有对象之后。

　　(3)置于对象之上🔲：使选定对象置于参照对象之上。

　　(4)置于对象之下🔲：使选定对象置于参照对象之下。

　　(5)文字对象前置🔤：使文字对象显示在所有其他对象之前。

　　(6)标注对象前置🔲：使标注对象显示在所有其他对象之前。

　　(7)引线对象前置🔲：使引线对象显示在所有其他对象之前。

(8)注释对象前置 🔲:使注释对象显示在所有其他对象之前。

(9)图案填充后置 🔲:将图案填充显示在所有其他对象之后。

下面以前置命令 🔲 为例,说明启用绘图次序命令的方法。

(1)菜单栏:选择【工具】|【绘图次序】|【前置】命令。

(2)绘图次序工具栏:单击"前置"按钮 🔲。

(3)右键快捷菜单:选中对象后,右键菜单选择【绘图次序】|【前置】。

执行命令后,选中的对象将置于最前面显示,如图 2-4-11(b)所示。

## ※ 任务实施

如图 2-4-13 所示,组合体由底板、立板、肋板三部分组成,绘图过程如下:

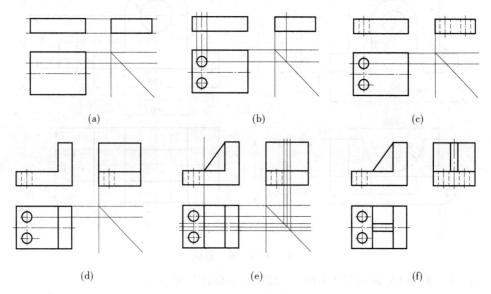

(a)        (b)        (c)

(d)        (e)        (f)

**图 2-4-13 组合体三视图的绘制过程**

步骤 1:新建图形文件。

选择"我的样板 2017.dwt",将空白文件保存为"组合体三视图.dwg"。

步骤 2:绘制底板。

(1)绘制 80×60 矩形,并绘制矩形的水平对称线;利用构造线命令绘制两条辅助线;绘制 80×20 矩形;主视图绘制两条水平构造线;利用射线命令,绘制水平、竖直和 45°辅助线,如图 2-4-13(a)所示。

(2)绘制 φ15 圆,绘制时利用对象捕捉命令;镜像圆;绘制圆的中心线,绘制射线,如图 2-4-13(b)所示。

(3)将主视图的射线修剪;修改图层;利用夹点操作修改中心线长度;将圆的投影图复制到左视图,如图 2-4-13(c)所示。

步骤 3:绘制立板。

(1)利用分解命令将主视图和左视图的矩形分解;利用夹点操作将主视图的矩形的

右边向上拉长 40;绘制向左长 20 的直线,向下捕捉垂足;将多余线段修剪。

（2）左视图利用夹点拉长和直线命令绘制,如图 2-4-13(d)所示。

步骤 4:绘制肋板。

（1）利用偏移命令,将俯视图的中心线上下各偏移 5;绘制两个视图的射线。绘制主视图的斜线,如图 2-4-13(e)所示。

（2）绘制图形时采用修剪、修改图层、夹点操作、拉长等命令,结果如图 2-4-13(f)所示。

## ※　技能训练

1. 按比例 1∶1 绘制如图 2-4-14 所示图形,不标注尺寸。

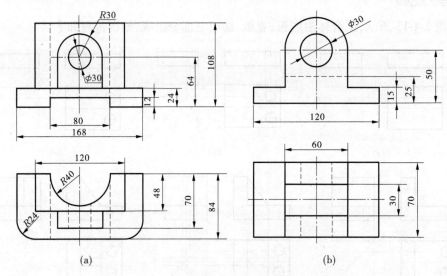

(a)　　　　　　　　　　　　　　　　　(b)

图 2-4-14　第 1 题图

2. 按比例 1∶1 绘制如图 2-4-15 所示图形,不标注尺寸。

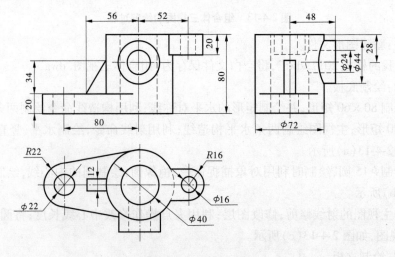

图 2-4-15　第 2 题图

3. 按比例 1∶1 绘制如图 2-4-16 所示图形,补画俯视图,不标注尺寸。

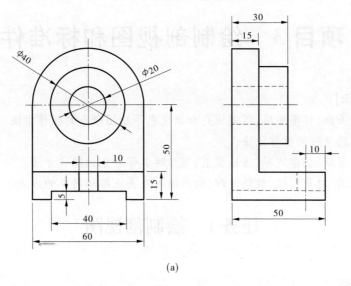

(a)

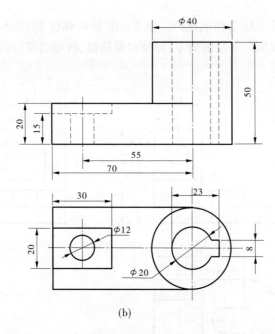

(b)

图 2-4-16　第 3 题图

# 项目 3　绘制剖视图和标准件

【学习目标】

掌握修订云线、样条曲线、图案填充和渐变色等绘图命令的操作方法。

掌握工具选项板的操作方法。

掌握创建面域、创建边界、区域覆盖、布尔运算等命令的操作方法。

巩固三视图、对象捕捉、极轴追踪、动态输入及夹点编辑对象的方法。

## 任务 1　绘制剖视图

### ※　任务描述

绘制如图 3-1-1 所示组合体剖视图。要求:用"我的样板 2017. dwt"新建文件,利用直线、圆、样条曲线、图案填充等绘图命令,以及对象捕捉、极轴追踪、动态输入等辅助工具绘制图形,不标注尺寸。

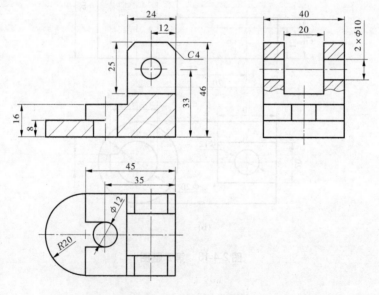

图 3-1-1　组合体剖视图

## ※ 相关知识

### 1 修订云线命令

修订云线是由连续圆弧组成的多段线,用于在检查阶段提醒用户注意图形的某个部分。可以新建修订云线,可以将圆、椭圆、多段线等对象转换为修订云线,也可以为修订云线的弧长设置最小值和最大值,更改圆弧的大小等。

执行该命令之前,应确保能看到要添加轮廓的整个区域,该命令不支持透明和实时的平移和缩放。

修订云线命令的打开方式如下:

(1)菜单栏:选择【绘图】|【修订云线】命令。

(2)绘图工具栏:选择"修订云线"按钮 。

(3)命令行:输入 REVCLOUD 后,按 Enter 键或空格键。

执行修订云线命令后,命令行出现如下提示:

命令:_revcloud　　　　　　　//启用修订云线命令

最小弧长:0.5 最大弧长:0.5 样式:普通 类型:徒手画

指定第一个点或[弧长(A)/对象(O)/矩形(R)/多边形(P)/徒手画(F)/样式(S)/修改(M)]<对象>:　　　　//单击指定点或输入选项,回车

沿云线路径引导十字光标:　　　//拖动光标沿设想的形状移动

反转方向[是(Y)/否(N)]<否>: //回车,不反转;输入"Y"后回车,反转

利用部分选项绘制的修订云线,如图 3-1-2 所示。

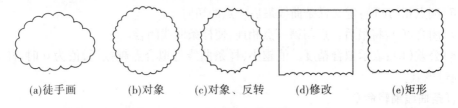

(a)徒手画　　　(b)对象　　　(c)对象、反转　　　(d)修改　　　(e)矩形

**图 3-1-2　修订云线命令**

### 2 样条曲线及其编辑

#### 2.1 样条曲线命令

样条曲线是经过或接近一系列给定点的光滑曲线。可以绘制开曲线,也可以绘制封闭样条曲线,使起点和端点重合。样条曲线命令的打开方法如下:

(1)菜单栏:选择【绘图】|【样条曲线】命令。

(2)功能区选项板:选择【默认】|【修改】命令,点击"样条曲线"按钮 。

(3)绘图工具栏:选择"样条曲线"按钮 。

(4)命令行:输入 SPLINE 或 sPl 后,按 Enter 键或空格键。

执行样条曲线命令后,命令行出现如下提示:

命令:_spline

当前设置:方式＝拟合　节点＝弦　　　　　　　　　　　//当前的参数设置

指定第一个点或[方式(M)/节点(K)/对象(O)]:　　　　//拾取点 A

输入下一个点或[起点切向(T)/公差(L)]:　　　　　　//拾取点 B

输入下一个点或[端点相切(T)/公差(L)/放弃(U)]:　　//拾取点 C

输入下一个点或[端点相切(T)/公差(L)/放弃(U)/闭合(C)]://拾取点 D

输入下一个点或[端点相切(T)/公差(L)/放弃(U)/闭合(C)]:　//拾取点 E,回车结束

经过上述操作,结果如图 3-1-3(a)所示。以控制点方式绘制时,结果如图 3-1-3(b)所示。

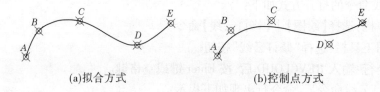

(a)拟合方式　　　　　　　　　　　　(b)控制点方式

**图 3-1-3　样条曲线绘制方式**

样条曲线命令中部分选项的含义说明如下:

(1)指定第一个点:指定起点,可以拾取已有点,或输入坐标。

(2)方式(M):分为拟合和控制点两种方式。

(3)节点(K):节点参数化运算方式包括弦、平方根、统一。

(4)对象(O):将样条曲线拟合多段线转换为等价的样条曲线。

(5)起点切向(O):定义样条曲线第一点的切向。

(6)端点相切(T):定义样条曲线最后一点的切向。

(7)闭合(C):将最后一点与第一点相连,使样条曲线闭合。

(8)公差(L):表示拟合精度。值越小,样条曲线与拟合点越接近,值为 0 时,样条曲线将通过该点。

### 2.2　样条曲线编辑命令

样条曲线编辑命令的打开方式如下:

(1)菜单栏:选择【修改】|【对象】|【☒ 样条曲线(S)】命令。

(2)功能区选项板:选择【默认】|【修改】|【☒ 样条曲线(S)】命令。

(3)修改Ⅱ工具栏:选择"样条曲线编辑"按钮☒。

(4)命令行:输入 SPLINEDIT 后,按 Enter 键或空格键。

(5)绘图区:双击要编辑的样条曲线。

执行命令后,命令行出现如下提示:

命令:_splinedit　　　　//启用样条曲线编辑命令

选择样条曲线:　　　　　//选择要编辑的样条曲线

输入选项[闭合(C)/合并(J)/拟合数据(F)/编辑顶点(E)/转换为多段线(P)/反转(E)/放弃(U)/退出(X)]:　　　//输入选项,回车;或单击鼠标选择相应选项

样条曲线编辑命令中部分选项的含义说明如下：

（1）合并（J）：将与样条曲线起点或终点相连的曲线合并在一起。

（2）拟合数据（F）：编辑样条曲线的拟合点数据，包括修改切线、公差、删除拟合点等。修改样条曲线的切线，其形状发生变化，如图 3-1-4 所示。

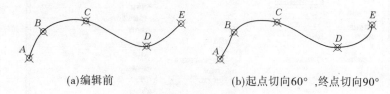

　　　　(a)编辑前　　　　　　　　　　(b)起点切向60°,终点切向90°

**图 3-1-4　编辑样条曲线的切线前后的形状变化**

（3）编辑顶点（E）：包括添加顶点、删除顶点、提高阶数等。

（4）转换为多段线（P）：将样条曲线转换为指定精度的多段线。

另外，可以利用夹点编辑的方式来调整曲线形状。选择样条曲线，将光标置于夹点上，在快捷菜单中选择选项，或单击夹点进行编辑，如图 3-1-5 所示。

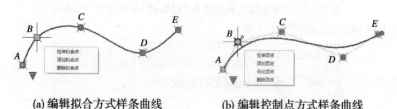

　**(a) 编辑拟合方式样条曲线　　　　(b) 编辑控制点方式样条曲线**

**图 3-1-5　通过夹点编辑样条曲线**

## 3　图案填充以及编辑

用选定的图案来填充指定的封闭区域，称为图案填充，图案填充命令主要用于创建剖面线。

### 3.1　图案填充命令

图案填充命令的打开方式如下：

（1）菜单栏：选择【绘图】|【图案填充】命令。

（2）功能区选项板：选择【默认】|【绘图】命令，点击"图案填充"按钮⬚。

（3）绘制工具栏：选择"图案填充"按钮⬚。

（4）命令行：输入 HATCH 或 H、BHATCH 或 BH 后，按 Enter 键或空格键。

执行图案填充命令后，出现"图案填充和渐变色"对话框，包括"图案填充"和"渐变色"两个选项卡，单击右下角按钮⊙显示更多选项，结果如图 3-1-6 所示。

#### 3.1.1　"类型和图案"选项区

"类型和图案"选项区用于设置填充图案的类型和图案。

（1）类型：设置填充图案类型，包括预定义、用户定义和自定义 3 个选项。

（2）图案：可以从下拉列表中选择填充图案，或单击按钮▥，在弹出的"填充图案选项

**图 3-1-6　"图案填充和渐变色"对话框"图案填充"选项卡**

板"对话框中选择图案,如图 3-1-7 所示。

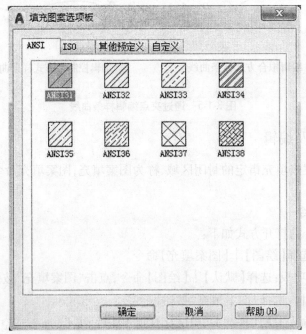

**图 3-1-7　"填充图案选项板"对话框**

　　(3)颜色:可从下拉列表中选择颜色,默认为"使用当前项"。单击按钮，可以为新图案填充对象指定背景颜色,默认为"无",即关闭背景色。

　　(4)样例:预览当前选中的图案,单击窗口中的样例,系统弹出"填充图案选项板"对话框。

　　(5)自定义图案:当"类型"选择为"自定义"选项时,该选项才可用。

### 3.1.2　"角度和比例"选项区

"角度和比例"选项区用于指定填充图案的角度和比例。

（1）角度：确定填充图案相对于当前坐标系 $X$ 轴的转角，可以从下拉列表中选择或在文本框中输入角度值，默认值为 0。

（2）比例：设置填充图案的缩放比例，默认值为 1。

（3）双向：对于用户定义的图案，将绘制第二组直线，这些直线与原来的直线成 90°，构成交叉线。当"类型"设置为"用户定义"时，此选项才有效。

（4）相对图纸空间：相对于图纸空间单位缩放填充图案，该选项仅适用于布局。

（5）间距：指定用户定义图案中的直线间距。当"类型"设置为"用户定义"时，此选项才有效。

（6）ISO 笔宽：设置笔的宽度，当"类型"设置为"预定义"，并选择了"ISO"填充图案时，此选项才有效。

> ★小提示：
>
> 　　图案填充的角度是图案的旋转角度，默认不旋转。例如，选用图案 ANSI31，剖面线倾角为 45°，应设置角度为 0°；若剖面线倾角为 135°，则应设置角度为 90°。

### 3.1.3　"图案填充原点"选项区

"图案填充原点"选项区用于设置填充图案生成的起始位置。

（1）使用当前原点：系统默认选项，图案填充原点对应于当前 UCS 原点。

（2）指定的原点：可以指定新的填充图案生成的起始位置。

### 3.1.4　"边界"选项区

"边界"选项区用于选择和查看图案填充的边界。

（1）"添加：拾取点"按钮：用点选的方式定义填充边界。单击该按钮后，在需要填充的封闭区域内单击，系统会自动选择包围该点的封闭填充边界，可以选择多个填充区域。拾取点时可自动预览填充效果。

（2）"添加：选择对象"按钮：选择组成封闭区域的对象来定义填充边界。

（3）"删除边界"按钮：用于删除已定义的填充边界，可以用单选的方式删除前面选择的填充边界对象。

（4）"重新创建边界"按钮：可以围绕选定的图案填充或图案填充对象创建多段线或面域。

（5）"查看选择集"按钮：用户可以查看已经选择的边界对象。

在进行图案填充时，如果填充区域内有文字、尺寸数字等对象，可以采用"添加：拾取点"的方式，或选择填充边界时也选取这些对象，当填充图案遇到这些对象时将自动断开，否则不断开，如图 3-1-8 所示。

### 3.1.5　"选项"选项区

"选项"选项区用于设置填充图案与填充边界的关系。

（1）关联：表示填充图案和填充边界相关联，即完成填充后，如果填充边界发生变化，

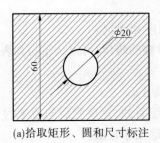 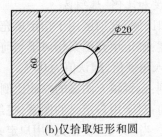

(a)拾取矩形、圆和尺寸标注                (b)仅拾取矩形和圆

**图 3-1-8　选择填充边界的效果对比**

填充图案自动随之变化,如图 3-1-9 所示。

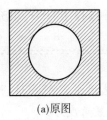 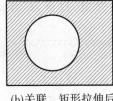 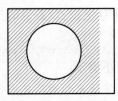

(a)原图                (b)关联,矩形拉伸后            (c)不关联,矩形拉伸后

**图 3-1-9　图案填充的关联与不关联效果对比**

(2)创建独立的图案填充:表示当选择了多个闭合边界时,每个闭合边界的图案填充是独立的。

(3)绘图次序:用于为图案填充指定绘图次序。可以将图案填充置于所有其他对象之前或之后,也可以将图案填充置于图案填充边界之前或之后。

### 3.1.6　"孤岛"选项区

当图案填充边界采用选择对象方式时,将位于填充区域内部的封闭区域称为孤岛,孤岛可以相互嵌套。孤岛的显示样式有普通、外部、忽略。

(1)普通:选择全部对象后,从最外边界向内填充,遇到内部边界时断开填充图案,遇到下一个内部边界时再继续填充图案,如图 3-1-10(a)所示。

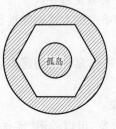 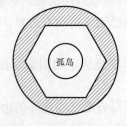 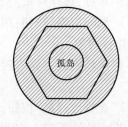

(a)普通样式                (b)外部样式                (c)忽略样式

**图 3-1-10　图案填充时孤岛显示样式**

(2)外部:选择全部对象后,从最外边界向内填充图案,遇到与其相交的内部边界时停止,如图 3-1-10(b)所示。

(3)忽略:选择全部对象后,全部图案填充,忽略孤岛,如图 3-1-10(c)所示。

### 3.1.7　"边界保留"选项区

选中"保留边界"复选框,可将填充边界以对象的形式保留,并可以从"对象类型"下拉列表中选择填充边界的保留类型,如多段线、面域等。

### 3.1.8　"边界集"选项区

定义填充边界的对象集,系统将根据这些对象来确定填充边界。默认情况下,系统根据当前视口中的所有对象确定填充边界。

### 3.1.9　"继承特性"按钮

单击"继承特性"按钮,可以在绘图区选择已有的图案填充,新的图案填充区域将继承其类型、比例、角度、图层等特性。

### 3.1.10　"预览"按钮　预览

单击"预览"按钮,预览显示当前的填充效果,可按 Esc 键返回对话框进行调整,也可以按 Enter 键接受图案填充。

#### 3.2　编辑图案填充命令

创建图案填充后,如需修改填充图案的类型、角度、比例、填充边界等,可以利用编辑图案填充命令进行修改。

编辑图案填充命令的打开方式如下:

(1)菜单栏:选择【修改】|【对象】|【　图案填充(H)...】命令。

(2)快捷菜单:选择填充图案,在右键快捷菜单中选择"编辑图案填充"选项。

(3)功能区选项板:选择【默认】|【修改】命令,点击"编辑图案填充"按钮。

(4)修改Ⅱ工具栏:选择"编辑图案填充"按钮。

(5)命令行:输入 HATCHEDIT 后,按 Enter 键或空格键。

(6)绘图区:双击填充图案。

执行命令后,弹出"图案填充编辑"对话框,修改相关参数即可。例如,将图 3-1-11 (a)所示图案填充参数修改后,如图 3-1-11(b)、图 3-1-11(c)所示。

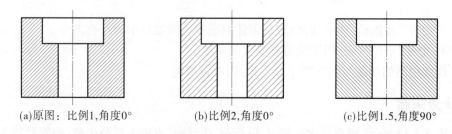

(a)原图:比例1,角度0°　　　(b)比例2,角度0°　　　(c)比例1.5,角度90°

**图 3-1-11　图案填充编辑效果对比**

## 4　渐变色命令

使用渐变色对封闭区域或选定对象进行填充,创建一种或两种颜色的平滑过渡。渐变色命令的打开方式如下:

(1)菜单栏:选择【绘图】|【渐变色】命令。

(2)功能区选项板:选择【默认】|【绘图】命令,点击"渐变色"按钮。

（3）绘制工具栏：选择"渐变色"按钮 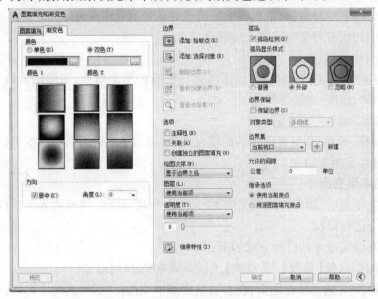。

（4）命令行：输入 GRADIENT 后，按 Enter 键或空格键。

执行渐变色命令后，打开如图 3-1-12 所示的"图案填充和渐变色"对话框中的"渐变色"选项卡。另外，启用图案填充命令后，切换到渐变色选项卡即可。

图 3-1-12    "图案填充和渐变色"对话框之"渐变色"选项卡

渐变色命令中部分选项的含义和功能说明如下：

（1）"单色"单选按钮：使用由一种颜色产生的渐变色来填充选定区域。双击对应的颜色条或单击按钮 ⋯ ，系统将弹出"选择颜色"对话框，从中选择渐变色的颜色。

（2）"双色"单选按钮：使用由两种颜色产生的渐变色来填充选定的填充区。

（3）"渐变色图案"预览列表：显示了当前设置的渐变色图案的 9 种效果以供用户选用。

（4）"居中"复选框：选中该复选框，创建的渐变色图案显示为对称渐变。

（5）"角度"下拉列表：用于设置渐变色的角度。

其他选项组的功能与图案填充命令相同，不再赘述。

## ※ 任务实施

如图 3-1-13 所示，组合体由底板、L 形凸台、U 形槽、直槽等部分组成，绘图过程如下：

步骤 1：新建图形文件。

选择"我的样板 2017. dwt"，将空白文件保存为"组合体剖视图. dwg"。

步骤 2：绘制底板。

（1）调用矩形命令，绘制 45×40 矩形。

（2）绘制 R20 圆弧，先绘制圆，再修剪。绘制底板的主视图和左视图，绘制辅助线，整理后，如图 3-1-13（a）所示。

步骤 3：绘制 L 形凸台和 U 形槽。

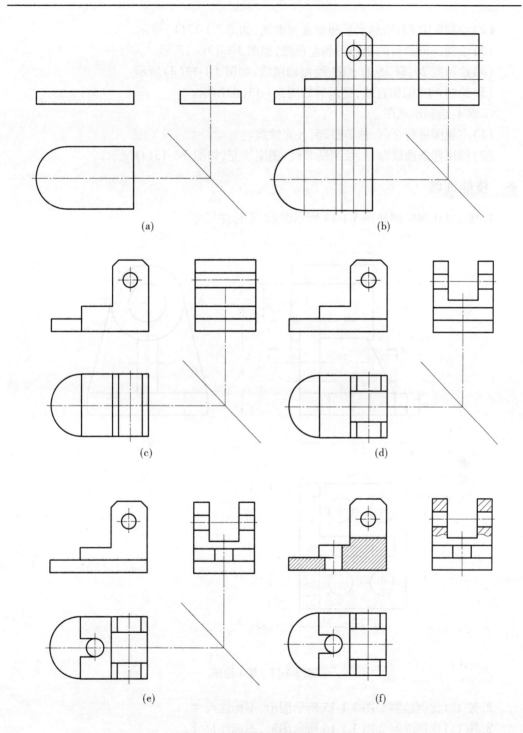

(a)　　　　　　　　　　　　　　　(b)

(c)　　　　　　　　　　　　　　　(d)

(e)　　　　　　　　　　　　　　　(f)

图 3-1-13　组合体剖视图的绘制过程

（1）利用夹点操作，将主视图矩形的右边向上拉长 38，然后向左绘制长度为 24 的线段，再向下绘制至底板，倒角 4×45°。

（2）绘制φ10 圆；绘制水平和垂直辅助线，如图 3-1-13(b)所示。

（3）绘制 L 形凸台的俯视图和左视图，如图 3-1-13(c)所示。

（4）绘制宽 20、深 25 的直槽，绘制辅助线，如图 3-1-13(d)所示。

（5）绘制φ12 圆和直线，整理后如图 3-1-13(e)所示。

步骤 4：绘制剖视图。

（1）主视图进行全剖，修剪整理，补充缺线。

（2）调用样条曲线命令，绘制断裂线，图案填充，如图 3-1-13(f)所示。

## ※ 技能训练

1. 按 1∶1 比例绘制如图 3-1-14 所示图形，不标注尺寸。

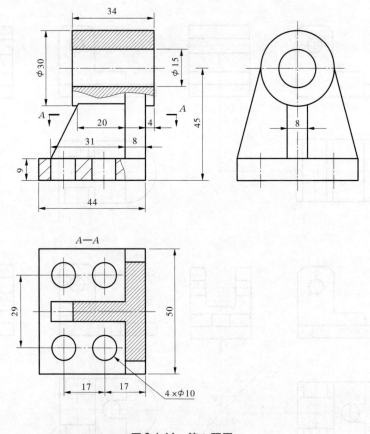

图 3-1-14　第 1 题图

2. 按 1∶1 比例绘制如图 3-1-15 所示图形，不标注尺寸。

3. 按 1∶1 比例绘制如图 3-1-16 所示图形，不标注尺寸。

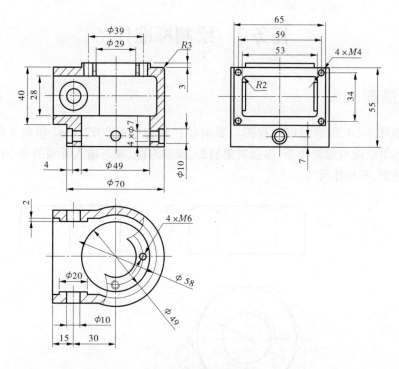

图 3-1-15　第 2 题图

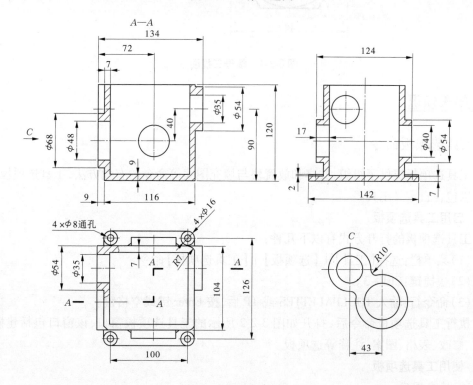

图 3-1-16　第 3 题图

# 任务2　绘制标准件

## ※　任务描述

绘制如图 3-2-1 所示螺母三视图。要求:用"我的样板 2017. dwt"新建文件,利用直线、圆、修剪等绘图与编辑命令,以及对象捕捉、极轴追踪、动态输入等辅助命令绘制图形,按 $d=20$ 绘制,不标注尺寸。

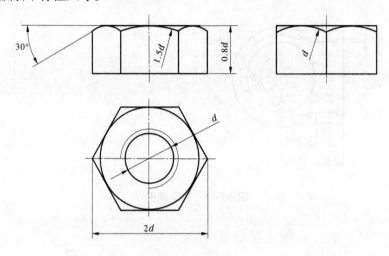

图 3-2-1　螺母三视图

## ※　相关知识

## 1　工具选项板命令

工具选项板提供了组织、共享和放置块与填充图案等命令的有效方法,工具选项板上还可以包含自定义工具。

### 1.1　启用工具选项板

工具选项板的打开方式有以下几种:

(1)菜单栏:选择【工具】|【选项板】|【工具选项板】命令。

(2)快捷键:Ctrl + 3。

(3)命令行:输入 TOOLPALETTES 或 TP 后,按 Enter 键或空格键。

执行工具选项板命令后,打开如图 3-2-2 所示的工具选项板窗口,该窗口包括建模、绘图、修改、表格、图案、注释等选项板。

### 1.2　使用工具选项板

#### 1.2.1　填充图案

方法一:单击工具选项板上的某一图案图标。

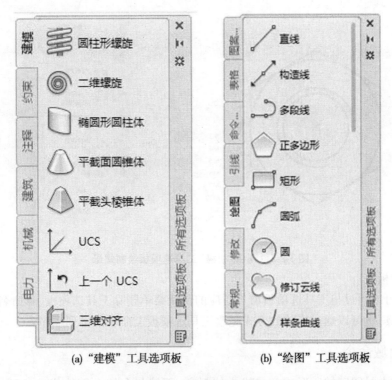

(a)"建模"工具选项板　　　　　　　(b)"绘图"工具选项板

**图 3-2-2　工具选项板窗口**

方法二:将工具选项板上的图案图标直接拖至绘图窗口中要填充的区域。

### 1.2.2　插入块和表格

方法一:单击工具选项板上的块或表格图标,根据提示确定插入点等参数。

方法二:将工具选项板上的块或表格图标拖至绘图窗口。

例如,切换到"机械"工具选项板,单击或拖动"六角螺母-公制"图标,单击该动态图块,出现两个夹点,单击圆心处矩形夹点可以移动图块位置;单击三角形夹点,可以从快捷菜单中选择螺母公称直径,如图 3-2-3 所示。

### 1.2.3　执行其他命令

通过工具选项板与通过工具栏执行命令的方式相同,如切换到"绘图"工具选项板,可以执行直线、圆、矩形等各种绘图命令。

### 1.3　定制工具选项板

可以为工具选项板窗口添加工具选项板,也可以为工具选项板添加工具。

### 1.3.1　添加工具选项板

在工具选项板窗口上右键单击,从弹出的快捷菜单中选择"新建选项板"选项,可以新建选项板。

### 1.3.2　为工具选项板添加工具

方法一:将几何对象、尺寸标注、文字、图案填充、块、表格等拖动至工具选项板,自动建立相应的图标。

方法二:使用剪切、复制和粘贴功能,将某一工具选项板上的工具移动或复制到另一

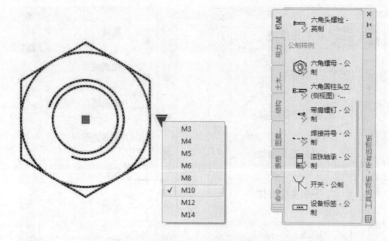

图 3-2-3　利用"机械"工具选项板绘制螺母

个工具选项板上。

另外,可以通过与工具选项板窗口对应的快捷菜单删除工具选项板、重命名工具选项板、删除工具,也可以通过拖放的方式更改工具选项板上命令的排列顺序。

## 2　创建面域命令

面域是由封闭区域所形成的二维实体对象,面域包含整个面的信息,可以填充和着色、计算面积等。

面域命令的打开方式如下:

(1)菜单栏:选择【绘图】|【面域】命令。

(2)功能区选项板:选择【默认】|【绘图】命令,点击"面域"按钮◎。

(3)绘图工具栏:选择"面域"按钮◎。

(4)命令行:输入 REGION 后,按 Enter 键或空格键。

下面以图 3-2-4(a)为例,说明面域命令的操作过程。

(a)原图　　　　　　　　(b)创建面域后　　　　　　　　(c)分解面域后

图 3-2-4　面域的创建与分解

命令:_region　　　　　　　　　//启用面域命令
选择对象:　　　　　　　　　　　//选择封闭区域,如图 3-2-4(a)所示
已提取 3 个环,已创建 3 个面域。//命令结束自动生成的提示
面域的边界由端点相接的曲线组成,曲线上的每个端点仅连接两条边,否则不能形成

面域,如图 3-2-4(b)中的箭头图形。面域分解后图形成为独立的线段,如图 3-2-4(c)所示。

## 3　创建边界命令

边界命令可以根据封闭区域内的任一指定点来自动分析该区域的轮廓,并可通过多段线或面域的形式保存下来。

边界命令的打开方式如下:

(1)菜单栏:选择【绘图】|【边界】命令。

(2)功能区选项板:选择【默认】|【绘图】命令,点击"边界"按钮 。

(3)命令行:输入 BOUNDARY 或 BO 后,按 Enter 键或空格键。

执行边界命令后,出现"边界创建"对话框,如图 3-2-5 所示。单击"拾取点"按钮 ,在绘图窗口单击一个封闭区域,根据选择的边界类型,可以创建一个边界的多段线或面域对象。

下面以如图 3-2-6 所示的图形为例,说明边界命令的操作过程。

在"边界创建"对话框中的"对象类型"列表框选择多段线。

图 3-2-5　"边界创建"对话框

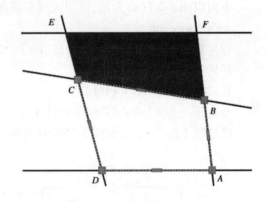

图 3-2-6　两种对象类型创建的边界

命令:_boundary　　　　　　　　　//启用边界命令

拾取内部点:　　　　　　　　　　//拾取封闭区域 *ABCD* 的内部点。

正在选择所有可见对象…;正在分析所选数据…;正在分析内部孤岛…

　　　　　　　　　　　　　　　//自动生成

拾取内部点:　　　　　　　　　　//可以继续拾取,按 Enter 键,则结束拾取

boundary 已创建一个多线段。　//创建了由多线段组成的边界,如图 3-2-6 中 *ABCD*
　　　　　　　　　　　　　　　　所示

若在"边界创建"对话框中的"对象类型"列表框选择面域,拾取点为封闭区域的内部点,则创建了由面域组成的边界,如图 3-2-6 中 *BCEF* 所示。

> ★ 小提示：
>
> 　执行边界命令时,将创建新对象,不删除源对象;而执行面域命令时,将删除源对象,使其转换为一个新对象。边界命令与面域命令均可创建面域,但是使用面域命令时,组成封闭区域的线段须自行封闭或经修剪后封闭。

## 4　区域覆盖命令

　　利用区域覆盖命令,可以创建多边形区域,该区域将用当前背景色遮蔽其下面的对象,原图形并未删除。可以通过使用一系列点来指定多边形的区域来创建区域覆盖对象,也可以将闭合多段线转换成区域覆盖对象。该区域周围带有区域覆盖边框,编辑时可以打开区域覆盖边框,打印时可将其关闭。

　　区域覆盖命令的打开方式如下：

　　(1)菜单栏:选择【绘图】|【区域覆盖】命令。

　　(2)功能区选项板:选择【默认】|【绘图】命令,点击"区域覆盖"按钮。

　　(3)命令行:输入 WIPEOUT 或 WI 后,按 Enter 键或空格键。

　　下面以图 3-2-7(a)为例,说明区域覆盖命令的操作过程。

命令:_wipeout

指定第一点或[边框(F)/多段线(P)]<多段线>:　　//指定点 A 或输入选项

　指定下一点:　　　　　　　　　　　　　　　//指定点 B

　指定下一点或[放弃(U)]:　　　　　　　　　//指定点 C 或放弃

　指定下一点或[闭合(C)/放弃(U)]:　　　　　//指定点 D 或输入选项,回车结束

经过以上操作,结果如图 3-2-7(b)所示。

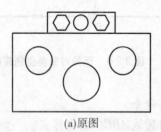
(a)原图

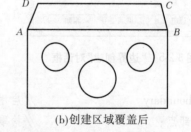
(b)创建区域覆盖后

图 3-2-7　创建区域覆盖前后

区域覆盖命令中部分选项的含义说明如下。

　　(1)边框(F):确定是否显示所有区域覆盖对象的边。有开和关两种模式,开(ON):显示所有区域覆盖边框;关(OFF):不显示所有区域覆盖边框。

　　(2)多段线(P):根据选定的多段线确定区域覆盖对象的多边形边界。可以选择删除或保留用于创建区域覆盖对象的多段线。

　　如果使用多段线来创建区域覆盖对象,则多段线必须闭合,只包括直线段,且宽度为零。可以在图纸空间的布局上创建区域覆盖对象,以便在模型空间中屏蔽对象。必须清

除"打印"对话框中的"最后打印图纸空间"选项,才能正确打印区域覆盖对象。

## 5  布尔运算命令

布尔运算是一种数学逻辑运算,主要有并集、差集和交集三种方式。在 AutoCAD 中,可以对面域和三维实体进行布尔运算。两个面域经过三种布尔运算后的结果,如图 3-2-8 所示。

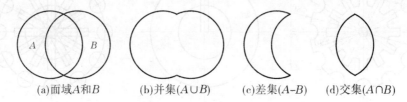

(a)面域A和B　　　(b)并集(A∪B)　　　(c)差集(A-B)　　　(d)交集(A∩B)

**图 3-2-8　面域的布尔运算**

### 5.1  并集运算

并集运算(union)是指将两个及以上的面域(实体)合并为一个单独的面域(实体),如图 3-2-8(b)所示。并集命令的打开方法如下:

(1)菜单栏:选择【修改】|【实体编辑】|【 ◍◍  并集(U)】命令。

(2)实体编辑工具栏:选择"并集"按钮。

(3)命令行:输入 UNION 后,按 Enter 键或空格键。

执行并集命令后,命令行出现如下提示:

命令:_union

选择对象://选择面域 A 和 B,回车结束选择,结果如图 3-2-8(b)所示

### 5.2  差集运算

差集运算(subtract)是指从一个面域(实体)中减去与另一个面域(实体),如图 3-2-8(c)所示。差集命令的打开方法如下:

(1)菜单栏:选择【修改】|【实体编辑】|【 ◍◍  差集(S)】命令。

(2)实体编辑工具栏:选择"差集"按钮。

(3)命令行:输入 SUBTRACT 后,按 Enter 键或空格键。

执行差集命令后,命令行出现如下提示:

命令:_subtract 选择要从中减去的实体、曲面和面域...//选择面域 A,回车

选择要减去的实体、曲面和面域...

选择对象://选择面域 B,回车结束选择,结果如图 3-2-8(c)所示

### 5.3  交集运算

交集运算(intersect)是指从两个及以上的面域(实体)中抽取其公共部分而形成一个独立的面域(实体),如图 3-2-8(d)所示。交集命令的打开方法如下:

(1)菜单栏:选择【修改】|【实体编辑】|【 ◍◍  交集(I)】命令。

(2)实体编辑工具栏:选择"交集"按钮。

(3)命令行:输入 INTERSECT 后,按 Enter 键或空格键。

执行交集命令后,命令行出现如下提示:

命令:_intersect

选择对象: // 选择面域 A 和 B,回车结束选择,结果如图 3-2-8(d)所示

【例 3-2-1】　利用布尔运算绘制如图 3-2-9 所示图形。

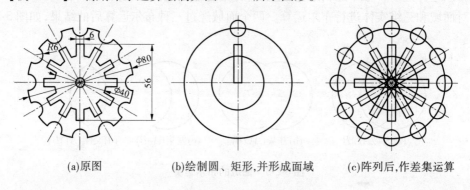

(a)原图　　　　　(b)绘制圆、矩形,并形成面域　　　　　(c)阵列后,作差集运算

图 3-2-9　例 3-2-1 图

主要作图过程如下:

(1)绘制φ40、φ80、φ12 的圆;绘制 6×28 的矩形;将所有圆和矩形形成面域,如图 3-2-9(b)所示。

(2)将φ12 圆和矩形面域环形阵列 12 份,如图 3-2-9(c)所示。

(3)执行布尔运算差集命令,首先选择φ80 圆为从中减去的对象,回车;然后全选为被减去的对象,回车,结果如图 3-2-9(a)所示。

## ※　任务实施

如图 3-2-10 所示,采用比例画法绘制螺母,绘图过程如下:

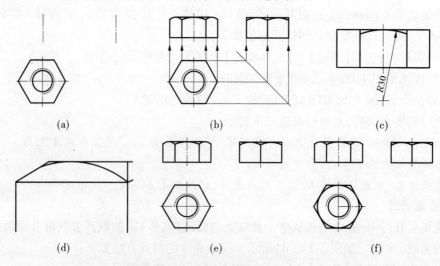

(a)　　　　　　　　(b)　　　　　　　　(c)

(d)　　　　　　　　(e)　　　　　　　　(f)

图 3-2-10　螺母三视图的绘制过程

步骤 1:新建图形文件。

选择"我的样板 2017. dwt",将空白文件保存为"螺母三视图. dwg"。

步骤 2:绘制六棱柱三视图及螺纹。

(1)绘制 $\phi$20 和 $\phi$17 同心圆,将 $\phi$20 圆移至细实线层,并修剪。

(2)绘制正六边形,采用内接于圆方式,半径为 20,如图 3-2-10(a)所示。

(3)绘制主视图和左视图,如图 3-2-10(b)所示。

步骤 3:绘制主视图的圆弧和倒角。

(1)绘制 R30 圆弧,自上面直线的中点向下 30 为圆心,绘制 $\phi$60 圆,修剪后,如图 3-2-10(c)所示。

(2)绘制直线;绘制三点圆弧,第一点和第三点为直线端点,第二点先触碰直线中点,然后垂直向上得到与直线的交点(也可用 mtp 命令得到圆弧第二点);绘制 30°倒角,修剪后如图 3-2-10(d)所示。

(3)镜像圆弧和倒角,如图 3-2-10(e)所示。

步骤 4:绘制左视图的圆弧。

(1)绘制半径为 20 的圆弧。

(2)镜像圆弧,修剪后,如图 3-2-10(f)所示。

---

★小提示:

　　mtp 命令或 m2p 命令,即对象捕捉命令,用于捕捉两点之间的中点。使用时,根据提示拾取第一点和第二点后,系统自动捕捉这两点连线(不出现线段)的中点。

---

## ※  技能训练

1. 采用比例画法绘制如图 3-2-11 所示的图形,不标注尺寸。

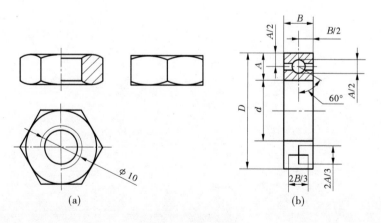

(a)　　　　　　　　　　　　　　(b)

图 3-2-11  第 1 题图

2. 用 2:1的比例绘制如图 3-2-12 所示图形,不标注尺寸。

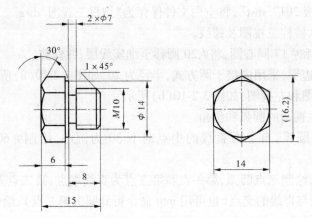

图 3-2-12　第 2 题图

# 项目 4　绘制二维零件图

**【学习目标】**

掌握文字样式的设置及文字书写和编辑方法。

掌握尺寸样式设置和修改方法。

掌握基本尺寸标注、尺寸公差标注、几何公差标注和编辑方法。

掌握创建块与定义属性的方法。

掌握表面结构代号标注和基准符号标注的方法。

## 任务 1　绘制轴类零件图

### ※　任务描述

绘制如图 4-1-1 所示的齿轮轴零件图,要求:采用 A4 横放留装订边图纸,绘制图框和标题栏,不需要标注尺寸及表面粗糙度。

### ※　相关知识

## 1　创建文字

### 1.1　文字样式的设置

国家标准对图纸中的文字有明确要求,汉字采用长仿宋体,对字体的大小也有规定,因此标注文字时应先进行文字样式设置。

文字样式命令的打开方式如下:

(1)菜单栏:选择【格式】|【文字样式】命令。

(2)样式工具栏:选择"文字样式"按钮 A 。

(3)命令行:输入 STYLE 或 ST 后,按 Enter 键或空格键。

### 1.2　"文字样式"对话框参数说明

执行文字样式命令后,显示"文字样式"对话框,如图 4-1-2 所示,各项含义说明如下:

(1)"样式"列表:显示当前已有的文字样式,Standard 为默认文字样式。

(2)单击 置为当前(C) 按钮,可以将"样式"列表中选定的标注样式置为当前。

(3)单击 新建(N)… 按钮,在弹出的"新建文字样式"对话框中输入样式名称,如长仿宋体。在"样式"列表中即显示"长仿宋体"文字样式。

(4)单击 删除(D) 按钮,可以删除已有文字样式,但无法删除已经被使用的文字样式和 Standard 样式。

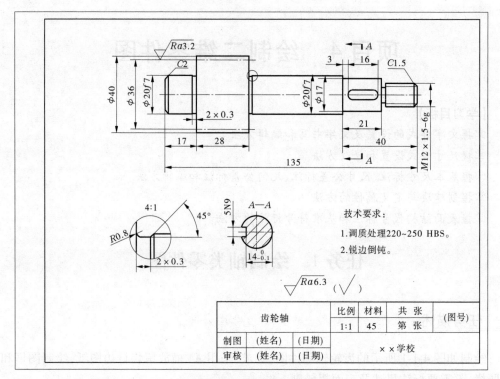

图 4-1-1　齿轮轴零件图

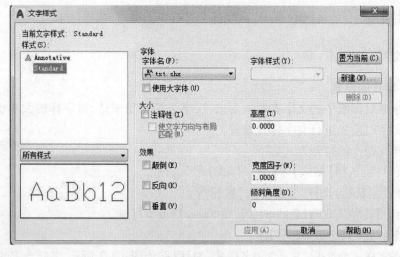

图 4-1-2　"文字样式"对话框

（5）"字体"选项区：用于设置字体名和字体样式。对于机械图样中的汉字，不选择"使用大字体"复选框，"字体名"下拉列表选择"T 仿宋_GB2312"。对于机械图样中的数字，应该选择"使用大字体"复选框，"SHX 字体"下拉列表选择"gbenor. shx"或"gbeitc. shx"，大字体选择"gbcbig. shx"。

（6）"大小"文本框：用于设置文字高度。

★小提示：

　　如果将文字高度设为 0,则在标注文字时可以根据绘图的需要设置文字高度。
　　如果将文字高度设为大于 0 的值,则该样式的文字高度就固定为设置值,标注时
不能重新更改。

　　(7)"效果"选项区:用于设置文字的显示效果。

"颠倒"复选框:将文字倒过来书写。

"反向"复选框:将文字反向书写。

"垂直"复选框:将文字垂直书写,但垂直效果对汉字无效。

"宽度因子"文本框:设置文字字符的宽度与高度之比,如 0.7。

"倾斜角度"文本框:用于设置文字的倾斜角度。

## 1.3　书写单行文字

单行文字命令的打开方式如下:

(1)菜单栏:选择【绘图】|【文字】|【单行文字】命令。

(2)文字工具栏:选择"单行文字"按钮 AI 。

(3)命令行:输入 DTEXT 或 DT 后,按 Enter 键或空格键。

执行命令后,命令行出现如下提示:

命令:_dtext

当前文字样式:"Standard"　　文字高度:2.5000　　注释性:否　　对正:左

指定文字的起点或[对正(J)/样式(S)]:　　//指定输入文字的起点位置,或输入选项

指定高度 <2.5000 >:　　　　　　　　　//指定输入文字的高度,如 3.5

指定文字的旋转角度 <0 >:　　　　　　　//指定输入文字的旋转角度,默认为 0

单行文字命令中选项的含义说明如下:

(1)对正(J):包括左(L)、居中(C)、右(R)、对齐(A)、中间(M)、布满(F)、左上
(TL)、中上(TC)、右上(TR)、左中(ML)、正中(MC)、右中(MR)、左下(BL)、中下(BC)、
右下(BR)等文字对正方式。

(2)样式(S):包括系统默认的 Standard 和新建的文字样式。

## 1.4　书写多行文字

多行文字命令的打开方式如下:

(1)菜单栏:选择【绘图】|【文字】|【多行文字】命令。

(2)工具栏:"绘图"或者"文字"工具栏中选择"多行文字"按钮 A 。

(3)命令行:输入 MTEXT 或 MT 后,按 Enter 键或空格键。

执行命令后,命令行出现如下提示:

命令:_mtext

当前文字样式:"Standard"　　文字高度:2.5000　　注释性:否

指定第一角点://指定多行文字矩形边界框的第一个角点

指定对角点或[高度(H)/对正(J)/行距(L)/旋转(R)/样式(S)/宽度(W)/栏

（C）]:∥指定多行文

字矩形边界框的第二个角点,或输入选项

多行文字命令中选项的含义说明如下:

（1）高度（H）:设置文字高度。

（2）对正（J）:设置文字的对正方式,与单行文字相同。

（3）行距（L）:设置行距。

（4）旋转（R）:设置字体的旋转角度。

（5）样式（S）:设置当前使用的文字样式。

（6）宽度（W）:设置标尺的长度数值。

（7）栏（C）:设置栏的参数。

　　确定多行文字的两个对角点位置后,弹出如图 4-1-3 所示的多行文字编辑器,它由多行文字编辑框和"文字格式"工具栏组成。在多行文字编辑框中选中文字,可在"文字格式"工具栏中修改文字样式、文字高度、文字宽度等。

多行文字编辑框

图 4-1-3　多行文字编辑器

### 1.4.1　多行文字编辑框说明

标尺:设置段落首行文字及段落其他文字的缩进。

右键快捷菜单:该菜单包含了标注编辑选项和多行文字特有的选项。

### 1.4.2　"文字格式"工具栏常用项说明

"样式"列表框 Standard ▼:可以从中选择文字样式。

"多行文字对正"按钮 :可以选择文字的排列方式。

"段落"按钮 :设置文本段落格式。

"行距"按钮 :设置行与行之间的距离。

"符号"按钮 @▼:可以选择角度、直径、度数等符号。

"宽度因子"文本框 1.0000 :设置字符的宽高比。

"堆叠"按钮 :堆叠文字,常用于分数和公差格式的创建,创建时先输入要堆叠的文字,文字间当用符号"/"隔开时,以水平线分隔文字;当用符号"^"隔开时,垂直堆叠文字,不用直线分隔;当用符号"#"隔开时,以对角线分隔文字。选中文字后,单击该按钮即可在正常显示与堆叠之间变换。

## 1.5　书写特殊符号

　　在使用"单行文字"功能时,常需要输入一些特殊符号,如直径符号"φ",角度符号"°",根据当前文字样式所使用的字体不同,特殊符号的输入分为用"TrueType"字体和用"∗.shx"字体两种情况。

　　（1）用"TrueType"字体输入。"TrueType"字体是 Windows 提供的一种字体,可以软键盘输入。

（2）用"＊.shx"字体输入。如果当前文字样式使用的是"＊.shx"字体,且选择了"文字样式"对话框中"使用大字体"复选框,则可以使用 Windows 提供的软键盘输入。如果没有选择"使用大字体"复选框,则不能使用软键盘输入,因为输入的符号 AutoCAD 系统无法识别,这时需要使用 AutoCAD 提供的控制码输入,如表 4-1-1 所示。

**表 4-1-1　AutoCAD 中常用的控制码及其功能**

| 控制码 | 功能 |
| --- | --- |
| ％％C | 直径符号 |
| ％％D | 角度符号 |
| ％％P | 正、负符号 |
| ％％％ | 百分号 |
| ％％O | 加上划线 |
| ％％U | 加下划线 |

## 2　编辑文字

### 2.1　单行文字编辑

对单行文字的编辑主要包括修改文字内容和修改文字特性两个方面。

#### 2.1.1　修改文字内容

修改文字内容的打开方式如下:

（1）双击:双击单行文字对象,文字高亮显示后修改文字即可。

（2）菜单栏:选择【修改】|【对象】|【文字】|【编辑】命令。

（3）命令行:输入 DDEDIT 或 ED 后,按 Enter 键或空格键。

（4）右键快捷菜单:选中文字后单击右键,在快捷菜单中选择"编辑"命令。

通过命令行执行命令后,命令行出现如下提示:

命令:DDEDIT

TEXTEDIT

当前设置:编辑模式 = Multiple

选择注释对象或[放弃(U)/模式(M)]://用拾取框选择文字对象,或输入选项

拾取后,文字高亮显示,编辑文字后,回车即可。此时,命令还未结束,可以继续对其他对象进行编辑操作,连续回车两次即可结束编辑。

#### 2.1.2　修改文字特性

文字特性主要包括文字的样式、高度、对正方式等。修改文字特性主要通过"特性"面板和"快捷特性"面板两种方式进行。

（1）在"特性"面板中修改。选中需要编辑的单行文字,再单击"标准"工具栏中的"特性"按钮，或者在右键快捷菜单中选择"特性"命令,打开"特性"面板,如图 4-1-4 所示。

（2）在"快捷特性"面板中修改。选中需要编辑的单行文字,然后右击,在弹出的快捷

菜单中选择"快捷特性"命令,打开"快捷特性"面板,如图 4-1-5 所示。

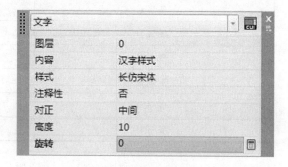

图 4-1-4　"特性"面板　　　　　　　　　图 4-1-5　"快捷特性"面板

### 2.2　多行文字编辑

编辑多行文字的打开方式如下:

(1)双击:双击多行文字对象,修改文字。

(2)右键菜单:选中文字后,在右键快捷菜单中选择"编辑多行文字"命令。

(3)菜单栏:选择【修改】|【对象】|【文字】|【编辑】命令。

(4)命令行:输入 DDEDIT 或 ED 后,按 Enter 键或空格键。

通过双击或右键菜单编辑时,弹出多行文字编辑器,修改文字后,单击"确定"按钮,命令即结束。

通过菜单栏执行命令后,命令行出现如下提示:

命令:_textedit

当前设置:编辑模式 = Multiple

选择注释对象或[放弃(U)/模式(M)]://用拾取框选择文字对象,或输入选项

拾取文字后,弹出多行文字编辑器,编辑完成后单击"确定"按钮即可。此时命令还未结束,可以继续进行其他对象的编辑操作。

## ※　任务实施

步骤 1:新建文字样式。

(1)新建"字母"文字样式。单击 按钮,打开"文字样式"对话框,单击 新建(N)... 按钮,在"样式名"文本框中输入"字母"后,单击 确定 按钮,选择"使用大字体"复选框,字体分别选择 gbeitc. shx 和 gbcbig. shx,其余默认。

(2)新建"长仿宋体"文字样式。单击 新建(N)... 按钮,在"样式名"文本框中输入"长仿

宋体"后,单击 ▭确定▭ 按钮。在"字体名"下拉列表选择"T 仿宋\_GB2312"字体,取消
"使用大字体"复选框,"宽度因子"文本框输入 0.67,其余默认。

步骤 2:创建 A4 图框和标题栏。

(1)新建一个空白文件,选择样板文件"我的样板 2017. dwt"。

(2)设置 A4 图纸的图形界限:297 × 210。

(3)采用直线、偏移、修剪等命令绘制 A4 图纸边框,如图 4-1-6 所示。

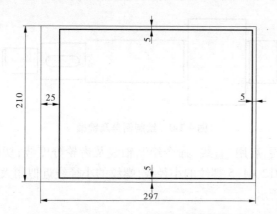

图 4-1-6　A4 图纸边框

(4)在图框的右下角绘制标题栏如图 4-1-7 所示,其外框线用粗实线图层绘制,内框
线用细实线图层绘制。

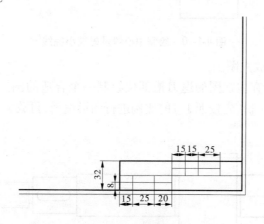

图 4-1-7　标题栏

(5)保存模板文件,输入文件名为"A4 绘图模板. dwt"。

步骤 3:建立"齿轮轴. dwg"文件。

打开"A4 绘图模板. dwt"文件,另存为"齿轮轴. dwg"文件。

步骤 4:绘制主视图。

(1)选择粗实线层,绘制齿轮轴主视图轮廓线,如图 4-1-8 所示。

(2)启用"倒角"命令,绘制两端面的倒角分别为 $C2$、$C1.5$,启用"直线"命令绘制倒角
线;在 $\phi 17$ 轴段上绘制键槽,如图 4-1-9 所示。

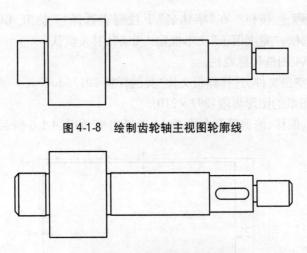

图 4-1-8    绘制齿轮轴主视图轮廓线

图 4-1-9    绘制倒角及键槽

（3）选择中心线层，启用"直线"命令绘制轴线及齿轮分度线；切换到细实线图层，启用"直线"命令绘制 $M12 \times 1.5$ 螺纹的小径线，螺纹的小径线近似用大径线的 0.85 倍来绘制，结果如图 4-1-10 所示。

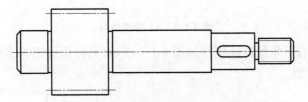

图 4-1-10    绘制中心线及螺纹小径线

步骤 5：绘制局部放大图。

选择细实线图层，在主视图的退刀槽部位绘制一个合适的圆。启用"复制"命令，将圆及圆内的图线复制一份，先按照 1∶1 的比例进行图形编辑，再放大 4 倍，结果如图 4-1-11 所示。

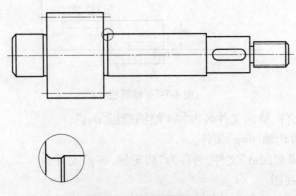

图 4-1-11    绘制局部放大图

步骤 6：绘制移出断面图。

（1）在主视图的合适位置绘制如图 4-1-12 所示的剖切符号,其中 *AB* 线段长为 3,线宽为 0.5;*BC* 线段长为 3.5,线宽为 0.25;*CD* 箭头长为 3,*C* 点线宽为 0.5,*D* 点线宽为 0。启用"镜像"命令,得到另一侧的剖切符号。

（2）选择粗实线图层,启用"圆"命令,在主视图中,以竖线中点为圆心绘制$\phi$17 圆,如图 4-1-13（a）所示。用"复制"命令将圆和键槽上两条直线复制到合适位置,用"直线""修剪"命令进行编辑,启用"图案填充"命令选择细实线图层绘制剖面线,结果如图 4-1-13（b）所示。删除主视图上$\phi$17 的圆。

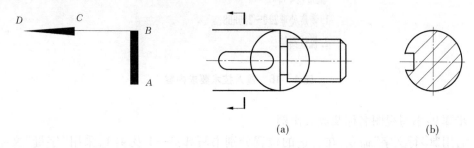

(a)　　　　　　　　　　　(b)

**图 4-1-12　剖切符号**　　　　　　**图 4-1-13　绘制移出断面图**

步骤 7:书写标题栏文字。

（1）选择文字层,启用"多行文字"命令。

（2）选择图 4-1-14 所示 1 点、2 点为多行文字矩形边框的两个角点。

（3）在多行文字编辑器的"样式"下拉列表中选择"长仿宋体",在"多行文字对正"下拉列表中选择"正中",在"文字高度"文本框中输入"10"后回车。

（4）在多行文字编辑框中输入"齿轮轴",如图 4-1-15 所示。单击"确定"按钮,完成文字书写。

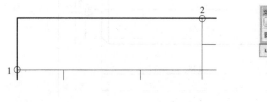

**图 4-1-14　"齿轮轴"文字矩形边框**　　　　**图 4-1-15　输入"齿轮轴"文字**

（5）书写"制图"文字。方法同上,字高为 5。

（6）书写其他文字。方法同上,也可以将"齿轮轴"或"制图"文字复制到与其字高相同的相应矩形框内,再进行文字编辑即可。

步骤 8:书写技术要求。

（1）启用"多行文字"命令。

（2）在标题栏上方指定两对角点,形成一个矩形区域作为文字行的宽度,弹出多行文字编辑器。

（3）选择"长仿宋体"，字高为7，在多行文字编辑框中输入"技术要求："。

（4）在"文字高度"文本框中输入"5"后回车，然后输入其他文字，如图4-1-16所示。

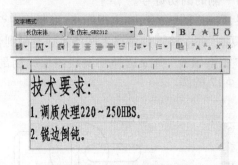

图 4-1-16　输入技术要求内容

步骤9：书写视图名称及放大比例。

启用"多行文字"命令，在合适的位置分别书写 *A*、*A—A* 及 4∶1，采用"字母"文字样式，字高为5。完成后的图形如图4-1-1所示。

## ※　技能训练

1. 绘制如图4-1-17所示的螺杆零件图。要求：用 A4 横放留装订边图纸，绘制图框和标题栏，不需要标注尺寸及表面粗糙度。

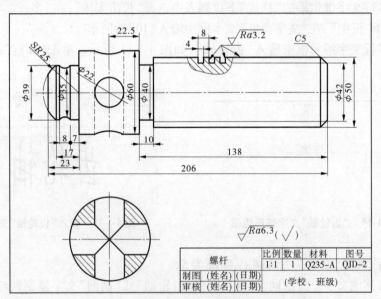

图 4-1-17　螺杆零件图

2. 绘制如图4-1-18所示底座零件图。要求：用 A4 竖放留装订边图纸，绘制图框和标题栏，不需要标注尺寸及表面粗糙度。

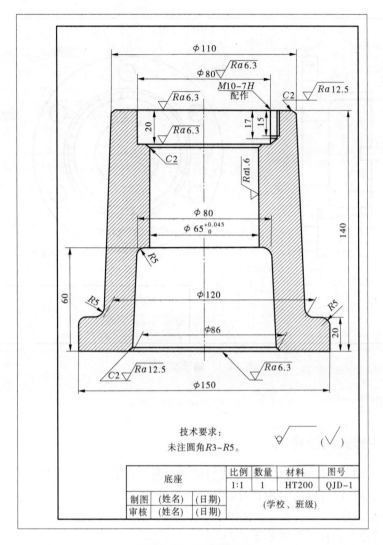

图 4-1-18　底座零件图

# 任务 2　绘制轮盘类零件图

## ※　任务描述

绘制如图 4-2-1 所示的轴承盖零件图,要求:用 A4 横放留装订边图纸,绘制图框和标题栏,合理标注尺寸,不标注表面粗糙度要求及几何公差。

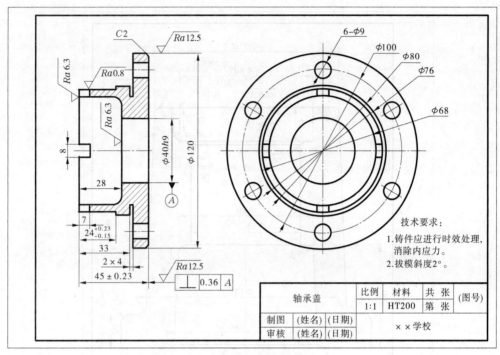

图 4-2-1　轴承盖零件图

## ※　相关知识

## 1　尺寸标注样式的设置

　　AutoCAD 2017 默认的尺寸标注样式与机械制图的要求有一些差别。因此,在尺寸标注前,应先设置尺寸标注样式,使其符合国家标准的规定。

### 1.1　标注样式命令

　　标注样式命令的打开方式如下:

　　(1)菜单栏:选择【格式】|【标注样式】命令。

　　(2)工具栏:选择"标注"工具栏中"标注样式"按钮。

　　(3)命令行:输入 DIMSTYLE 或 D 后,按 Enter 键或空格键。

### 1.2　"标注样式管理器"对话框

　　执行标注样式命令后,显示"标注样式管理器"对话框,如图 4-2-2 所示。

　　在"标注样式管理器"对话框中,各项参数含义说明如下:

　　(1)样式:显示当前已有的标注样式,ISO - 25 为默认标注样式。

　　(2)[置为当前(U)]按钮:单击后,可以将"样式"列表选中的标注样式置为当前。

　　(3)[新建(N)...]按钮:单击后,弹出如图 4-2-3 所示的"创建新标注样式"对话框,在"新样式名"文本框中输入样式名称,如机械标注。单击[继续]按钮,弹出"新建标注样式:机械标注"对话框,如图 4-2-4 所示。

　　(4)[修改(M)...]按钮:单击后,弹出与图 4-2-4 所示内容基本相同的"修改标注样式"对话框,用于修改已有的标注样式。

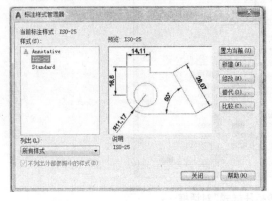

图 4-2-2 "标注样式管理器"对话框　　　图 4-2-3 "创建新标注样式"对话框

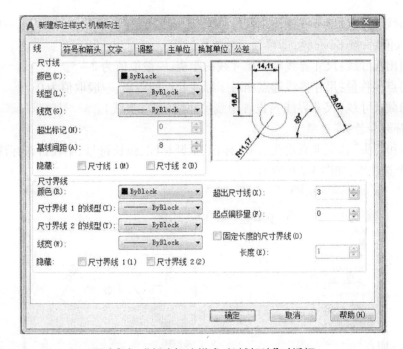

图 4-2-4 "新建标注样式:机械标注"对话框

(5) 比较(C)...按钮:单击后,系统将弹出如图 4-2-5 所示的"比较标注样式"对话框,用于比较两个及以上标注样式的不同之处。

### 1.3 "新建标注样式"对话框

在如图 4-2-4 所示的"新建标注样式:机械标注"对话框中,主要包括线、符号和箭头、文字、调整、主单位、换算单位、公差 7 个选项卡和 1 个预览窗口。预览窗口可以实时预览显示当前参数的效果。

#### 1.3.1 "线"选项卡

"线"选项卡有尺寸线和尺寸界线两个选项组,用于设置尺寸线和尺寸界线的特性,

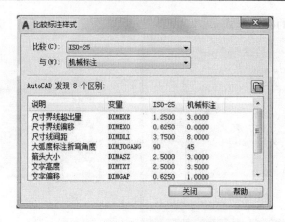

图 4-2-5　"比较标注样式"对话框

包括颜色、线型、线宽。如果已建立用于标注的图层,此处采用默认值即可。其余参数说明如下:

(1)基线间距:设置基线标注中尺寸线之间的距离,在机械制图标注中,一般取值为 7～10。输入值后,按 Enter 键,即可预览效果。

(2)超出尺寸线:尺寸界线超出尺寸线的距离,一般取值为 2～5。

(3)起点偏移量:尺寸界线起点相对于标注起点的距离,一般取值为 0。

(4)隐藏尺寸线(尺寸界线):设置隐藏尺寸线(尺寸界线)。

### 1.3.2　"符号和箭头"选项卡

"符号和箭头"选项卡有箭头、圆心标记、折断标注、弧长符号、半径折弯标注、线性折弯标注 6 个选项组,如图 4-2-6 所示。

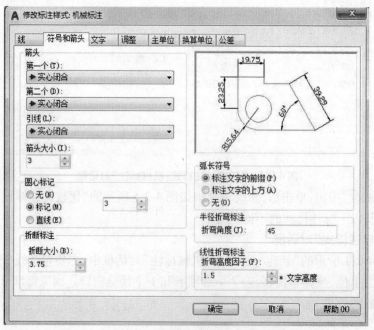

图 4-2-6　"符号和箭头"选项卡

1.3.2.1　"箭头"选项组

　　(1)第一个:第一个拾取的尺寸界线处的箭头形状,默认为实心闭合。

　　(2)第二个:第二个拾取的尺寸界线处的箭头形状,默认为实心闭合。

　　(3)引线:引线标注的箭头形状,默认为实心闭合。

　　(4)箭头大小:设置尺寸标注中箭头的大小,可以取3。

1.3.2.2　"圆心标记"选项组

　　"圆心标记"选项组用于设置圆或圆弧的圆心标记类型,有以下三种方式:

　　(1)无:选择该单选按钮,则没有圆心标记。

　　(2)标记:选择该单选按钮,可以在文本框中设置圆心标记的大小。

　　(3)直线:选择该单选按钮,可以在文本框中设置圆心标记直线的长度。

　　用"圆心标记"命令进行标注,不同圆心标记的结果如图4-2-7所示。

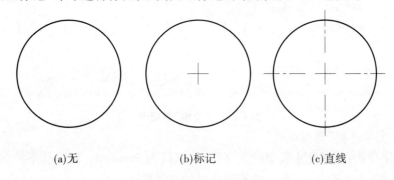

(a)无　　　　　　　　(b)标记　　　　　　　　(c)直线

**图4-2-7　圆心标记类型**

1.3.2.3　"折断标注"选项组

　　"折断大小"文本框用于设置标注折断时标注线的长度大小。

1.3.2.4　"弧长符号"选项组

　　用于设置弧长符号的显示位置,包括"标注文字的前缀"、"标注文字的上方"和"无"三种选项,三种方式的标注结果如图4-2-8所示。

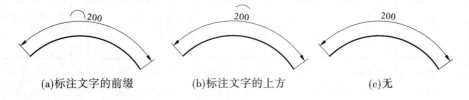

(a)标注文字的前缀　　　　　　(b)标注文字的上方　　　　　　(c)无

**图4-2-8　设置弧长符号的位置**

1.3.2.5　"半径折弯标注"选项组

　　"折弯角度"文本框用于设置标注圆弧半径时标注线的折弯角度大小。

1.3.2.6　"线性折弯标注"选项组

　　"折弯高度因子"文本框用于设置折弯标注打断时折弯线的高度大小。

1.3.3　"文字"选项卡

　　"文字"选项卡有文字外观、文字位置和文字对齐三个选项组,如图4-2-9所示。

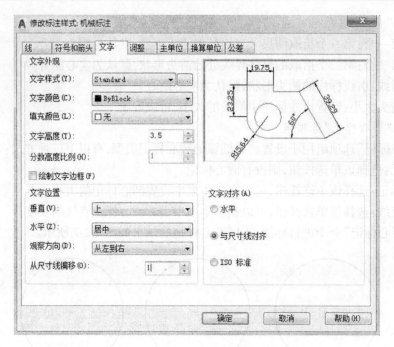

图 4-2-9　"文字"选项卡

**1.3.3.1　"文字外观"选项组**

（1）文字样式：选择尺寸数字的文字样式，默认为 Standard。可以从下拉列表中选择其他文字样式；或者单击　，新建或修改选择的文字样式。

（2）文字高度：设置尺寸数字的高度，如果所选文字样式中已经设置了大于 0 的字高，此处就不能重新设置。

**1.3.3.2　"文字位置"选项组**

（1）垂直：设置尺寸文字在垂直于尺寸线的方向上相对于尺寸线的位置，有上、居中、外部等选项，一般选择默认选项"上"，效果如图 4-2-10 所示。

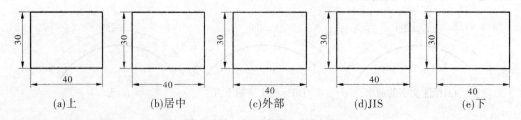

| (a)上 | (b)居中 | (c)外部 | (d)JIS | (e)下 |

图 4-2-10　尺寸文字在垂直方向上的位置

（2）水平：设置尺寸文字在平行于尺寸线的方向上相对于尺寸界线的位置，一般选择默认选项"居中"。

（3）观察方向：默认为从左到右。

（4）从尺寸线偏移：设置尺寸文字与尺寸线之间的距离，默认值为 0.625，可以设置为 1。不同偏移距离的效果如图 4-2-11 所示。

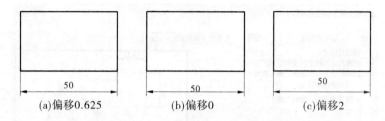

(a)偏移0.625　　　　　　(b)偏移0　　　　　　(c)偏移2

**图 4-2-11　文字位置从尺寸线偏移距离**

#### 1.3.3.3 "文字对齐"选项组

尺寸标注时文字对齐方式有水平、与尺寸线对齐、ISO 标准三种。

（1）水平：文字水平放置，如图 4-2-12（a）所示。

（2）与尺寸线对齐：文字与尺寸线平行，如图 4-2-12（b）所示。

（3）ISO 标准：当文字在尺寸界线内时，文字与尺寸线对齐；文字在尺寸界线外时，文字水平放置，如图 4-2-12（c）所示。

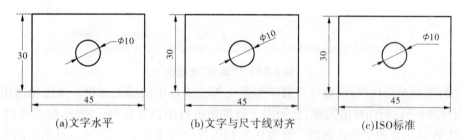

(a)文字水平　　　　　　(b)文字与尺寸线对齐　　　　　　(c)ISO标准

**图 4-2-12　尺寸标注时三种文字对齐方式**

### 1.3.4 "调整"选项卡

"调整"选项卡有调整选项、文字位置、标注特征比例和优化 4 个选项组，如图 4-2-13 所示。

#### 1.3.4.1 "调整选项"选项组

当尺寸界线之间没有足够空间来同时放置文字和箭头时，确定从尺寸界线中移出的对象包括文字或箭头（最佳效果）、箭头、文字、文字和箭头、文字始终保持在尺寸界线之间。

#### 1.3.4.2 "文字位置"选项组

当标注文字不在默认位置上时，设置将其放置的位置有三种方式：①尺寸线旁边；②尺寸线上方，带引线；③尺寸线上方，不带引线。

#### 1.3.4.3 "标注特征比例"选项组

用于设置全局标注比例或图纸空间比例。

（1）将标注缩放到布局：根据当前模型空间视口比例确定比例因子。该选项适用于需要两种及以上不同比例图样的图纸打印。此时，图纸打印比例设为 1∶1，图形在模型空间按 1∶1 绘制，不同图样的比例由每个模型空间视口比例控制。此时，尺寸必须在被激活的模型空间视口内标注，由此可保证不同图样中尺寸数字、尺寸界线和箭头的大小均按标注样式的设定值打印。

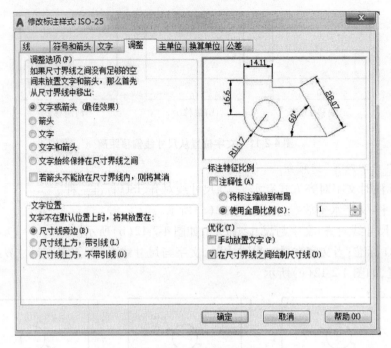

**图 4-2-13　"调整"选项卡**

(2)使用全局比例:设置尺寸数字和箭头等在图样中的缩放比例。该选项适用于仅要求打印同一比例图样的图纸,比例因子根据图纸打印设置比例。例如,绘图比例 1:1,打印比例 2:1,使用全局比例因子设为 0.5,则图样中尺寸数字、尺寸界线和箭头的大小按标注样式的设定值打印。

#### 1.3.4.4　"优化"选项组

(1)手动放置文字:选中后,标注时忽略标注文字的设置,可手动放置文字。

(2)在尺寸线之间绘制尺寸线:选中该复选框,当尺寸箭头放置在尺寸界线之外时,也可在尺寸界线内绘制尺寸线。

### 1.3.5　"主单位"选项卡

"主单位"选项卡有线性标注和角度标注两个选项组,如图 4-2-14 所示。

#### 1.3.5.1　"线性标注"选项组

(1)单位格式:设置线性标注的尺寸数字的单位格式,包括科学、小数、工程和分数等选项。

(2)精度:设置线性标注的尺寸精度。

(3)分数格式:当单位格式为分数时,可以设置分数的格式,包括水平、对角和非堆叠三种方式。

(4)小数分隔符:包括逗点、句点、空格三种,一般采用句点。

(5)舍入:设置线性标注尺寸的舍入值。

(6)前缀、后缀:设置标注文字的前缀、后缀,在文本框中输入字符即可。

(7)测量单位比例:"比例因子"文本框可以设置测量尺寸的缩放比例,图形中的实际标注值为测量值与该比例因子的乘积。选中"仅应用到布局标注"复选框,可以设置该比

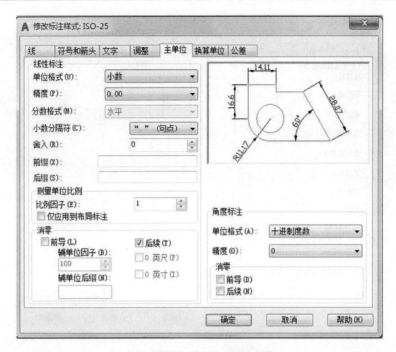

图 4-2-14 "主单位"选项卡

例关系仅适用于布局。

(8)消零：可以设置是否显示尺寸标注中"前导"和"后续"的零。

### 1.3.5.2 "角度标注"选项组

(1)单位格式：设置标注角度的尺寸单位。

(2)精度：设置标注角度的尺寸精度。

(3)消零：可以设置是否显示角度标注中"前导"和"后续"的零。

### 1.3.6 "换算单位"选项卡

"换算单位"选项卡如图 4-2-15 所示。若选择"显示换算单位"复选框后，则可以设置换算单位的格式。

### 1.3.7 "公差"选项卡

具体内容将在极限偏差标注部分详细介绍。

## 2 基本标注

AutoCAD 2017 提供了强大的尺寸标注功能，可以进行线性标注、对齐标注、半径标注、角度标注等，图 4-2-16 所示为"标注"工具栏。

### 2.1 线性标注命令

#### 2.1.1 功能

标注水平或垂直方向上的长度尺寸，如图 4-2-17 中 *AB* 线段的长度标注。

#### 2.1.2 执行命令的常用方法

(1)菜单栏：选择【标注】|【线性】命令。

(2)工具栏：单击"标注"工具栏中"线性"按钮┤┤。

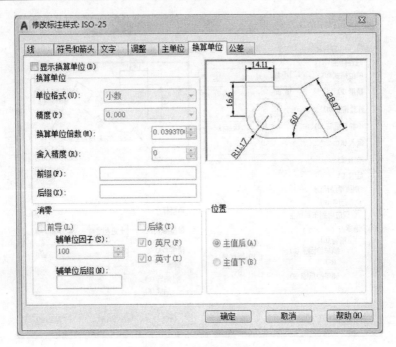

图 4-2-15　"换算单位"选项卡

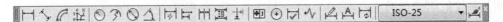

图 4-2-16　"标注"工具栏

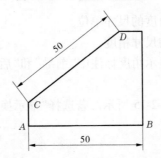

图 4-2-17　线性标注与对齐标注

(3)命令行:输入 DIMLINEAR 或 DIMLIN 后,按 Enter 键或空格键。

## 2.1.3　操作步骤

激活命令后,命令行出现如下提示:

命令:_dimlinear

指定第一条尺寸界线原点或<选择对象>://指定图 4-2-17 中 A 点

指定第二条尺寸界线原点://指定图中 B 点

指定尺寸线位置或[多行文字(M)/文字(T)/角度(A)/水平(H)/垂直(V)/旋转
(R)]://拖动尺寸线至适合位置后单击

## 2.2   对齐标注命令

### 2.2.1   功能

用于倾斜尺寸的标注,如图 4-2-17 中 *CD* 线段的长度标注。

### 2.2.2   执行命令的常用方法

(1)菜单栏:选择【标注】|【对齐】命令。

(2)工具栏:单击"标注"工具栏中"对齐"按钮 。

(3)命令行:输入 DIMALIGNED 或 DIMALI 后,按 Enter 键或空格键。

### 2.2.3   操作步骤

激活命令后,命令行出现如下提示:

命令:_dimaligned

指定第一条尺寸界线原点或<选择对象>://指定第一个点,如图 4-2-17 中 *C* 点

指定第二条尺寸界线原点:                 //指定第二个点,如图 4-2-17 中 *D* 点

指定尺寸线位置或[多行文字(M)/文字(T)/角度(A)]:

//拖动尺寸线至适合位置单击

## 2.3   弧长标注命令

### 2.3.1   功能

用于标注圆弧或多段线中圆弧部分的弧长。

### 2.3.2   执行命令的常用方法

(1)菜单栏:选择【标注】|【对齐】命令。

(2)工具栏:单击"标注"工具栏中"弧长"按钮 。

(3)命令行:输入 DIMARC 后,按 Enter 键或空格键。

### 2.3.3   操作步骤

激活命令后,命令行出现如下提示:

命令:_dimarc

选择弧线段或多段线圆弧段:           //选择要标注的圆弧或多段线圆弧段

指定弧长标注位置或[多行文字(M)/文字(T)/角度(A)/部分(P)]:

//拖动至适合位置单击

## 2.4   半径标注命令

### 2.4.1   功能

用于标注圆或圆弧的半径,标注时系统自动生成半径符号"R"。

### 2.4.2   执行命令的常用方法

(1)菜单栏:选择【标注】|【半径】命令。

(2)工具栏:单击"标注"工具栏中"半径"按钮 。

(3)命令行:输入 DIMRADIUS 或 DIMRAD 后,按 Enter 键或空格键。

### 2.4.3   操作步骤

激活命令后,命令行出现如下提示:

命令:_dimradius

选择圆弧或圆:                    //选择要标注的圆弧或圆

指定尺寸线位置或［多行文字(M)/文字(T)/角度(A)］:

　　　　　　　　　　　　　//拖动尺寸线至适合位置后单击

## 2.5　直径标注命令

### 2.5.1　功能

用于标注圆或圆弧的直径,标注时系统自动生成直径符号"φ"。

### 2.5.2　执行命令的常用方法

(1)菜单栏:选择【标注】|【直径】命令。

(2)工具栏:单击"标注"工具栏中"直径"命令按钮◎。

(3)命令行:输入 DIMDIAMETER 或 DIMDIA 后,按 Enter 键或空格键。

### 2.5.3　操作步骤

激活命令后,命令行出现如下提示:

命令:_dimdiameter

选择圆弧或圆:　　　　　　　　　　//选择要标注的圆弧或圆

指定尺寸线位置或［多行文字(M)/文字(T)/角度(A)］:

　　　　　　　　　　　　　//拖动尺寸线至适合位置后单击

## 2.6　角度标注命令

### 2.6.1　功能

用于标注圆或圆弧的角度、两直线间的角度,或者三点之间的角度。

### 2.6.2　执行命令的常用方法

(1)菜单栏:选择【标注】|【角度】命令。

(2)工具栏:单击"标注"工具栏中"角度标注"按钮△。

(3)命令行:输入 DIMANGULAR 或 DIMANG 后,按 Enter 键或空格键。

### 2.6.3　操作步骤

激活命令后,命令行出现如下提示:

命令:_dimangular

选择圆弧、圆、直线或<指定顶点>:　　//选择要标注的对象

选择第二条直线:　　　　　　　　//选择组成角度的另一条直线

指定标注圆弧线位置或［多行文字(M)/文字(T)/角度(A)/象限点(Q)］:

　　　　　　　　　//拖动圆弧线至合适位置后单击,或输入选项

## 2.7　圆心标记命令

### 2.7.1　功能

用于创建圆和圆弧的非关联中心标记或中心线。

### 2.7.2　执行命令的常用方法

(1)菜单栏:选择【标注】|【圆心】命令。

(2)工具栏:单击"标注"工具栏中"圆心标记"按钮⊕。

(3)命令行:输入 DIMCENTER 后,按 Enter 键或空格键。

### 2.7.3　操作步骤

激活命令后,命令行出现如下提示:

命令:_dimcenter

选择圆弧或圆:　　　　　　　　　　//选择要标注圆心的圆弧或者圆

### 2.8　快速引线标注命令

#### 2.8.1　功能

可快速创建指引线及注释,如图 4-2-18 所示。可以打开"引线设置"对话框进行用户自定义,由此可以消除不必要的命令行提示,取得较高的工作效率。

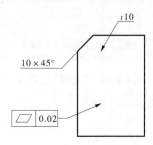

**图 4-2-18　快速引线标注**

#### 2.8.2　执行命令的常用方法

AutoCAD 2017 中菜单栏或标注工具栏中没有快速引线标注命令,可以通过命令行输入 QLEADER 或 LE 后,按 Enter 键或空格键。

#### 2.8.3　操作步骤

激活命令后,命令行出现如下提示:

命令:qleader

指定第一个引线点或[设置(S)]<设置>:　　//按空格键打开"引线设置"对话框进行设置

指定第一个引线点或[设置(S)]<设置>:　　//指定引线的第一个点

指定下一点:　　　　　　　　　　　//指定引线的第二个点

指定下一点:　　　　　　　　　　　//指定引线的第三个点,或按 Enter 键不指定

指定文字宽度<0>:　　　　　　　　//指定每行文字的宽度,如果文字的宽度值设定为 0,则多行文字的宽度不受限制,直接按 Enter 键即可

输入注释文字的第一行<多行文字(M)>:　　//输入注释文字,按 Enter 键结束命令

输入注释文字的第二行<多行文字(M)>:　　//输入第二行,或按 Enter 键结束命令

#### 2.8.4　"引线设置"对话框

"引线设置"对话框中有三个选项卡:注释、引线和箭头和附着。

(1)"注释"选项卡:有"注释类型"、"多行文字选项"、"重复使用注释"3 个选项组,如图 4-2-19 所示。该选项卡用于设置引线标注中注释文本的类型、多行文字的格式,并确定注释文本是否重复使用。

(2)"引线和箭头"选项卡:有"引线"、"点数"、"箭头"和"角度约束"4 个选项组,如图 4-2-20所示。用来设置引线标注中引线和箭头的形式。

(3)"附着"选项卡:有"多行文字附着"和"最后一行加下划线"2 个选项组,如

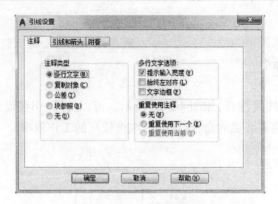

**图 4-2-19　"注释"选项卡**

**图 4-2-20　"引线和箭头"选项卡**

图 4-2-21所示。用于设置注释文本和引线的相对位置。

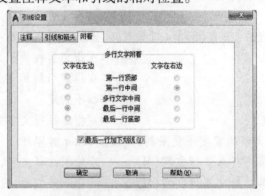

**图 4-2-21　"附着"选项卡**

# 3　极限偏差标注

　　在机械图样中,有一些重要尺寸需要标注极限偏差,用于控制零件的加工精度,可用以下三种方法进行极限偏差标注。

## 3.1　用标注样式中"公差"选项卡进行标注

　　如图 4-2-22 所示,在"公差"选项卡中,有"公差格式"和"换算单位公差"两个选项组。一般只需要设置"公差格式"选项组。

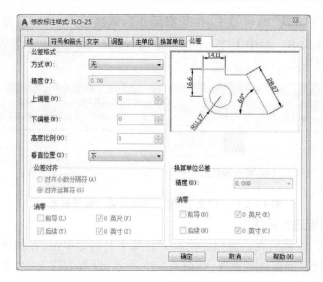

**图 4-2-22   "公差"选项卡**

（1）方式：设置尺寸公差标注的方式，有"无"、"对称"、"极限偏差"、"极限尺寸"和"基本尺寸"5 种方式，效果如图 4-2-23 所示。

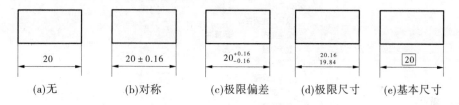

|   (a)无   |   (b)对称   |   (c)极限偏差   |   (d)极限尺寸   |   (e)基本尺寸   |

**图 4-2-23   公差格式中的五种方式**

（2）精度：设置尺寸公差的精度。当"方式"下拉列表选择"极限偏差"时，"上偏差"默认为正值，如上偏差为 −0.016 时需要输入 −0.016；"下偏差"默认为负值，如下偏差为 −0.025 时应输入 0.025。当"方式"下拉列表选择"对称"时，只需要输入上偏差值。

（3）高度比例：设置偏差文字相对于尺寸文字的高度比例。对称公差的高度比例应设为 1，极限偏差的高度比例应设为 0.7。

（4）垂直位置：设置极限偏差和极限尺寸的文字对齐方式，有"上"、"中"和"下"三种方式，一般选择"中"。

当图样中部分尺寸带极限偏差时，在标注带极限偏差的尺寸前，应在"标注样式管理器"对话框中选择"替代"，再设置"公差"选项卡，然后进行标注。同一图样中，当标注不同的极限偏差值时，必须先选择"替代"按钮来设置"公差"选项卡，再进行尺寸标注，否则标出的极限偏差值都相同。

### 3.2   用"文字格式"编辑器的"堆叠"功能进行标注

启用"线性标注"命令后，命令行提示如下：

指定尺寸线位置或［多行文字（M）/文字（T）/角度（A）/水平（H）/垂直（V）/旋转（R）］：∥输入"M"，回车

　　在弹出的"文字格式"编辑器中,在基本尺寸后依次输入上偏差、符号"^"和下偏差值,如图 4-2-24(a)所示。选中上述三项后,单击"堆叠"按钮 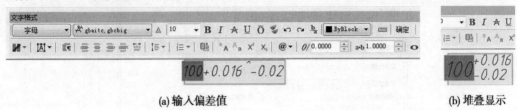,就转换为偏差标注样式,如图 4-2-24(b)所示。

(a) 输入偏差值　　　　　　　　　　　　　　　　(b) 堆叠显示

**图 4-2-24　用"文字格式"编辑器标注极限偏差**

### 3.3　用"特性"面板进行标注

　　先标注基本尺寸,然后在需要标注偏差值的尺寸上右键单击,在快捷菜单中选择"特性"命令,打开"特性"面板进行设置,如图 4-2-25 所示,设置方法与"公差"选项卡中的设置相同,完成后点击左上角"关闭"按钮即可。

**图 4-2-25　"特性"面板**

## 4　应用标注技巧

### 4.1　折弯标注命令

#### 4.1.1　功能

　　用于标注圆或圆弧的半径,当圆或圆弧的中心位于布局之外而无法在其实际位置显示时,可创建折弯标注,如图 4-2-26 所示。

#### 4.1.2　执行命令的常用方法

　　(1)菜单栏:选择【标注】|【折弯】命令。

　　(2)工具栏:单击"标注"工具栏中"折弯"按钮 。

　　(3)命令行:输入 DIMJOGGED 后,按 Enter 键或空格键。

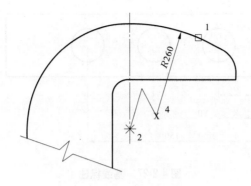

图 4-2-26　折弯标注

### 4.1.3　操作步骤

激活命令后,命令行出现如下提示:

命令:_dimjogged

选择圆弧或圆:　　　　　　//选择要标注的圆弧或圆,如图 4-2-26 中的点 1

指定图示中心位置:　　　　//指定折弯半径标注的新圆心,如图 4-2-26 中的点 2

指定尺寸线位置或[多行文字(M)/文字(T)/角度(A)]:
　　　　　　　　　　　　//指定尺寸线位置或输入选项

指定折弯位置:　　　　　　//确定尺寸线上进行折弯的位置,如图 4-2-26 中的点 4

经过上述操作,完成了折弯尺寸的标注,如图 4-2-26 中的 R260。

## 4.2　快速标注命令

### 4.2.1　功能

用于快速创建成组的基线标注、连续标注、阶梯标注和坐标标注,快速标注多个圆或圆弧,以及编辑现有的标注布局。

### 4.2.2　执行命令的常用方法

(1)菜单栏:选择【标注】|【快速标注】命令。

(2)工具栏:单击"标注"工具栏中"快速标注"按钮 。

(3)命令行:输入 QDIM 后,按 Enter 键或空格键。

### 4.2.3　操作步骤

激活命令后,命令行出现如下提示:

命令:_qdim

关联标注优先级 = 端点

选择要标注的几何图形:　　　　　//选择要标注的对象,回车

指定尺寸线位置或[连续(C)/并列(S)/基线(B)/坐标(O)/半径(R)/直径(D)/基准点(P)/编辑(E)/设置(T)]<连续>://拖动尺寸线至合适位置后,单击鼠标左键

## 4.3　基线标注命令

### 4.3.1　功能

从上一个标注或选定标注的基线处,创建线性标注、角度标注或坐标标注,如图 4-2-27 所示。使用基线标注之前应先有一个共用基线的尺寸。

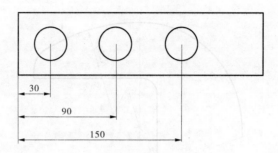

图 4-2-27　基线标注

### 4.3.2　执行命令的常用方法

(1)菜单栏:选择【标注】|【基线】命令。

(2)工具栏:单击"标注"工具栏中"基线"按钮 。

(3)命令行:输入 DIMBASELINE 或 DIMBASE 后,按 Enter 键或空格键。

### 4.3.3　操作步骤

激活命令后,命令行出现如下提示:

命令:_dimbaseline

指定第二条尺寸界线原点或[选择(S)/放弃(U)]<选择>: //选择第二条尺寸界线
原点

指定第二条尺寸界线原点或[选择(S)/放弃(U)]<选择>: //选择下一条尺寸界线
原点

指定第二条尺寸界线原点或[选择(S)/放弃(U)]<选择>: //按 Enter 键结束

通过上述操作,完成了共用基线的尺寸 30、90、150 的标注,如图 4-2-27 所示。基线标注时,系统默认以第一个尺寸的第一条尺寸界线为基线。

## 4.4　连续标注命令

### 4.4.1　功能

用于创建从上一个标注或选定标注的尺寸界线开始的标注,用户只需拾取第二条尺寸界线点,如图 4-2-28 所示。连续标注之前至少已经标注一段尺寸。

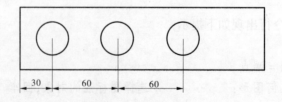

图 4-2-28　连续标注

### 4.4.2　执行命令的常用方法

(1)菜单栏:选择【标注】|【连续】命令。

(2)工具栏:单击"标注"工具栏中"连续"按钮 。

(3)命令行:输入 DIMCONTINUE 或 DIMCONT 后,按 Enter 键或空格键。

### 4.4.3　操作步骤

激活命令后,命令行出现如下提示:

命令:_dimcontinue

指定第二条尺寸界线原点或[选择(S)/放弃(U)]<选择>://选择第二条尺寸界线原点

指定第二条尺寸界线原点或[选择(S)/放弃(U)]<选择>://选择下一条尺寸界线原点

指定第二条尺寸界线原点或[选择(S)/放弃(U)]<选择>://按 Enter 键结束

通过上述操作,完成了三个尺寸的连续标注,如图 4-2-28 所示。连续标注时,系统默认以第一个尺寸的第二条尺寸界线开始,连续标注后续尺寸。

## 4.5　折断标注命令

### 4.5.1　功能

用于在标注和尺寸界线与其他对象的相交处打断或恢复标注和尺寸界线,如图 4-2-29所示。可以应用于线性标注、角度标注或坐标标注等。

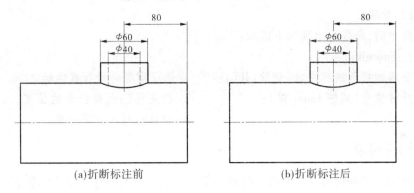

(a)折断标注前　　　　　　　　　　　　(b)折断标注后

图 4-2-29　折断标注

### 4.5.2　执行命令的常用方法

(1)菜单栏:选择【标注】|【折断标注】命令。

(2)工具栏:单击"标注"工具栏中"折断"标注按钮┼。

(3)命令行:输入 DIMBREAK 后,按 Enter 键或空格键。

### 4.5.3　操作步骤

激活命令后,命令行出现如下提示:

命令:_dimbreak

选择要添加/删除折断的标注或[多个(M)]://选择需要进行折断的尺寸标注

选择要折断标注的对象或[自动(A)/手动(M)/删除(R)]<自动>://选择用来折断标注的对象,或者按 Enter 键,采用系统自动判断的对象进行折断

## 4.6　折弯线性标注命令

### 4.6.1　功能

用于当标注对象被折断时进行的线性或对齐标注,如图 4-2-30 所示。标注值是实际

距离而不是图中测量距离。

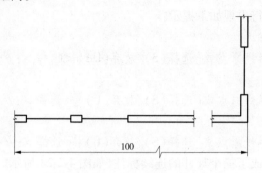

图 4-2-30　折弯线性标注

### 4.6.2　执行命令的常用方法

（1）菜单栏：选择【标注】|【折弯线性】命令。

（2）工具栏：单击"标注"工具栏中"折弯线性"按钮 ⁁。

（3）命令行：输入 DIMJOGLINE 后，按 Enter 键或空格键。

### 4.6.3　操作步骤

激活命令后，命令行出现如下提示：

命令:_dimjogline

选择要添加折弯的标注或[删除(R)]:　　//选择需要进行折弯的标注

指定折弯位置(或按 Enter 键):　　　　//指定标注上要折弯的位置，或按 Enter

　　　　　　　　　　　　　　　　　　键自动判断折弯位置

## 5　编辑标注对象

可以使用尺寸编辑命令来修改尺寸线位置、尺寸数字大小等。尺寸编辑包括样式的修改和单个尺寸对象的修改。修改尺寸样式，可以修改全部用该样式标注的尺寸。单个尺寸对象的修改主要使用编辑标注命令和编辑标注文字命令。

### 5.1　修改标注样式

当修改采用某种样式标注的所有尺寸时，可以在"标注样式管理器"对话框中修改标注样式。还可以用一种标注样式，来更新其他标注样式的尺寸，即用标注更新命令进行修改。

执行标注更新命令的常用方法有：

（1）菜单栏：选择【标注】|【标注更新】命令。

（2）工具栏：单击"标注"工具栏中"标注更新"按钮 ⬚。

（3）命令行：输入 DIMSTYLE 后，按 Enter 键或空格键。

在执行标注更新命令之前，应首先选择当前标注样式。执行命令后，当命令行提示选择对象时，选择要更新的尺寸。

### 5.2　修改标注文字

#### 5.2.1　编辑标注文字命令

编辑标注文字命令用来修改尺寸文本位置、角度等。该命令的打开方式如下：

(1)菜单栏:选择【标注】|【对齐文字】中的选项。

(2)功能区选项板:选择【注释】|【标注】中按钮 ⊶ ⊷ ⊶ 。

(3)工具栏:单击"标注"工具栏中的"编辑标注文字"按钮 。

(4)命令行:输入 DIMTEDIT 后,按 Enter 键或空格键。

执行编辑标注文字命令后,命令行出现如下提示:

命令:_dimtedit

选择标注:　　　　//选择需要编辑的尺寸对象

为标注文字指定新位置或［左对齐(L)/右对齐(R)/居中(C)/默认(H)/角度(A)］:

　　　　　　　　//可以移动鼠标改变尺寸线和尺寸数字的位置,或输入选项

编辑标注文字命令中各选项含义的说明如下:

(1)左对齐(L):尺寸文字靠近尺寸线的左边。

(2)右对齐(R):尺寸文字靠近尺寸线的右边。

(3)居中(C):尺寸文字放置在尺寸线的中间。

(4)默认(H):按照默认位置放置尺寸文字。

(5)角度(A):将标注的尺寸文字旋转指定角度。

### 5.2.2　编辑标注命令

编辑标注命令可以修改尺寸标注的文字和尺寸界线的旋转角度等。该命令的打开方式如下:

(1)工具栏:单击"标注"工具栏中的"编辑标注"按钮 。

(2)命令行:输入 DIMEDIT 后,按 Enter 键或空格键。

执行命令后,命令行出现如下提示:

命令:_dimedit

输入标注编辑类型［默认(H)/新建(N)/旋转(R)/倾斜(O)］<默认>://输入选项

选择对象://选择对象,可以选择多个尺寸标注对象

编辑标注命令中各选项的含义说明如下:

(1)默认(H):按默认方式放置尺寸文字。

(2)新建(N):选择此选项会打开多行文字编辑器,可在编辑器中编辑尺寸文字,注意编辑器中显示的 < > 是默认尺寸数字。

(3)旋转(R):将尺寸数字旋转指定角度。

(4)倾斜(O):将尺寸界线倾斜指定角度。

如图 4-2-31 所示,尺寸界线与水平方向成 60°,也可通过菜单选择【标注】|【倾斜】命令,或通过功能区选项板选择【注释】|【标注】|【倾斜】命令,将尺寸界线倾斜。

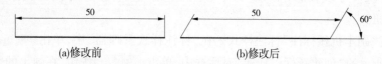

(a)修改前　　　　　　　　　　　　　(b)修改后

**图 4-2-31　编辑标注命令**

### 5.3　修改标注间距

等距标注命令可以调整线性标注或角度标注之间的间距,以使尺寸的间距相等。也可以通过使用间距值为 0 使一系列线性标注或角度标注的尺寸线对齐。

#### 5.3.1　等距标注命令的打开方式

(1)菜单栏:选择【标注】|【标注间距】命令。

(2)功能区选项板:选择【注释】|【标注】命令,点击"调整间距"按钮 。

(3)标注工具栏:单击"标注间距"按钮 。

(4)命令行:输入 DIMSPACE 后,按 Enter 键或空格键。

#### 5.3.2　等距标注命令的操作步骤

命令:_dimspace

选择基准标注:　　　　　　　　　//选择作为基准的一个线性标注或角度标注

选择要产生间距的标注:　　　　　//选择要产生等间距的标注,从基准标注均匀隔
　　　　　　　　　　　　　　　　　　开,可以连续选择多个,按 Enter 键结束选择

输入值或[自动(A)]<自动>:　//指定间距或按 Enter 键

#### 5.3.3　等距标注命令中的选项含义说明

(1)输入值:指定从基准标注均匀隔开选定标注的间距值。例如,如果输入 8.000,则所有选定标注将以 8.000 的距离隔开。

(2)自动(A):基于在选定基准标注的标注样式中指定的文字高度自动计算间距,所得的间距值是标注文字高度的两倍。

> **★小提示:**
> 可以使用间距值为 0 将对齐选定的线性标注、角度标注的末端对齐。

## ※　任务实施

步骤 1:打开项目 4 任务 1 中创建的"A4 绘图模板.dwt"文件,另存为"A4 绘图模板带标注样式.dwt"文件。

步骤 2:创建标注样式。

(1)创建"机械标注"标注样式。启用"标注样式管理器"命令,单击 新建(N)... 按钮,在"新样式名"文本框中输入"机械标注",单击 继续 按钮,在如图 4-2-4 所示的"新建标注样式:机械标注"对话框中,单击"线"选项卡,"基线间距"输入"8","超出尺寸线"输入"3","起点偏移量"输入"0";单击"文字"选项卡,"文字样式"选择"字母","文字高度"输入"3.5","从尺寸线偏移"输入"1","文字对齐"选择"ISO 标准",其余默认,单击 确定 按钮。

(2)创建"副本机械标注"标注样式。在"标注样式管理器"中,单击 新建(N)... 按钮,在如图 4-2-32 所示的"创建新标注样式"对话框中,单击 继续 按钮,在弹出的"新建标注样式:副本机械标注"对话框中,单击"主单位"选项卡,"前缀"文本框中输入"%%C",单击 确定 按钮。

图 4-2-32　创建"副本 机械标注"标注样式

（3）保存文件，完成"A4 绘图模板带标注样式.dwt"文件创建。

（4）文件另存为"轴承盖.dwg"。

步骤 3：绘制视图。

（1）选择粗实线层，启用"矩形"命令，绘制轴承盖主视图轮廓线，如图 4-2-33（a）所示。

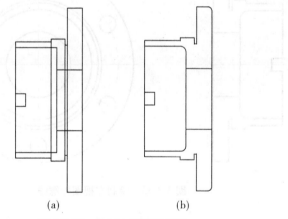

（a）　　　　　　　　（b）

图 4-2-33　绘制主视图轮廓线

（2）启用"修剪"命令修剪图形，调用"倒角"命令完成 $C2$ 倒角，调用"圆角"命令完成 $R4$ 圆角，如图 4-2-33（b）所示。

（3）选择中心线层，利用"直线"、"圆"命令，绘制中心线，如图 4-2-34 所示。

（4）选择粗实线层，启用"圆"、"阵列"命令，绘制轴承盖左视图轮廓线，如图 4-2-35 所示。

（5）启用"直线"、"阵列"命令，绘制图中剩余可见轮廓线。

（6）选择细实线层，启用"图案填充"命令，绘制主视图中的剖面线。将绘制好的图形移动至 A4 图框内合适的位置，如图 4-2-36 所示。

步骤 4：标注尺寸。

（1）标注不带偏差的线性尺寸。选择标注层，打开"标注样式管理器"对话框，选择"机械标注"样式，单击 置为当前(U) 按钮。启用"线性"标注命令，标注线性尺寸 7、33、28 和 8

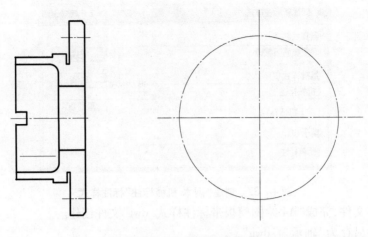

**图 4-2-34　绘制中心线**

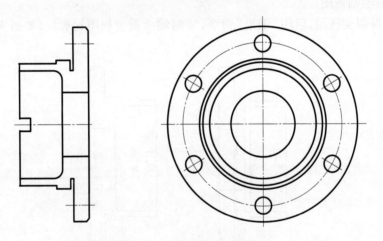

**图 4-2-35　绘制左视图轮廓线**

等四个尺寸。

（2）标注尺寸 2×4。用"线性"标注命令，操作步骤如下：

命令：_dimlinear

指定第一条尺寸界线原点或 <选择对象>：//选择图 4-2-37 中的线段端点 A

指定第二条尺寸界线原点：　　　　　　　//指定图中线段端点 B

指定尺寸线位置或 [多行文字（M）/文字（T）/角度（A）/水平（H）/垂直（V）/旋转（R）]：　　　　　　　　　　　　//输入"M"后回车，在如图 4-2-38 所示的文字格式编辑器中，将尺寸改为"2×4"，单击"确定"按钮

指定尺寸线位置或 [多行文字（M）/文字（T）/角度（A）/水平（H）/垂直（V）/旋转（R）]：　　　　　　　　　　//拖动尺寸线至合适位置后单击鼠标左键

（3）标注倒角 C2。命令行输入 LE，启用"快速引线标注"命令，操作步骤如下：

指定第一个引线点或 [设置（S）] <设置>：//按空格键打开"引线设置"对话框，单击"引线和箭头"选项卡，按照图 4-2-39 所示进行设置，单击"附着"选项卡，选中"最后一

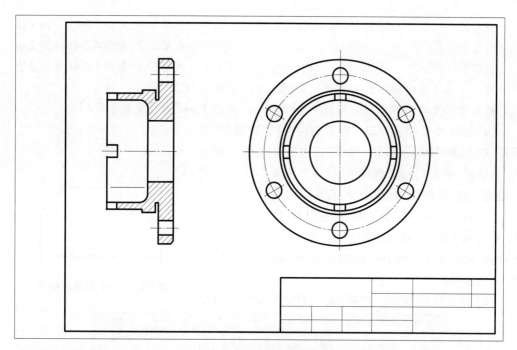

图 4-2-36　完成视图绘制

行加下划线(U)",如图 4-2-40 所示,单击"确定"按钮。

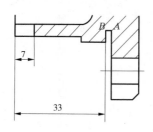

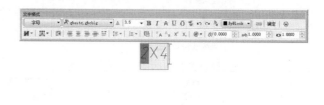

图 4-2-37　点的位置　　　　　　　　　　图 4-2-38　文字格式编辑器

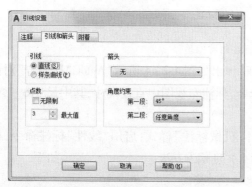

图 4-2-39　"引线和箭头"选项卡设置　　　图 4-2-40　"附着"选项卡设置

指定第一个引线点或[设置(S)]<设置>：　　//指定引线第一点,如图 4-2-41 中的 1 点

指定下一点：　　　　　　　　　　　　//指定引线第二点,如图 4-2-41 中的 2 点

指定下一点：　　　　　　　　　　　　//指定引线第三点,如图 4-2-41 中的 3 点

输入注释文字的第一行<多行文字(M)>：　//输入"C2"

输入注释文字的第二行<多行文字(M)>：　//按 Enter 键结束命令

(4)标注尺寸 45 ±0.23。打开"标注样式管理器"对话框,单击 替代(O)... 按钮,弹出"替代当前样式:机械标注"对话框,单击"公差"选项卡,按照如图 4-2-42 所示进行设置。启用"线性"标注命令,直接标注即可。

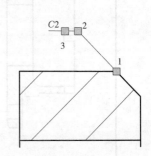

(5)标注尺寸 $24^{+0.23}_{-0.15}$。打开"标注样式管理器"对话框,单击 替代(O)... 按钮,弹出如图 4-2-43 所示"替代当前样式:机械标注"对话框,按照如图 4-2-43 所示进行设置,其余步骤同上。

图 4-2-41　C2 倒角的标注

(6)标注圆的直径。打开"标注样式管理器"对话

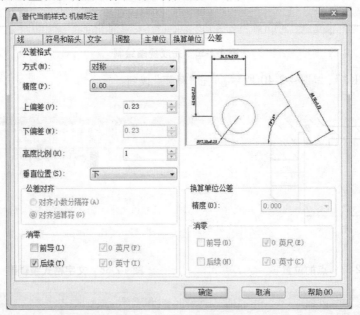

图 4-2-42　标注对称偏差

框,选择"机械标注"样式,单击 置为当前(U) 按钮,弹出如图 4-2-44 所示"AutoCAD 警告"对话框,单击 确定 按钮。启用"直径"标注命令,标注左视图中直径尺寸,其中尺寸 $6-\phi 9$ 需按照线性尺寸 $2×4$ 的标注方法进行标注。

(7)标注主视图中直径尺寸。选择"副本 机械标注"样式,启用"线性"标注命令,标注尺寸 $\phi 120$,尺寸 $\phi 40h9$ 可参照线性尺寸 $2×4$ 的标注方法。

步骤 5:填写标题栏文字和技术要求。

选择文字层,参照项目 4 任务 1 中步骤填写标题栏文字和技术要求。完成轴承盖零

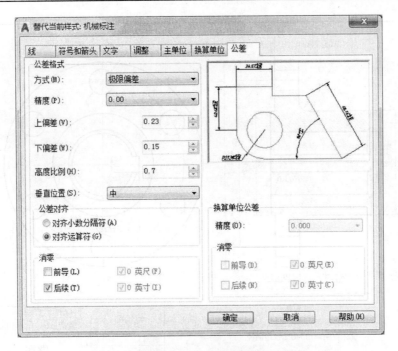

图 4-2-43　标注极限偏差

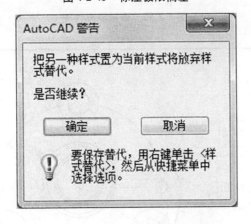

图 4-2-44　"AutoCAD 警告"对话框

件图的绘制。

## ※　技能训练

1. 绘制如图 4-2-45 所示的联轴器零件图,要求:用 A4 横放留装订边图纸,绘制图框和标题栏,填写标题栏文字及技术要求,合理标注尺寸。

2. 绘制如图 4-2-46 所示的泵盖零件图,要求:用 A4 横放留装订边图纸,绘制图框和标题栏,填写标题栏文字及技术要求,合理标注尺寸。

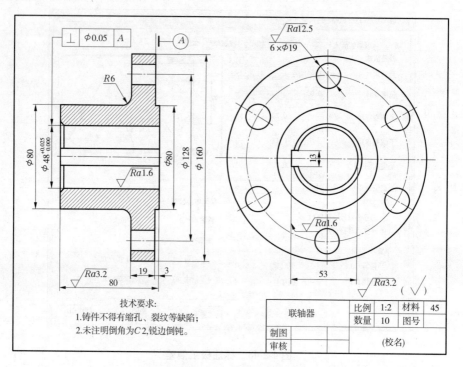

图 4-2-45　联轴器零件图

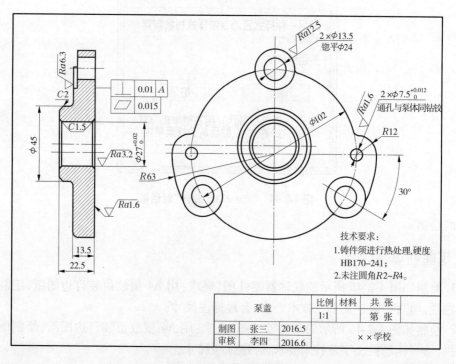

图 4-2-46　泵盖零件图

# 任务 3　绘制支架类零件图

## ※　任务描述

　　绘制如图 4-3-1 所示的支架零件图,要求:用 A3 横放留装订边图纸,绘制图框和标题栏,填写标题栏文字及技术要求,合理标注尺寸及表面粗糙度。

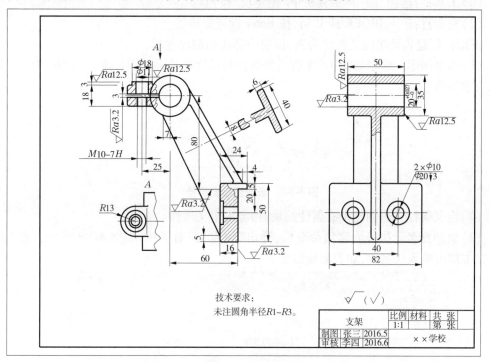

技术要求:
未注圆角半径R1~R3。

| 支架 | | 比例 | 材料 | 共　张 | |
|---|---|---|---|---|---|
| | | 1:1 | | 第　张 | |
| 制图 | 张三 | 2016.5 | | ××学校 | |
| 审核 | 李四 | 2016.6 | | | |

**图 4-3-1　支架零件图**

## ※　相关知识

　　在绘图过程中,经常需要重复绘制一些相同或相似的图形对象,如表面粗糙度、螺栓等。除采用复制、阵列等方式外,还可以把这些常用图形定义成图块,需要时可以将其插入到图形中,以提高绘图效率。

## 1　创建块

### 1.1　块的特点

　　块也称为图块,是一组对象的集合。可以将常用的图形等定义成图块,然后将块插入到当前图形的指定位置,并且可以调整大小、比例及旋转角度。块可以作为单独的图形文件存储到文件夹中。每个块包括块名、图形对象、插入块时的基点坐标和相关的属性数据等要素。

　　AutoCAD 中的块分为内部块(block)和外部块(wblock)两种。内部块只能在定义块的图形文件中使用。外部块也称为写块,可以单独保存,可以应用于其他图形文件。使用图块,可以提高绘图速度,便于修改图形,可以添加属性等。

## 1.2　创建块命令

### 1.2.1　内部块的创建

　　创建块命令的打开方式如下:

　　(1)菜单栏:选择【绘图】|【块】|【创建】命令。

　　(2)工具栏:选择"绘图"工具栏中"创建块"按钮 。

　　(3)命令行:输入 BlOCK 或 B 后,按 Enter 键或空格键。

　　下面以创建表面粗糙度图块为例,说明内部块的创建过程。

　　(1)绘制图形。绘制如图 4-3-2 所示的表面粗糙度符号,绘制时,使 $H_2 = 2H_1$,$H_2$ 等于 3 倍文字高度。

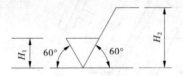

**图 4-3-2　表面粗糙度符号**

　　(2)定义属性。当创建带有属性的块时,应先定义属性。

　　(3)块的命名。执行创建块命令后,弹出"块定义"对话框,如图 4-3-3 所示。在"名称"文本框内输入块名称,如表面粗糙度。

**图 4-3-3　"块定义"对话框**

　　(4)设置基点。单击"拾取点"按钮 ,在绘图区选择如图 4-3-2 所示表面粗糙度符号最下面的交点,返回"块定义"对话框。

　　(5)确定成块对象。单击"选择对象"按钮 ,进入绘图界面,选择图 4-3-2 中表面粗糙度符号所有图线后,返回"块定义"对话框。

（6）创建块。其他参数采用默认值，单击 确定 按钮，完成块的创建。

"块定义"对话框中常用选项的含义说明如下：

（1）名称：定义新建块的名称。可以直接在文字框中输入汉字、英文字母、数字等字符。块的名称应形象、易识别，以便于调用。

（2）基点：指定块的插入基点。默认值是$(0,0,0)$，可以在 $X$、$Y$、$Z$ 的文本框中输入坐标值，通常单击"拾取点"按钮 ，直接在绘图区域里拾取点。

（3）对象：选取要定义为图块的对象。单击"选择对象"按钮 ，进入绘图界面，选择组成图块的所有对象，此时在"名称"文本框右边显示块的预览。

创建图块后，对原图形的处理方式有以下三种：

①保留：在绘图区域保留原图，但把它们当作普通图形对象。

②转换为块：在绘图区域保留原图，并将其转化为插入块的形式。

③删除：在绘图区域不保留原图。

### 1.2.2　外部块的创建

通过写块命令来创建外部块。执行写块命令可以在命令行输入 WBLOCK 或 W 后，按 Enter 键或空格键。

写块命令的操作步骤如下。

（1）执行写块命令后，弹出"写块"对话框，如图 4-3-4 所示。

图 4-3-4　"写块"对话框

（2）选择写块的源对象。对于图形中已有的图块，首先选中"块"单选按钮，然后从下拉列表框中选择相应的块；也可以使用与创建内部块相同的方法，选择基点，选择定义成块的对象。

（3）设置好其余参数后，选择保存路径，单击 确定 按钮，保存图块。

"写块"对话框中部分选项的含义说明如下：

（1）块：把当前图形中已定义好的块保存到磁盘文件中。可从列表中选择已有的一个块名，此时"基点"和"对象"选项组都不可用。

（2）整个图形：把当前图形作为图块保存到磁盘文件中。此时，"基点"和"对象"选项组都不可用。

（3）对象：从当前图形中选择图形定义为块。此时，"基点"和"对象"选项组都可用，意义与"块定义"中相同。

（4）目标：用于指定输出的文件名称、路径及文件作为块插入时的单位。

## 2　插入块

### 2.1　启用插入块命令的方法

插入块命令的打开方式有如下：

（1）菜单栏：选择【插入】:【块】命令。

（2）工具栏：选择"绘图"工具栏中"插入块"按钮 。

（3）命令行：输入 INSERT 或 I 后，按 Enter 键或空格键。

### 2.2　命令操作步骤

（1）执行插入块命令后，弹出"插入"对话框，如图 4-3-5 所示。

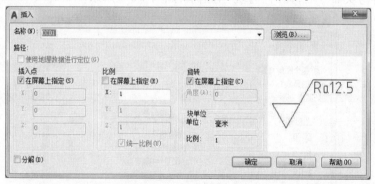

图 4-3-5　"插入"对话框

（2）在"名称"下拉列表框中，选择已经创建的图块。

（3）在"插入点"选项区，选中"在屏幕上指定"复选框；在"比例"选项区选中"统一比例"复选框，在"X"文本框采用默认值 1；在"旋转"选项区选中"在屏幕上指定"复选框。

（4）单击 确定 按钮，进入绘图界面。

（5）在绘图区域选择合适的插入点。

经过上述操作，就把块插入到现有图形中，重复命令后可再次插入块。

### 2.3　"插入"对话框中部分选项的含义说明

"插入"对话框中部分选项的含义说明如下：

（1）名称：若是内部块，可直接从下拉列表中选择定义的图块；若是外部块，则单击按钮 浏览(B)... ，找到外部块的保存位置，选择即可。

（2）插入点：指定块在绘图区插入点的位置，可以在屏幕上指定插入点或输入点坐标。定义图块时所确定的插入基点,将与当前图形中选择的插入点重合。若将图形文件的整幅图形作为图块插入,它的插入基点就是该图的原点。

(3)缩放比例:确定块在 X、Y、Z 三个方向的比例,三个方向可以采用不同的比例,若选中"统一比例"复选框,则采用相同的比例。

(4)旋转:确定插入块的旋转角度。可以输入旋转角度值,也可以直接在屏幕上指定。

(5)分解:若选中"分解"复选框,则可以在插入图块时分解为独立对象,以便于对图块中的某一部分进行编辑。

## 3　块属性

块属性是从属于块的文本信息,是块的组成部分。块可以没有属性,也可以有多个属性,如零件编号、注释和单位名称等。若同时使用几个属性,应先定义这些属性,然后将它们赋给同一个块。

当插入带有属性的块时,就可以同时插入由属性值表示的文本信息。使用块属性可以快速地完成文本修改,如表面粗糙度块,可以利用块属性输入不同的数值,来完成不同要求的粗糙度标注。

### 3.1　定义属性

#### 3.1.1　启用定义属性命令的方法

定义属性命令的打开方式如下:

(1)菜单栏:选择【绘图】|【块】|【定义属性】命令。

(2)命令行:输入 ATTDEF 或 ATT 后,按 Enter 键或空格键。

#### 3.1.2　命令操作步骤

(1)绘制如图 4-3-2 所示的表面粗糙度符号。

(2)执行定义属性命令后,弹出"属性定义"对话框,如图 4-3-6 所示。

图 4-3-6　"属性定义"对话框

（3）在"模式"选项区选择适当的方式。有不可见、固定、验证、预设、锁定位置和多行 6 种方式，一般选择默认模式"锁定位置"。

（4）在"属性"选项区输入参数。"标记"文本框输入"RA"，"提示"文本框输入"请输入 Ra 值"，"默认"文本框输入 Ra3.2。

（5）在"文字设置"选项区设置对正、文字样式、文字高度和旋转角度数值。

（6）单击 确定 按钮，返回绘图区，显示 RA，将 RA 置于粗糙度符号中，完成带属性的粗糙度符号创建，如图 4-3-7 所示。

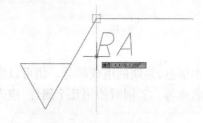

**图 4-3-7 带属性的粗糙度符号**

### 3.1.3 "属性定义"对话框常用选项的含义说明

（1）"模式"选项区。

①不可见：控制块插入时属性的可见性。

②固定：属性值是否固定。

③验证：控制块插入时是否验证其属性，一般情况下可以选用验证模式。

④预设：控制块插入时是否按默认值自动填写。

⑤锁定位置：确定是否锁定属性在块中的位置。

⑥多行：指定属性值是否可以包含多行文字。

（2）"属性"选项区。

①标记：即属性的名字。属性标记不能为空值，可以使用任何字符组合。

②提示：用于设置属性提示，在插入该图块时命令行将显示的提示信息。

③默认：默认的属性值，插入图块时可以接受默认值，或修改为其他值。

（3）"插入点"选项区：设置属性的插入点，可以选中"在屏幕上指定"，也可以直接在 "X"、"Y"、"Z"文本框中输入坐标值。

（4）"文字设置"选项区：设置属性文字的对正方式、文字样式、文字高度和旋转角度等。

## 3.2 编辑块属性定义

使用编辑属性定义命令，可以修改已有块的属性。

### 3.2.1 启用编辑属性定义命令的方法

编辑属性定义命令的打开方式如下：

（1）菜单栏：选择【修改】|【对象】|【文字】|【编辑】命令。

（2）命令行：输入 DDEDIT 后，按 Enter 键或空格键。

（3）快捷方式：双击带属性的文字。

### 3.2.2 命令操作步骤

执行编辑属性定义命令后，单击带属性的文字，弹出"编辑属性定义"对话框，如

图4-3-8所示,在此编辑修改属性定义的标记、提示、默认等。

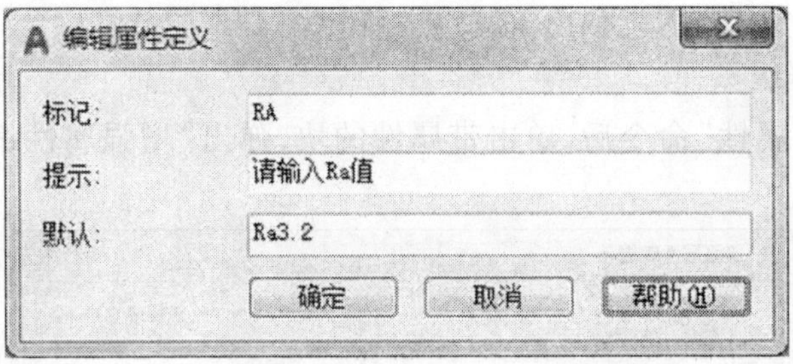

**图 4-3-8 "编辑属性定义"对话框**

## 3.3　插入带属性的块

执行创建块命令,将图4-3-7所示的带属性的粗糙度符号创建成一个内部块,定义名称为"粗糙度",选择基点为图4-3-7中三角形的下角点,选择对象为粗糙度符号和属性值RA。

执行插入块命令,在出现的"插入"对话框中选择"粗糙度"块,单击 确定 按钮,然后根据命令行的提示进行操作。

命令:_insert

指定插入点或[基点(B)/比例(S)/X/Y/Z/旋转(R)]://确定插入基点的位置

指定旋转角度<0>://指定旋转角度,回车,弹出如图4-3-9所示"编辑属性"对话框

若直接单击 确定 按钮,则默认值为Ra3.2;也可以在"请输入Ra值"文本框输入其他值,如Ra6.3,如图4-3-10所示。

**图 4-3-9 "编辑属性"对话框**

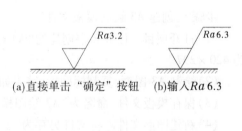

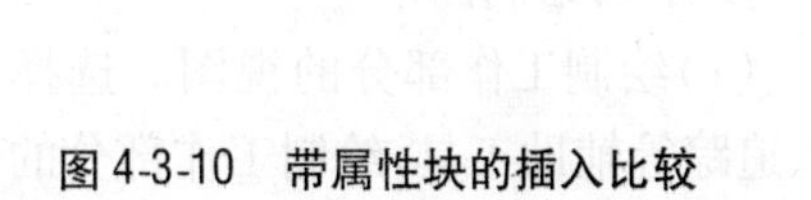

(a)直接单击"确定"按钮　(b)输入$Ra6.3$

**图 4-3-10 带属性块的插入比较**

## 3.4　编辑插入图形的块属性

编辑属性命令可以编辑块中每个属性的值、文字选项和特性。

### 3.4.1　启用"编辑属性"命令的方法

编辑属性命令的打开方式如下:

(1)菜单栏:选择【修改】|【对象】|【属性】|【单个】命令。

（2）命令行：输入 EATTEDIT 后，按 Enter 键或空格键。

（3）快捷方式：双击带属性的文字。

### 3.4.2　命令操作步骤

（1）启用"编辑属性"命令后，单击带属性的块，弹出"增强属性编辑器"对话框，如图 4-3-11 所示。

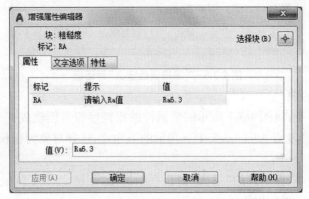

图 4-3-11　"增强属性编辑器"对话框

（2）选择"属性"选项卡，修改属性的值。

（3）选择"文字选项"选项卡，修改旋转角度及文字对齐方式等。

（4）选择"特性"选项卡，修改图层和线型等。

（5）修改完成一个块，单击"应用"按钮后，可单击右上角"选择块"按钮，选择其他块进行编辑属性。

## ※　任务实施

步骤 1：创建 A3 绘图模板文件。

（1）打开项目 4 任务 2 中创建的"A4 绘图模板带标注样式.dwt"文件，设置图形界限为 $420 \times 297$。

（2）绘制 A3 图框，复制标题栏，结果如图 4-3-12 所示。

（3）保存模板文件，命名为"A3 绘图模板"，类型为"＊.dwt"。

（4）新建图形文件。将文件另存为"支架零件图.dwg"。

步骤 2：绘制图形。

（1）绘制工作部分的视图。选择合适的图层，使用直线、圆、圆角、修剪等命令和正交、追踪等辅助工具，绘制工作部分的视图。参照项目 4 任务 1 介绍的方法，用多段线命令绘制投射方向符号，使用多行文字命令书写字母 A，使用样条曲线命令绘制断裂线，结果如图 4-3-13 所示。

（2）绘制支承部分的视图。选择合适的图层，使用直线、圆、圆角、修剪等命令和正交、追踪等辅助工具，绘制支承部分的视图，如图 4-3-14 所示。

（3）绘制连接部分的视图。选择合适的图层，使用直线、修剪等命令和正交、追踪等辅助工具，绘制连接部分的视图，使用样条曲线绘制断裂线，如图 4-3-15 所示。

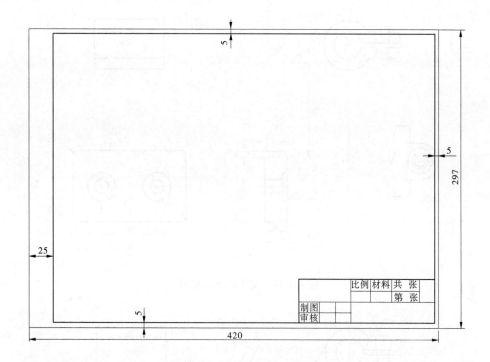

**图 4-3-12　A3 图纸及标题栏**

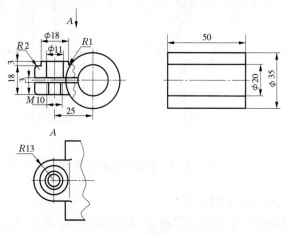

**图 4-3-13　工作部分的视图**

（4）绘制剖面线。选择细实线层，使用"图案填充"命令绘制剖面线，如图 4-3-16 所示。

步骤 3：标注尺寸。

根据项目 4 任务 2 中介绍的方法标注尺寸，此处只介绍尺寸 $\frac{2X\phi10}{\phi20\overline{\intercal}3}$ 的标注方法。

（1）用标注工具栏中"直径"命令，选择直径为 10 的圆后，输入"M"，打开"文字格式"编辑器，在 $\phi$ 10 之前输入"2×"，移动光标至自动数字之后。按 Enter 键，输入"%%C20

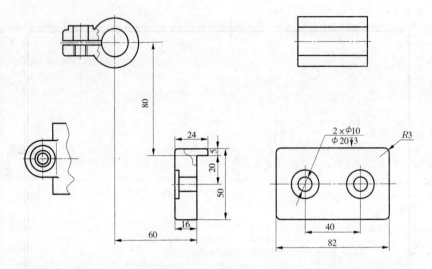

图 4-3-14　支承部分的视图

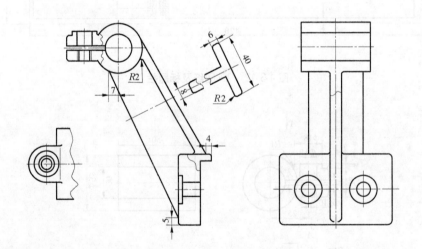

图 4-3-15　连接部分的视图

3"，单击"确定"按钮，确定尺寸线位置。

（2）用"分解"命令将尺寸分解，用"移动"命令把文字移动到合适的位置。

（3）用"多段线"命令在数字 3 前面的空格处画上深度符号▼。

步骤 4：标注表面粗糙度。

（1）绘制表面粗糙度符号。在标注层绘制如图 4-3-2 所示的表面粗糙度符号，标注样式中文字高度为 3.5，则 $H_2 = 10.5$。

（2）定义表面粗糙度代号的属性。选择【绘图】|【块】|【定义属性】命令，弹出如图 4-3-6 所示的"属性定义"对话框，按照图中所示输入相应内容，单击 确定 按钮，返回绘图区，在表面粗糙度符号水平线下方合适位置单击，确定属性位置，如图 4-3-7 所示。

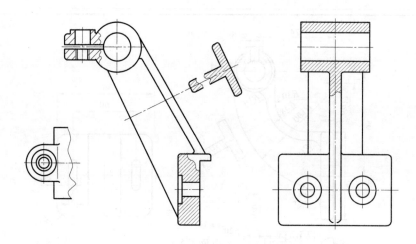

图 4-3-16　绘制剖面线

（3）创建表面粗糙度代号外部块。启用"写块"命令,弹出如图 4-3-4 所示"写块"对话框。在"源"选项区选中"对象"单选按钮,单击"拾取点"按钮，返回绘图区,拾取粗糙度符号最下面的交点,返回"写块"对话框。单击"选择对象"按钮，返回绘图区,拾取粗糙度符号所有图线及属性文字 RA,按 Enter 键后返回"写块"对话框。在"文件名和路径"右方按钮中选择块的保存路径,块的名称为"表面粗糙度代号",单击　确定　按钮,完成外部块定义。

（4）插入表面粗糙度代号。执行"插入块"命令,弹出如图 4-3-5 所示的"插入"对话框。单击 浏览(B)... 按钮,选择要插入的块"表面粗糙度代号";在"插入点"选项区选中"在屏幕上指定"复选框;在"比例"选项区选中"统一比例"复选框;在"旋转"选项区选中"在屏幕上指定"复选框;单击　确定　按钮,然后在屏幕上指定"插入点"和"旋转角度",输入 Ra 值或采用默认值。

（5）标注引线。部分粗糙度符号需要加引线标注,命令行输入"le"执行"快速引线"命令,然后在图中合适地方选择三个点即可,具体标注方法参照项目 4 任务 2 中快速引线标注部分。

步骤 5:填写标题栏文字和技术要求,完成支架零件图绘制,保存图形。

## ※　技能训练

1. 绘制如图 4-3-17 所示的托架零件图,要求:用 A3 横放不留装订边图纸,绘制图框和标题栏,填写标题栏文字及技术要求,合理标注尺寸及表面粗糙度。

2. 绘制如图 4-3-18 所示的支架零件图,要求:用 A3 横放留装订边图纸,绘制图框和标题栏,填写标题栏文字及技术要求,合理标注尺寸及表面粗糙度。

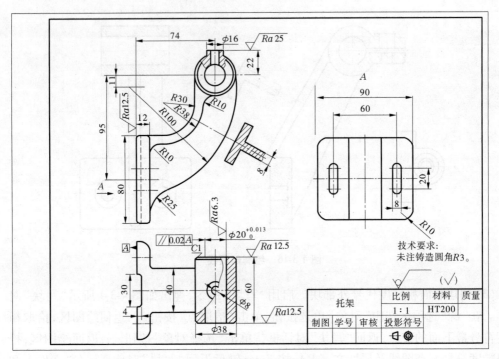

图 4-3-17　托架零件图

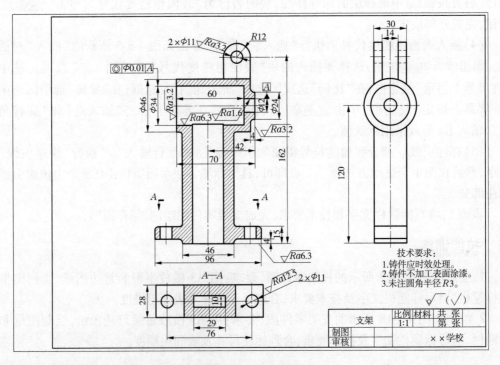

图 4-3-18　支架零件图

# 任务4  绘制箱体类零件图

## ※  任务描述

绘制如图4-4-1所示的泵体零件图,要求:用A4横放留装订边图纸,绘制图框和标题栏,合理标注尺寸、表面粗糙度代号及形位公差代号。

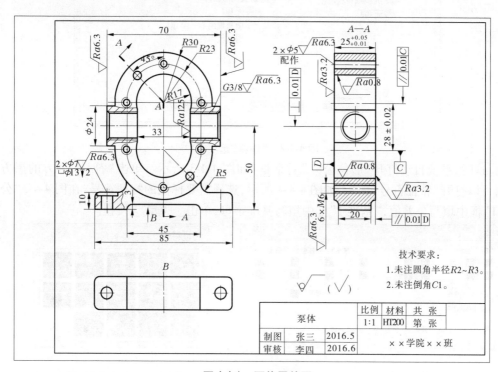

图4-4-1  泵体零件图

## ※  相关知识

## 1  形位公差标注

形位公差标注的内容包括指引线及形位公差框格,标注方法有以下两种。

### 1.1  使用"快速引线"命令标注

输入 LE 后,回车,激活命令后,命令行出现如下提示:

指定第一个引线点或[设置(S)]<设置>:     //按空格键打开"引线设置"对话框

在如图4-4-2所示"注释"选项卡的"注释类型"选项组中选择"公差",然后单击 确定 按钮,命令行出现如下提示:

指定第一个引线点或[设置(S)]<设置>:     //指定第一个引线点

指定下一点:     //指定引线的第二点

指定下一点：　　　　　　　　　　　　　　　　//指定引线的第三点

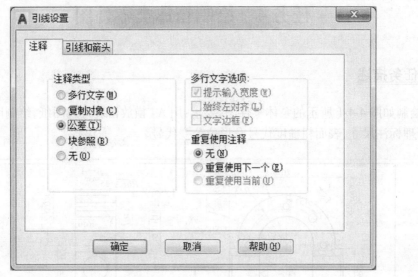

图 4-4-2 　"注释"选项卡

　　这时，系统自动打开"形位公差"对话框，如图 4-4-3 所示。单击"符号"下方的黑方框，可以打开"特征符号"面板，如图 4-4-4 所示，选择需要标注的特征符号，在图 4-4-3"公差 1"框中填写公差值，"基准 1"框中填写基准字母，单击 确定 按钮。

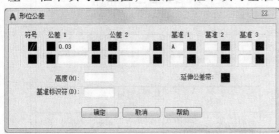

图 4-4-3 　"形位公差"对话框　　　　　　图 4-4-4 　"特征符号"面板

## 1.2　使用"公差"命令标注

### 1.2.1　启用公差命令的常用方法

　　(1)菜单栏：选择【标注】|【公差】命令。

　　(2)工具栏：点击"标注"工具栏中"公差"按钮⊕¹

　　(3)命令行：输入 TOLERANCE 或 TOL 后，按 Enter 键或空格键。

### 1.2.2　公差命令的操作步骤

　　激活公差命令后，系统打开如图 4-4-3 所示"形位公差"对话框，填完要标注的内容后，单击 确定 按钮后，系统切换到绘图窗口，命令行出现如下提示：

　　输入公差位置：//确定标注公差的位置，完成公差框格的标注

　　用"公差"命令标注形位公差时，系统不能自动生成指引线，需要通过其他方式添加指引线。

## 2　基准符号标注

基准符号与形位公差框格同时在零件图中出现,一般将其创建成外部块来插入,具体步骤如下。

### 2.1　绘制基准符号

当标注样式中文字高度为 3.5 时,基准符号各部分尺寸如图 4-4-5 所示。

### 2.2　定义基准符号的属性

(1)执行【绘图】|【块】|【定义属性】命令,弹出"属性定义"对话框,按照如图 4-4-6 所示内容进行填写,单击 确定 按钮。

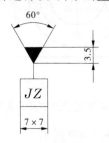

图 4-4-5　基准符号　　　　　　　　　　　图 4-4-6　"属性定义"对话框

(2)返回绘图区,将属性放置于基准符号正方形中心位置。

### 2.3　创建基准符号外部块

(1)命令行输入 WBLOCK,弹出"写块"对话框。

(2)在"源"选项区选中"对象"单选按钮。

(3)单击"拾取点"按钮,进入绘图界面,拾取基准符号最上面的中点后,返回"写块"对话框。

(4)单击"选择对象"按钮,进入绘图界面,拾取基准符号所有图线及属性文字 JZ,按 Enter 键后返回"写块"对话框。

(5)在"文件名和路径"右方按钮 中选择块的保存路径,块的名称为"基准代号",单击 确定 按钮,完成外部块定义。

## ※　任务实施

步骤 1:打开项目 4 任务 2 中创建的"A4 绘图模板带标注样式. dwt"文件,另存为"泵体. dwg"文件。

步骤 2:选择合适的图层,调用直线、圆等命令,绘制三个视图中的中心线及基准线,如图 4-4-7 所示。

步骤 3：绘制主视图主要轮廓线。

（1）选择粗实线层，调用圆、修剪、阵列、镜像等命令，绘制主视图中圆及圆弧，如图 4-4-8 所示。

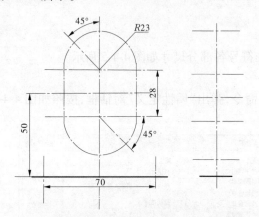

图 4-4-7　绘制中心线及基准线　　　　　　　图 4-4-8　绘制主视图中圆及圆弧

（2）调用直线、圆角等命令，绘制主视图中其他轮廓线，如图 4-4-9 所示。

步骤 4：绘制左视图主要轮廓线。

开启极轴追踪等辅助功能，采用直线、圆、圆角等命令，绘制左视图的轮廓线，结果如图 4-4-10。

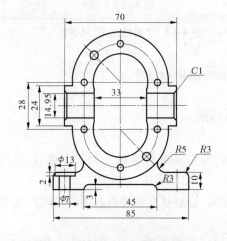
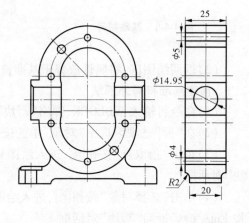

图 4-4-9　主视图中其他轮廓线　　　　　　　图 4-4-10　左视图中轮廓线

步骤 5：绘制 B 向视图。

采用矩形、圆、圆角命令，绘制 B 向视图轮廓线，结果如图 4-4-11 所示。

步骤 6：绘制视图中的细实线。

（1）选择细实线层，采用圆弧、直线、复制等命令，绘制螺纹大径。

（2）调用样条曲线命令，绘制局部剖视图的边界线。调用图案填充命令，绘制剖面线。

（3）调用多段线命令，绘制剖切符号及向视图符号，标注视图名称，结果如图 4-4-12

所示。

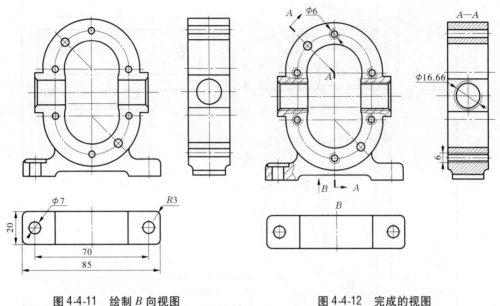

图 4-4-11　绘制 B 向视图　　　　　　　图 4-4-12　完成的视图

步骤 7:标注尺寸。

选择标注层,参照项目 4 任务 2 中介绍的内容进行尺寸标注。

步骤 8:标注表面粗糙度代号。

参照项目 4 任务 3 中介绍的内容进行表面粗糙度代号标注。

步骤 9:标注基准符号。

(1)绘制基准符号,定义基准属性,创建"基准代号"外部块。

(2)插入基准符号。执行"插入块"命令,弹出"插入"对话框。单击 浏览(B)... 按钮,选择"基准代号"图块;在"插入点"选项区选中"在屏幕上指定"复选框;在"比例"选项区选中"统一比例"复选框;在"旋转"选项区选中"在屏幕上指定"复选框;单击 确定 按钮,在屏幕上指定"插入点"和"旋转角度",在"编辑属性"对话框中,输入基准名称"C"或"D"后单击 确定 按钮。

步骤 10:标注形位公差代号。

使用"快速引线"命令标注形位公差。

步骤 11:选择细实线层,填写标题栏文字和技术要求,完成泵体零件图绘制,结果如图 4-4-1 所示,保存图形。

## ※　技能训练

1.绘制如图 4-4-13 所示的活动钳口零件图。要求:用 A4 横放留装订边图纸,绘制图框和标题栏,合理标注尺寸,标注表面粗糙度代号及形位公差代号。

2.绘制如图 4-4-14 所示的泵体零件图。要求:用 A3 横放留装订边图纸,绘制图框和标题栏,合理标注尺寸,标注表面粗糙度代号及形位公差代号。

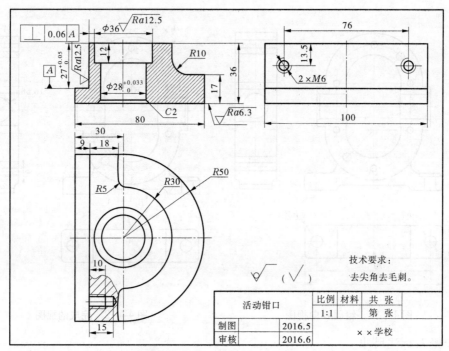

图 4-4-13　活动钳口零件图

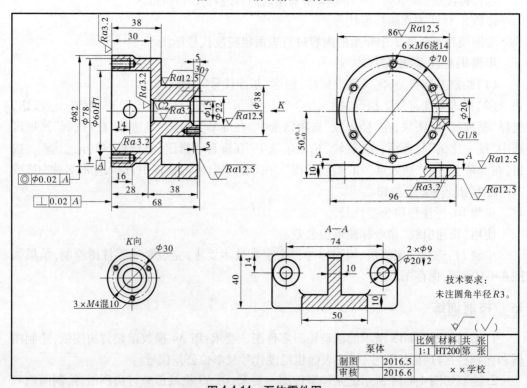

图 4-4-14　泵体零件图

# 项目 5　绘制二维装配图

【学习目标】

掌握表格样式、插入表格、编辑表格、多重引线标注等命令的使用方法。

掌握 CAD 设计中心的应用。

熟练使用表格命令进行标题栏、明细栏、参数表等工程图中常见表格绘制。

能够利用设计中心等方法,由零件图拼画装配图。

熟练运用多重引线标注等命令完成装配图序号标注。

## 任务 1　绘制明细栏表格

### ※　任务描述

建立明细栏表格样式,插入表格、编辑表格,完成千斤顶装配图明细栏的绘制和内容填写,字体、字高、图线等符合相关国家标准要求,如图 5-1-1 所示。

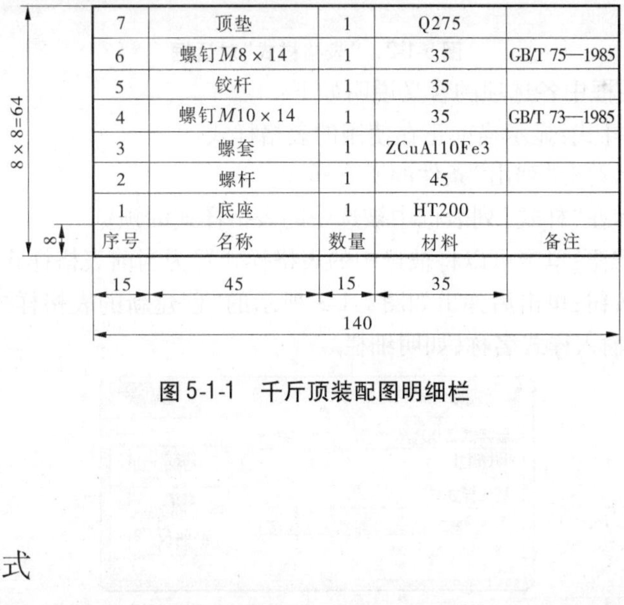

| 7 | 顶垫 | 1 | Q275 | |
|---|---|---|---|---|
| 6 | 螺钉$M8 \times 14$ | 1 | 35 | GB/T 75—1985 |
| 5 | 铰杆 | 1 | 35 | |
| 4 | 螺钉$M10 \times 14$ | 1 | 35 | GB/T 73—1985 |
| 3 | 螺套 | 1 | ZCuAl10Fe3 | |
| 2 | 螺杆 | 1 | 45 | |
| 1 | 底座 | 1 | HT200 | |
| 序号 | 名称 | 数量 | 材料 | 备注 |
| 15 | 45 | 15 | 35 | |

$8 \times 8 = 64$

$\infty$

140

图 5-1-1　千斤顶装配图明细栏

### ※　相关知识

## 1　创建表格样式

AutoCAD 2017 的表格功能,可以创建标题栏、明细栏、参数表等机械制图中的常用表格,具有电子表格的一些常用功能,如累加、求和以及计数等运算。

表格对象的外观由表格样式控制,缺省情况下,表格样式是"Standard",可以根据需要创建新的表格样式。在表格样式中,可以设定标题和数据文字的样式、字高、对齐方式及填充颜色等,还可设定单元边框的线宽和颜色等。

### 1.1　表格样式命令启用方法

表格样式命令的打开方式如下：

（1）菜单栏：选择【格式】|【表格样式】命令。

（2）功能区选项板：选择【默认】|【注释】命令，点击"表格样式"按钮 。

（3）样式工具条：选择"表格样式"按钮 。

（4）命令行：输入 TABLESTYLE 后，按 Enter 键或空格键。

### 1.2　"表格样式"对话框参数说明

执行命令后，显示"表格样式"对话框，如图 5-1-2 所示。

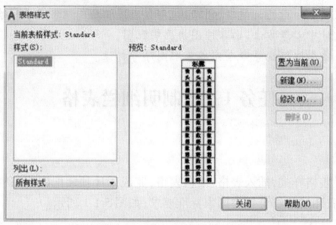

图 5-1-2　"表格样式"对话框

表格样式对话框中各选项的含义说明如下：

（1）当前表格样式：显示当前正在使用的表格样式。

（2）样式：显示符合"列出"条件的所有样式。

（3）预览：显示在"样式"列表框中被选中的表格样式的预览。

（4） 置为当前(U) 按钮：单击可以将被选中的表格样式置为当前表格样式。

（5） 新建(N)... 按钮：单击后弹出如图 5-1-3 所示的"创建新的表格样式"对话框，在"新样式名"文本框中输入样式名称，如明细栏。

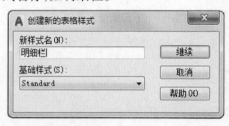

图 5-1-3　"创建新的表格样式"对话框

在"创建新的表格样式"对话框中，单击 继续 按钮，系统将弹出"新建表格样式：明细栏"对话框，如图 5-1-4 所示。

（6） 修改(M)... 按钮：单击后弹出与图 5-1-4 所示内容基本相同的"修改表格样式"对话框，用于修改已有的表格样式。

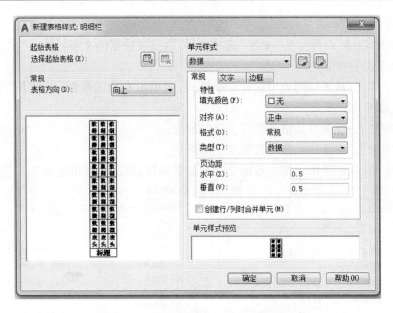

图 5-1-4　"新建表格样式:明细栏"对话框

(7) ▨删除(D)▨ 按钮:单击可以将在"样式"列表框中被选中的表格样式删除,但是不能删除正在使用的表格样式。

### 1.3　"新建表格样式"对话框参数说明

在如图 5-1-4 所示的"新建表格样式:明细栏"对话框中,各选项的含义说明如下:

(1)起始表格:用于选择新建表格样式的基础表格样式。单击按钮▨后,进入绘图区内选择已有表格,复制其格式作为设置新表格样式的格式。

(2)表格方向:选择"向下"时创建由上而下读取的表格,标题行和列标题行位于表格顶部。选择"向上"时创建由下而上读取的表格,标题行和列标题行位于表格底部。

(3)单元样式:有"数据"、"标题"、"表头"三种单元类型,其后面的两个按钮分别为"创建单元样式"▨和"管理单元样式"▨。

通过"单元样式"的"常规"、"文字"和"边框"选项卡可以设置表格单元类型的特性参数。下面,以"数据"单元类型为例说明设置表格样式的方法。

#### 1.3.1　设置"数据"的常规特性

在如图 5-1-4 所示的对话框中,对于数据的"常规"选项卡中的选项含义说明如下:

(1)填充颜色:指定单元的背景色,其默认值为"无"。

(2)对齐:设置表格单元中文字的对正和对齐方式。

(3)格式:为表格的行设置数据类型和格式,单击右边的按钮▨,将显示"表格单元格式"对话框,可以进一步定义格式选项。

(4)类型:将单元样式指定为标签或数据。

(5)页边距:控制单元内容与边界之间的间距,应用于表格的所有单元。

(6)水平:设置单元中的文字或块与左右单元边界之间的距离。

(7)垂直:设置单元中的文字或块与上下单元边界之间的距离。

(8)创建行/列时合并单元:将创建的所有新行或新列合并为一个单元。

1.3.2　设置"数据"的文字特性

单击如图 5-1-5(a)所示的"文字"选项卡,可以设置数据的文字特性。"文字"选项卡中的选项含义说明如下:

(1)文字样式:从下拉列表中选择文字样式,或单击右边的按钮 ，打开"文字样式"对话框创建新的文字样式。

(2)文字高度:设置单元格中数据文字的高度。

(3)文字颜色:设置单元格中数据文字的颜色。

(4)文字角度:设置单元格中数据文字的旋转角度,默认文字角度为 0。

(a) 文字选项卡

(b) 边框选项卡

**图 5-1-5　文字、边框选项卡**

1.3.3　设置"数据"单元格的边框形式

单击如图 5-1-5(b)所示的"边框"选项卡,可以设置数据单元格的边框形式。"边框"选项卡中的选项含义说明如下:

(1)线宽:设置数据单元格边框线的宽度。

(2)线型:设置数据单元格边框线的线型。

(3)颜色:设置数据单元格边框线的颜色。

(4)双线、间距:选中"双线"后,数据单元格的边框线将用双线绘制,在"间距"文本框中输入双线间的距离。

(5)边界按钮:单击 、 、 等按钮可以将上面选定的特性应用于边框。

## 2　创建表格

使用插入表格命令创建表格,空白表格的外观由当前表格样式决定。使用该命令时,用户要输入的主要参数有行数、列数、行高及列宽等。

### 2.1　插入表格命令启用方法

插入表格命令的打开方式如下:

(1)菜单栏:选择【绘图】|【表格】命令。

(2)功能区选项板:选择【默认】|【注释】命令,点击"表格"按钮 。

(3)工具栏:单击"绘图"工具栏中"表格"按钮 。

（4）命令行：输入 TABLE 后，按 Enter 键或空格键。

执行插入表格命令后，将显示"插入表格"对话框，如图 5-1-6 所示。

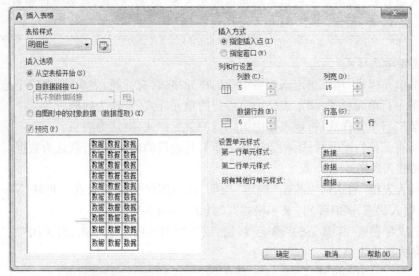

图 5-1-6　"插入表格"对话框

## 2.2 "插入表格"对话框参数说明

### 2.2.1 表格样式

单击"表格样式"下拉列表，可以选择已创建的表格样式。单击 按钮可以打开"表格样式"对话框来创建新的表格样式。

### 2.2.2 插入选项

"插入选项"用于指定插入表格的方式，有以下三种：

（1）从空表格开始：创建可以手动填充数据的空表格。

（2）自数据链接：从外部电子表格中选择的数据创建表格。

（3）自图形中的对象数据（数据提取）：启用"数据提取"向导。

### 2.2.3 插入方式

"插入方式"用于指定表格的插入位置。

（1）指定插入点：指定表格左上角（表格向下）或左下角（表格向上）的位置。

（2）指定窗口：指定表格的大小和位置。行数、列数、列宽和行高取决于窗口大小以及列和行的位置。

### 2.2.4 列和行设置

"列和行设置"用于设置表格的列和行的数目和大小。

（1）列数：指定表格列数。

（2）列宽：指定表格列的宽度。

（3）数据行数：指定表格数据行数。

（4）行高：指定表格的行高。

> **★小提示：**
>     "数据行数"文本框中的值只包括系统默认的"数据"行数，与第一行和第二行是否设置为"数据"无关。

### 2.2.5　设置单元样式

"设置单元样式"用于指定新表格中行的单元格式，有标题、表头、数据三个选项。

（1）第一行单元样式：指定表格中第一行的单元样式，默认为标题。

（2）第二行单元样式：指定表格中第二行的单元样式，默认为表头。

（3）所有其他行单元样式：指定表格中所有其他行的单元样式，默认为数据。

### 2.3　完成插入表格

在"插入表格"对话框中单击"确定"按钮，在绘图区指定插入点。此时，第一个单元格处于可输入状态，同时弹出"文字格式"工具条，如图5-1-7所示。

单击"文字格式"工具条的"确定"按钮，或在绘图区内左键单击，将关闭"文字格式"工具条，完成插入表格。

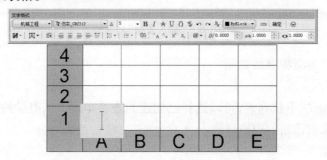

图5-1-7　"文字格式"工具条

## 3　编辑表格

用户可以编辑表格数据，也可以修改表格样式，如颜色、线型、行高、列宽、插入行列及合并单元格等。

### 3.1　选择表格和单元格的夹点功能

#### 3.1.1　选择表格

可以单击表格线或利用选择窗口选择表格，选中后出现若干夹点，如图5-1-8（a）所示。通过拖动不同夹点，可以移动表格，或者修改表格的行高和列宽，以及打断表格等。将光标置于夹点上，即可显示夹点功能说明。

#### 3.1.2　选择单元格

在单元格内单击，可选中该单元格；按住左键在表格内拖动，或者单击一个单元格后，按住 Shift 键，并在另一个单元格内单击，可以选中这两个单元格之间的所有单元格；单击行标或列标，可分别选中一行或一列；单击行、列标的交点，可选中所有单元格。选中后，显示5个夹点，如图5-1-8（b）所示。通过拖动不同夹点，可以修改单元格所在的行高和列宽，以及自动填充数据等。

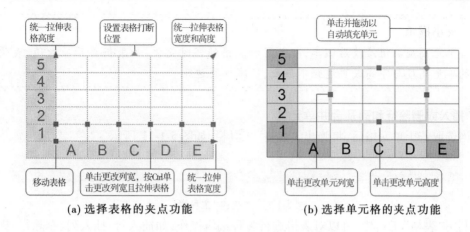

(a) 选择表格的夹点功能　　　　　　(b) 选择单元格的夹点功能

**图 5-1-8　选择表格及单元格的夹点功能**

### 3.2　调整表格的行高与列宽

#### 3.2.1　利用"特性"窗口编辑表格

选择单元格后,右键快捷菜单中选择"特性"命令,或按 Ctrl + 1 组合键以弹出"特性"窗口,如图 5-1-9 所示。当选择一个单元格时,在"单元宽度"和"单元高度"中输入新的数值,将修改该单元格所在的列宽和行高;当选择一行单元格时,将修改该行的行高和表格的列宽;当选择一列单元格时,将修改该列的列宽和表格的行高;当选择所有单元格时,将修改表格的行高和列宽。

#### 3.2.2　利用夹点功能编辑表格

##### 3.2.2.1　利用表格夹点编辑表格

如图 5-1-8(a)所示,选中表格时,单击并拖动行标线向上的箭头形夹点,可以调整行高。单击并拖动列标线上向右的箭头形夹点,可以调整列宽。单击倾斜的箭头形夹点,可以同时调整行高和列宽。

##### 3.2.2.2　利用单元格夹点编辑表格

如图 5-1-8(b)所示,选中单元格时,单击并拖动水平网格线上的夹点,可以调整行高。单击并拖动垂直网格线上的夹点,可以调整列宽。

##### 3.2.2.3　利用快捷菜单

选择整个表格后,单击右键,弹出快捷菜单,如图 5-1-10 所示。可以对表格进行均匀调整列大小、均匀调整行大小等多种编辑。

**图 5-1-9　"特性"窗口**

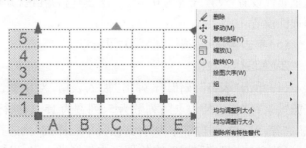

**图 5-1-10　右键快捷菜单**

> ★小提示：
>
> 　　单元高度数值修改后回车，即可显示表格的实时变化，如果仍显示原数值，表明新的单元高度与字高或页边距不匹配，可减少页边距。

### 3.3　插入或删除行和列及合并单元格

当选取若干单元格后，将弹出"表格"工具栏，如图 5-1-11 所示。

**图 5-1-11　"表格"工具栏**

利用"表格"工具栏，可以对表格进行多种编辑操作，如插入行、插入列、删除行、删除列、合并单元格等，也可以通过右键快捷菜单进行上述操作。

### 3.4　编辑表格数据

双击某一单元格，将弹出"文字格式"工具条，同时该单元格处于激活状态，如图 5-1-7 所示，此时可以输入或编辑数据，也可以按 Tab 键或上、下、左、右四个方向键来切换至下一单元格。

## ※　任务实施

步骤 1：新建"机械工程"文字样式。

单击 ，打开"文字样式"对话框，单击"新建"按钮，在"样式名"文本框中输入"机械工程"，选用 gbenor. shx 和大字体 gbcbig. shx，其余默认。

步骤 2：创建"明细栏"表格样式。

（1）单击"表格样式"按钮 ，在"表格样式"对话框中，单击"新建"按钮，在如图 5-1-3 所示的"创建新的表格样式"对话框中输入新样式名"明细栏"。

（2）单击 继续 按钮，系统弹出"新建表格样式：明细栏"对话框，如图 5-1-4 所示。表格方向选择"向上"；单元样式选择"数据"对齐方式为"正中"；水平和垂直页边距均为"0.5"，其余默认。

（3）切换至"文字"选项卡，文字样式选择"机械工程"，文字高度为 5。

（4）切换至"边框"选项卡，设置线宽为 0.3，线型、颜色默认，然后单击按钮 进行外边框属性设置；设置线宽为 0.18，边框、颜色为红色，其他默认，然后单击 按钮进行内边框属性设置。

（5）单击 置为当前(U) 按钮，然后关闭窗口。

步骤 3：插入表格。

（1）单击"表格"按钮 ，弹出"插入表格"对话框，如图 5-1-6 所示。选择"从空表格开始"；选择"指定插入点"；列数为 5，列宽为 15，数据行数为 6，行高为 1；"第一行单元样式"、"第二行单元样式"、"所有其他行单元样式"均选择"数据"。

（2）单击"确定"按钮，在绘图区内指定插入点，以插入表格。

步骤 4：设置行高和列宽。

选中所有单元格,打开"特性"窗口,设置单元高度为 8;分别选中 A、B、C、D、E 列,设置各单元宽度分别为 15、45、15、35、30,如图 5-1-12 所示。

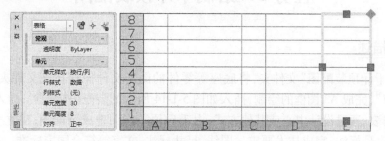

图 5-1-12　设置单元宽度和单元高度

步骤 5:填写数据。

双击第一个单元格,弹出"文字格式"工具条,输入文字"序号",按 Tab 键或方向键切换至下一单元格,依次完成表格全部数据的输入,并保存文件。

## ※　技能训练

1. 绘制并填写如图 5-1-13 所示的齿轮参数表。其中,汉字字体为长仿宋体,其余字体为 gbenor. shx 和大字体 gbcbig. shx,字号均为 5,对齐方式为正中。

| 30 | 30 | 30 |
|---|---|---|
| 模数 | $m$ | 3 |
| 齿数 | $Z$ | 40 |
| 压力角 | $\alpha$ | 20° |
| 精度等级 | 7EH JB170 83 | |

图 5-1-13　齿轮参数表

2. 绘制并填写如图 5-1-14 所示的装配图标题栏。其中,汉字字体为长仿宋体,其余字体为 gbenor. shx 和大字体 gbcbig. shx,"图名"和"学校、班级"字号为 10,其余字号均为 5,对齐方式为正中。

| 8 | (图名) | | 比例 | 质量 | 共　张 | (图号) |
|---|---|---|---|---|---|---|
| 8 | | | | | 第　张 | |
| 8 | 制图 | (姓名) | (日期) | (学校、班级) | | |
| 8 | 审核 | (姓名) | (日期) | | | |
| | 15 | 25 | 20 | 15 | 15 | 25 |
| | | | | 140 | | |

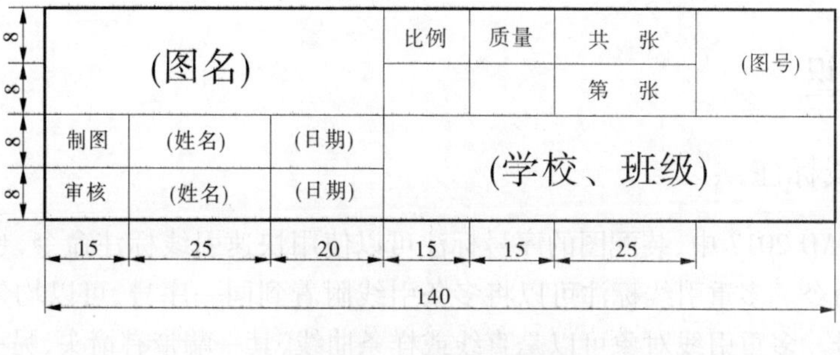

图 5-1-14　装配图标题栏

# 任务 2　绘制千斤顶装配图

## ※　任务描述

建立"千斤顶装配图"文件夹,将底座等零件的图形文件保存在该文件夹。利用"我的样板 2017",完成 A3 图框的绘制,插入如图 5-1-14 所示的装配图标题栏;插入如图 5-1-1 所示的明细表;通过设计中心或其他方式,由千斤顶零件图生成装配图;建立多重引线新样式,完成序号标注;完成技术要求。图线、尺寸标注、文字等符合国家标准。完整的千斤顶装配图如图 5-2-1 所示。

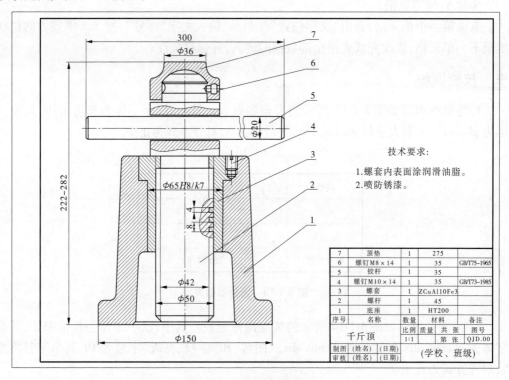

技术要求:
1. 螺套内表面涂润滑油脂。
2. 喷防锈漆。

| 7 | 顶垫 | 1 | 275 | |
| 6 | 螺钉 M8 × 14 | 1 | 35 | GB/T75—1965 |
| 5 | 铰杆 | 1 | 35 | |
| 4 | 螺钉 M10 × 14 | 1 | 35 | GB/T73—1985 |
| 3 | 螺套 | 1 | ZCuAl10Fe3 | |
| 2 | 螺杆 | 1 | 45 | |
| 1 | 底座 | 1 | HT200 | |
| 序号 | 名称 | 数量 | 材料 | 备注 |

| 千斤顶 | 比例 | 质量 | 共　张 | 图号 |
| | 1:1 | | 第　张 | QJD.00 |
| 制图 (姓名) (日期) | | | | (学校、班级) |
| 审核 (姓名) (日期) | | | | |

图 5-2-1　千斤顶装配图

## ※　相关知识

### 1　多重引线标注

在 AutoCAD 2017 中,装配图的序号标注可以使用快速引线标注命令,也可以使用多重引线标注命令。多重引线标注可以将多条引线附着到同一序号,可以均匀隔开并快速对齐多个序号。多重引线对象可以是直线或样条曲线,其一端带有箭头,另一端带有多行文字或块。

如果多重引线的样式为注释性,则其关联的文字或公差都将为注释性。与注释性引线一起使用的块应为注释性,与注释性多重引线一起使用的块可以为非注释性。在"特性"窗口中,可以更改多重引线的注释性,也可以使用特性匹配命令。"多重引线"工具栏如图 5-2-2 所示。

**图 5-2-2　"多重引线"工具栏**

### 1.1　建立多重引线样式

多重引线样式是用来控制引线的外观,可以指定基线、引线、箭头和内容的格式。系统默认的多重引线样式 Standard,使用带有实心闭合箭头和多行文字内容的直线引线。首先应选择多重引线样式,然后执行多重引线样式命令。

多重引线样式命令的打开方式如下:

(1)菜单栏:选择【格式】|【多重引线样式】命令。

(2)功能区:选择【默认】|【注释】命令,点击"多重引线样式"按钮。

(3)工具栏:单击"样式"和"多重引线"工具栏中的"多重引线样式"按钮。

(4)命令行:输入 MLEADERSTYLE 或 MLS 后,按 Enter 键。

执行多重引线样式命令后,将显示"多重引线样式管理器"对话框,如图 5-2-3 所示。可以设置当前多重引线样式,以及创建、修改和删除多重引线样式。

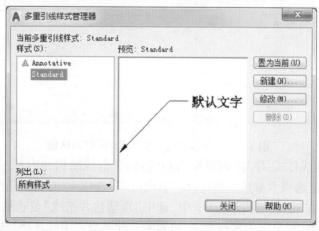

**图 5-2-3　"多重引线样式管理器"对话框**

"多重引线样式管理器"对话框中各选项的含义说明如下:

(1)当前多重引线样式:显示当前使用的多重引线样式名称。

(2)样式:显示多重引线列表,当前样式亮显。

(3)列出:单击"所有样式",显示可用的多重引线样式。单击"正在使用的样式",仅显示被当前图形中的多重引线参照的多重引线样式。

（4）置为当前：将"样式"列表中选中的多重引线样式设置为当前样式。

（5）修改：修改选中的多重引线样式。

（6）删除：删除"样式"列表中选中的多重引线样式，但不能删除正在使用的样式。

（7）新建：单击"新建"按钮，打开"创建新多重引线样式"对话框，以定义新建的多重引线样式，如图5-2-4所示。

图5-2-4　"创建新多重引线样式"对话框

在"新样式名"文本框中输入样式名称，如"序号"；也可以选中复选框"注释性"。单击 继续(0) 按钮，弹出"修改多重引线样式：序号"对话框，如图5-2-5所示。

图5-2-5　"修改多重引线样式：序号"对话框

"修改多重引线样式：序号"对话框有引线格式、引线结构和内容三个选项卡。用户可以根据需要设定选项卡参数。例如，在"引线格式"选项卡中，设置箭头符号为点，大小为1，其余默认。在"引线结构"选项卡中，选中"自动包含基线"复选框。在"内容"选项卡中，"多重引线类型"可以为多行文字、块和无三种类型；"引线连接"选项组中可以设置为"最后一行加下划线"，如图5-2-6所示。

## 1.2　多重引线命令

设置或修改多重引线样式后，就可以使用多重引线命令，该命令的打开方式如下：

（1）菜单栏：选择【标注】|【多重引线】命令。

（2）功能区：选择【默认】|【注释】命令，点击"多重引线"按钮。

（3）多重引线工具栏：选择"多重引线"按钮。

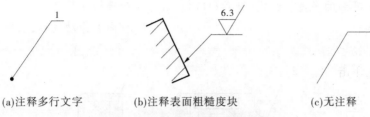

(a)注释多行文字    (b)注释表面粗糙度块    (c)无注释

**图5-2-6  多重引线的注释内容**

（4）命令行：输入 MLEADER 后，按 Enter 键或空格键。

执行多重引线命令后，命令行出现如下提示：

命令：_mleader    //启用多重引线命令

指定引线箭头的位置或［引线基线优先（L）/内容优先（C）/选项（O）］＜选项＞：
　　　　　　　　//指定箭头位置

指定引线基线的位置：//拖动鼠标，在合适位置单击，指定基线位置，并输入内容

经过上述的指定箭头位置、基线位置，并在"文字格式"工具条中完成文字输入后，单击"确定"按钮或在文本框外单击，则完成一个多重引线标注。

多重引线命令中各选项的含义说明如下：

（1）指定引线箭头的位置：指定多重引线对象箭头的位置。

（2）引线基线优先（L）：先指定引线基线位置，后指定箭头位置和内容。

（3）内容优先（C）：先指定与多重引线对象相关联的文字或块的位置。

（4）选项（O）：指定用于放置多重引线对象的选项。

（5）指定引线基线的位置：指定引线基线位置，然后输入多行文本；如果此时退出命令，则不会有与多重引线相关联的文字。

> **★小提示：**
>
> 多重引线命令的各个选项设置完成后，后续的多重引线标注方式将按已设置的参数顺序，直到再次修改为止。系统默认的顺序是先箭头，后基线和内容。

## 1.3  多重引线对齐命令

国标规定，在装配图中零件序号应按顺时针或逆时针顺序编写，且要求序号平齐。多重引线对齐命令，可以沿指定的方向对齐选定的多重引线。

多重引线对齐命令的打开方式如下：

（1）功能区：选择【默认】|【注释】命令，点击"多重引线对齐"按钮 。

（2）功能区：选择【注释】|【多重引线】命令，点击"多重引线对齐"按钮 。

（3）多重引线工具栏：单击"多重引线对齐"按钮 。

（4）命令行：输入 MLEADERALIGN 后，按 Enter 键或空格键。

**【例5-2-1】** 将图5-2-7 的 5 个序号，以序号 2 为基准，在水平方向对齐。

操作过程如下：

命令：_mleaderalign    //启用多重引线命令

选择多重引线：    //选择序号 1、3、4、5 后，回车

选择要对齐到的多重引线或[选项(O)]:　　　//选择序号2

指定方向:　　　　　　　　　　　　　//向右拖动鼠标,水平后,单击即可

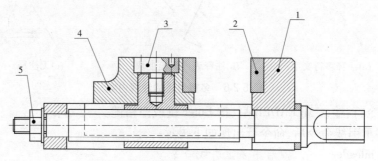

图 5-2-7　采用多重引线命令标注序号

经过上述操作,各序号与序号 2 水平对齐,如图 5-2-8 所示。

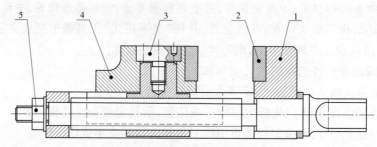

图 5-2-8　使用多重引线对齐命令

### 1.4　多重引线合并命令

装配图标注序号时,有时多个序号共用一条引线,并在水平或垂直方向并列在一起。多重引线合并命令,可以将内容为块的多重引线合并为一组并附着到一条引线。多重引线合并命令的打开方式如下:

(1)功能区:选择【默认】|【注释】命令,点击"多重引线合并"按钮/8。

(2)功能区:选择【注释】|【多重引线】命令,点击"多重引线合并"按钮/8。

(3)多重引线工具栏:单击"多重引线合并"按钮/8。

(4)命令行:输入 MLEADERCOLLECT 后,按 Enter 键或空格键。

【例 5-2-2】　将图 5-2-9(a)所示的序号②、③合并到序号①上,并水平放置或垂直放置。

操作过程如下:

命令:_mleadercollect

选择多重引线://依次选择序号①、②和③后,回车

指定收集的多重引线位置或[垂直(V)/水平(H)/缠绕(W)] <水平>://单击适当位置

经过上述操作,序号合并后水平排列,如图 5-2-9(b)所示。如果输入"V",则序号①、②、③合并后垂直排列,如图 5-2-9(c)所示。

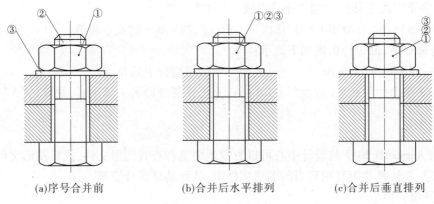

(a)序号合并前　　　　　(b)合并后水平排列　　　　(c)合并后垂直排列

**图 5-2-9　多重引线合并命令**

### 1.5　添加引线命令

添加引线命令可以将引线添加至选定的多重引线对象,使多条引线共有一个注释内容。添加引线命令的打开方式如下:

(1)功能区:选择【默认】|【注释】命令,点击"添加引线"按钮 。

(2)功能区:选择【注释】|【多重引线】命令,点击"添加引线"按钮 。

(3)多重引线工具栏:单击"添加引线"按钮 。

(4)命令行:输入 AIMLEADEREDITADD 后,按 Enter 键或空格键。

【例 5-2-3】　将图 5-2-10(a)所示表面粗糙度加添至另两个表面,如图 5-2-10(b)所示。

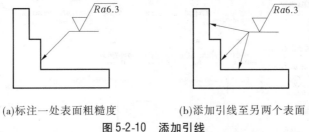

(a)标注一处表面粗糙度　　　　　(b)添加引线至另两个表面

**图 5-2-10　添加引线**

操作过程如下:

命令:_aimleadereditadd　　　　　　　　//启用添加引线命令

选择多重引线:　　　　　　　　　　　　//选择图 5-2-10(a)中的多重引线

指定引线箭头位置或[删除引线(R)]://在图中垂直表面上单击,指定引线箭头位置

指定引线箭头位置或[删除引线(R)]://在图中水平表面上指定箭头位置,回车

经过上述操作,添加引线后,如图 5-2-10(b)所示。若输入"R",可删除引线。

### 1.6　删除引线命令

对于含有多条引线的多重引线标注,可以使用删除引线命令删除引线。该命令的打开方式如下:

(1)功能区:选择【默认】|【注释】命令,点击"删除引线"按钮 。

(2)功能区:选择【注释】|【多重引线】命令,点击"删除引线"按钮 。

（3）多重引线工具栏：单击"删除引线"按钮 ⮾。

（4）命令行：输入 AIMLEADEREDITREMOVE，按 Enter 键或空格键。

执行命令后，命令行出现如下提示：

命令：_aimleadereditremove　　　　　　//启用删除引线命令

指定要删除的引线或［添加引线（A）］：//选择要删除的多重引线，或输入"A"，回车

## 2　设计中心

利用 AutoCAD 2017 的设计中心可以方便地浏览和查找图形文件，或将图形文件中的图块、图层、标注样式等复制到当前图形文件中，从而共享设计资源。

### 2.1　打开设计中心

打开设计中心主要有以下几种方法：

（1）标准工具栏：单击"设计中心"按钮 ▦。

（2）菜单栏：选择【工具】|【选项板】|【设计中心】命令。

（3）快捷键：Ctrl + 2 组合键。

（4）命令行：输入 ADCENTER 后，按 Enter 键或空格键。

### 2.2　设计中心窗口

执行设计中心命令后，显示"设计中心"窗口，该窗口有工具栏，以及"文件夹"、"打开的图形"和"历史记录"3 个选项卡，如图 5-2-11 所示。

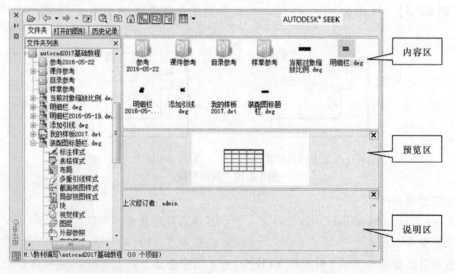

图 5-2-11　"设计中心"窗口之"文件夹"选项卡

#### 2.2.1　"文件夹"选项卡

"文件夹"选项卡窗口由文件夹列表、工具栏、内容区、预览区和说明区组成。该选项卡用于显示设计中心的资源，用户可以将设计中心的内容设置为本地资源，也可以是网络资源。

（1）树状视图区。是设计中心的资源管理器，显示用户计算机和网络驱动器上的文件的层次结构、所打开图形的列表、自定义内容及上次访问位置历史记录。

（2）内容区。显示在文件夹列表中选中的文件夹内容。

（3）预览区。预览在内容显示框中选定的项目，如果选定项目中没有保存的预览图像，则该预览框内为空白。

（4）说明区。显示在内容显示框中选定项目的文字说明，如果选定项目中没有文字说明，则该说明框将给出提示。

### 2.2.2　"打开的图形"选项卡

用于显示当前 AutoCAD 环境中打开的所有图形文件。单击某图形文件图标，可以看到该图形文件的标注样式、表格样式等设置，如图 5-2-12 所示。

**图 5-2-12　"设计中心"窗口之"打开的图形"选项卡**

### 2.2.3　"历史记录"选项卡

用于显示用户最近访问的文件，含这些文件的完整路径，如图 5-2-13 所示。

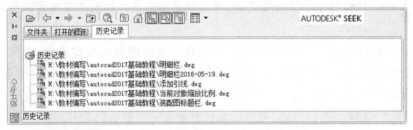

**图 5-2-13　"设计中心"窗口之"历史记录"选项卡**

### 2.2.4　设计中心工具栏

AutoCAD 设计中心工具栏由加载、上一页、下一页、收藏夹等 11 个按钮组成，具体内容如图 5-2-14 所示。

**图 5-2-14　设计中心的工具栏**

（1）"加载"按钮⊳。单击该按钮，系统将弹出"加载"对话框，用于向设计中心加载图形文件。

（2）"上一页"按钮⇐ ▾。将当前内容区的显示上移一页，此时树状图也将恢复到上一次的选择内容。

（3）"下一页"按钮⇒ ▾。将当前页面下移一页面。

（4）"上一级"按钮⊞。将当前目录上移一级。

（5）"搜索"按钮⊙。单击该按钮后，将弹出"搜索"对话框。

（6）"收藏夹"按钮⊞。单击该按钮，系统将在内容区显示 Autodesk 文件夹中的内容，用户可以通过该收藏夹来标记存放需要经常使用的文件。

（7）"主页"按钮⌂。单击该按钮，在树状图中将打开 Sample 文件夹。该文件夹中收藏了标准图块、文字样式、标注样式等内容的文件。

（8）"树状图切换"按钮⊞。可以在显示或隐藏树状图之间进行切换。

（9）"预览"按钮⊠。用于预览在内容区选中的图形文件。

（10）"说明"按钮⊡。显示图形的文字描述信息。

（11）"视图"按钮⊞ ▾。用于设置内容区所显示内容的显示格式。

## 2.3　设计中心的使用

利用 AutoCAD 设计中心可以查找项目、打开图形文件，也可以方便地将设计中心已创建的图块、图层、文字样式、标注样式等内容添加到当前图形文件中。

### 2.3.1　查找项目

利用 AutoCAD 设计中心的查找功能，可以根据指定条件和范围来搜索图形和其他内容。

单击设计中心的"搜索"按钮⊙，或在树状视图区或内容区右键单击，在弹出的快捷菜单中选择"搜索"命令，系统将弹出"搜索"对话框，如图 5-2-15 所示。在"搜索"下拉列表中选择对象类型，然后单击，在"于"文本框中显示了当前的搜索路径。完成搜索条件的设置后，单击 立即搜索(N) 进行搜索，搜索结果将显示在对话框下部的列表框中。

用户可以通过以下方式将其加载到内容区：

（1）直接双击指定的项目。

（2）将指定的项目拖到内容区中。

（3）在指定的项目上单击右键，在快捷菜单中选择"加载到内容区中"。

### 2.3.2　打开图形文件

用户可以从设计中心打开图形文件，主要有以下几种方法：

（1）在图形文件的图标上右击，在快捷菜单中选择"在应用程序窗口中打开"。

（2）按住 Ctrl 键，将图形文件的图标拖放到绘图区域的空白处。

（3）将图形文件的图标拖放到绘图区域以外的任何位置。

通过上述任意一种方法打开图形，与不通过设计中心打开方式是相同的。

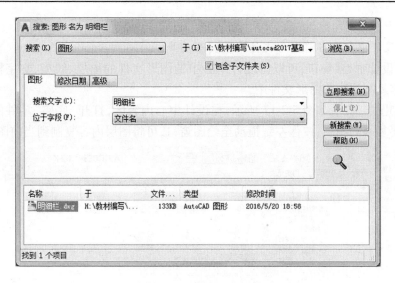

**图 5-2-15 "搜索"对话框**

★小提示：

在选中图形文件图标后，如果直接用鼠标左键拖放文件到绘图区，则图形转换为图块，按图块的方式插入。

### 2.3.3 从设计中心向当前图形文件中添加图块

从设计中心将图块插入当前图形文件中，有自动换算比例插入和利用"插入"对话框插入两种方法。

（1）自动换算比例插入。从设计中心的内容区选择图块，然后将其拖至绘图窗口，在需要插入的位置释放鼠标，即可实现图块的插入。如图 5-2-16 所示，选择粗糙度图块。系统将按照在"选项"对话框的"用户系统配置"选项卡中确定的单位，自动转换比例插入。

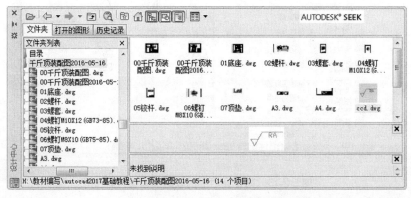

**图 5-2-16 从设计中心复制图块**

（2）利用"插入"对话框插入。从设计中心的内容区选择图块，单击右键，在快捷菜单中选择"插入为块"选项，系统将打开"插入"对话框，用户可以确定插入点、插入比例及旋转角度。

### 2.3.4　从设计中心向当前图形文件中复制图层等

利用"设计中心"窗口，可以将设计中心中的图形文件的图层、线型、文字样式、标注样式等内容复制到当前图形文件中。

以复制图层为例，如图 5-2-17 所示，在设计中心内容区，打开"底座"零件的图层，然后选择需要复制的图层，按住左键拖动至绘图窗口，可将图层内容复制到当前图形文件。

图 5-2-17　从设计中心复制图层

### 2.3.5　使用收藏夹

AutoCAD 系统在安装时自动在 Windows 系统的收藏夹中创建了一个名称为"Autodesk"的文件夹。在设计中心可以将常用内容保存在该收藏夹中。

（1）向收藏夹添加内容。在设计中心的树状图区或内容区，选中要添加的内容，在右键快捷菜单中选择"添加到收藏夹"，可将所选内容添加到收藏夹中，如图 5-2-18 所示。

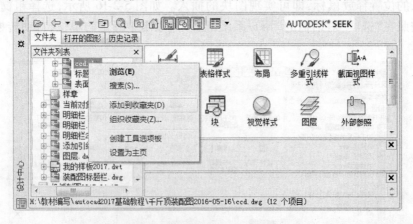

图 5-2-18　向设计中心的收藏夹添加内容

（2）组织收藏夹中的内容。在设计中心的树状图区或内容区选中要添加的内容，在右键快捷菜单中选择"组织收藏夹"，系统将弹出"Autodesk"窗口，显示收藏夹中的文件内容。在该窗口中，可以对收藏夹中的文件进行移动、复制和删除等操作。

## ※　任务实施

利用 AutoCAD 2017 软件绘制装配图主要有两种方法：一种与绘制零件图的方法相同，另一种是由零件图生成装配图的"拼装法"。拼装法主要有基于设计中心、基于工具选项板、基于块功能、基于复制粘贴功能等四种方法。

步骤 1：新建"千斤顶装配图"图形文件。

方法 1：基于设计中心绘制装配图。

（1）使用设计中心打开"底座. dwg"文件，并进行编辑。

单击"设计中心"按钮![图标]，打开设计中心窗口，在文件夹列表中找到"千斤顶"文件夹，在内容区中选择"底座. dwg"，在右键快捷菜单中选择"在应用程序窗口中打开"，如图 5-2-19 所示。

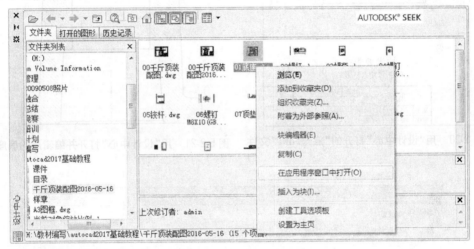

图 5-2-19　用"设计中心"打开"底座. dwg"文件

打开"底座. dwg"文件，如图 5-2-20 所示。冻结"标注"图层，删除图框、标题栏、技术要求等，结果如图 5-2-21 所示。将文件另存到"千斤顶"文件夹，文件名为"千斤顶装配图. dwg"。

（2）装配螺套。

在设计中心的内容区选择"螺套. dwg"，在右键快捷菜单中选择"插入为块"，打开如图 5-2-22 所示的"插入"对话框。在"插入点"选项区和"旋转"选项区，选择"在屏幕上指定"；在"比例"选项区，选择"统一比例"，单击"确定"按钮，即将"螺套. dwg"以图块形式插入到"千斤顶装配图. dwg"文件中。

将插入的图块分解，删除尺寸标注，旋转、移动，以上端面中心点为基点将整理后的图形插入基座，如图 5-2-23 所示。编辑修改后的图形如图 5-2-24 所示。

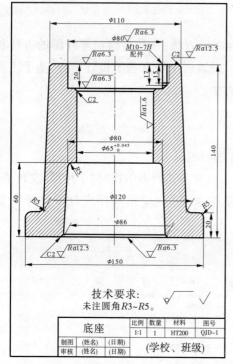

图 5-2-20　用"设计中心"打开的"底座.dwg"文件

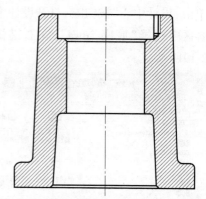

图 5-2-21　用"设计中心"打开并编辑后的底座

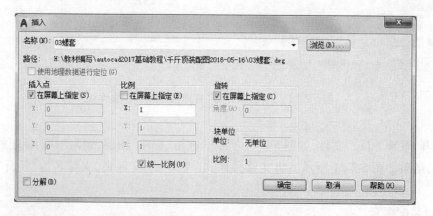

图 5-2-22　"插入"对话框

（3）装配螺杆。

采用同样方法,插入螺杆,分解块,删除、修剪多余线条,填充剖面线。插入时注意合理选择基准点,注意相邻零件的剖面线的标注方法,以及螺纹连接的规定画法,修改后的图形如图 5-2-25 所示。

（4）装配顶垫。

采用同样方法,插入顶垫并编辑,修改后的图形如图 5-2-26 所示。

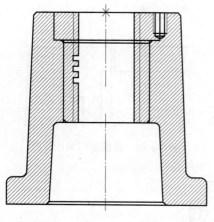
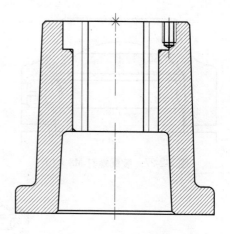

图 5-2-23　用"设计中心"插入螺套　　　　　图 5-2-24　编辑后的底座与螺套

（5）装配螺钉 M8×10。

采用同样方法，插入"螺钉 M8×10.dwg"并编辑，根据螺纹连接的规定画法编辑修改后，如图 5-2-27 所示。

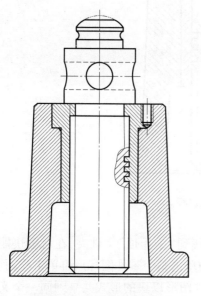
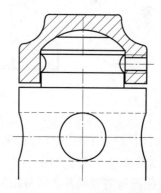

图 5-2-25　插入螺杆并编辑　　　　　　　图 5-2-26　插入顶垫并编辑

（6）装配螺钉 M10×12。

同样方法，插入"螺钉 M10×12.dwg"，编辑修改后，如图 5-2-28 所示。

（7）装配铰杆。

同样方法，插入"铰杆.dwg"，编辑修改后，如图 5-2-29 所示。

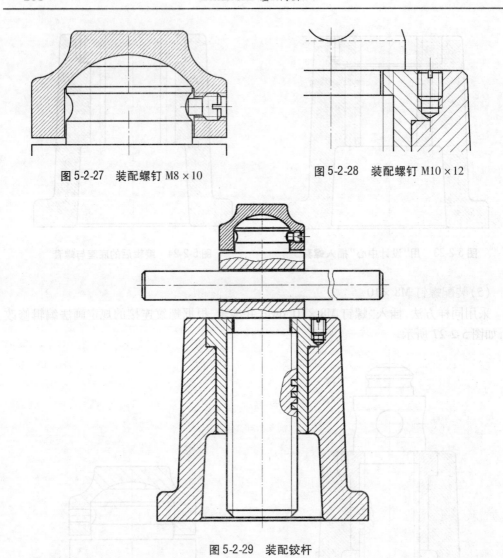

图 5-2-27　装配螺钉 M8 × 10　　　　　图 5-2-28　装配螺钉 M10 × 12

图 5-2-29　装配铰杆

　　方法 2：基于工具选项板绘制装配图。

　　(1)启用"设计中心"窗口,在文件夹列表中找到"千斤顶"文件夹,在右键快捷菜单中选择"创建块的工具选项板"。在工具选项板中单击某个零件图标后再单击绘图区,依次单击装配图所需要的各个零件图标,将各个零件图形以块的形式共享到同一个文件夹中。

　　(2)分解块,冻结尺寸标注图层,删除标题栏、技术要求等,再移动到适当位置,结果如图 5-2-30 所示。

　　(3)按照装配关系将各零件拼装在一起,编辑修改后,如图 5-2-29 所示。

　　方法 3：基于块功能绘制装配图。

　　(1)打开"底座 . dwg"文件,保留粗实线层和剖面线层,冻结其他图层,删除多余图线,并将其做成图块。

　　(2)用同样的方法,将千斤顶的所有零件做成图块,如图 5-2-30 所示。

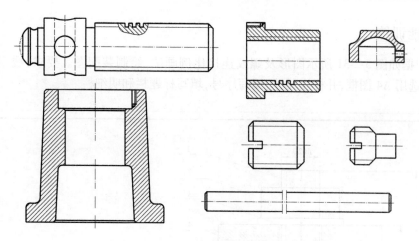

**图 5-2-30　基于工具选项板的方式建立零件图块**

(3)后续操作与方法 2 的(3)相同,完成后的图形如图 5-2-29 所示。

方法 4:基于复制粘贴功能绘制装配图。

(1)与方法 3 的(1)操作方法相同。

(2)依次打开千斤顶的其他零件图,执行【编辑】|【带基点复制】命令,捕捉图形中的某点作为基准点,然后选择图形。

(3)切换到"底座.dwg"文件窗口,在右键快捷菜单中,选择"粘贴"命令,将剪切板上的图形粘贴到绘图区。复制粘贴后的图形如图 5-2-30 所示。

(4)后续操作与方法 2 的(3)相同,完成后的图形如图 5-2-29 所示。

步骤 2:绘制 A3 图框。

绘制留有装订边的 A3 图框,外框尺寸为 420×297,用细实线层,内框用粗实线层,也可以插入已有 A3 图块。

步骤 3:绘制装配图标题栏。

采用带基点复制或插入图块的方式,完成如图 5-1-14 所示标题栏的绘制。

步骤 4:完成序号标注。

创建新样式名为"序号"的新多重引线样式,如图 5-2-5 所示。在"引线格式"选项卡中,设置箭头符号为点,大小为 1,其余默认。在"引线结构"选项卡中,选中"自动包含基线"复选框,设置基线距离为 1。在"内容"选项卡中,"多重引线类型"选项组中选择"多行文字";"引线连接"选项组中设置为"最后一行加下划线"。单击"多重引线"按钮 ⌿,依次对各零件进行序号标注。

步骤 5:填写明细栏。

采用带基点复制或插入图块的方式,完成如图 5-1-1 所示明细栏的填写。

步骤 6:完成技术要求。

启用多行文字命令,完成技术要求的输入,结果如图 5-2-1 所示。

## ※ 技能训练

1. 根据如图 5-2-31 所示图形及螺纹连接比例画法,绘制装配图。要求:线型符合国家标准,选用 A4 图框,并标注尺寸,编写序号,填写标题栏和明细栏。

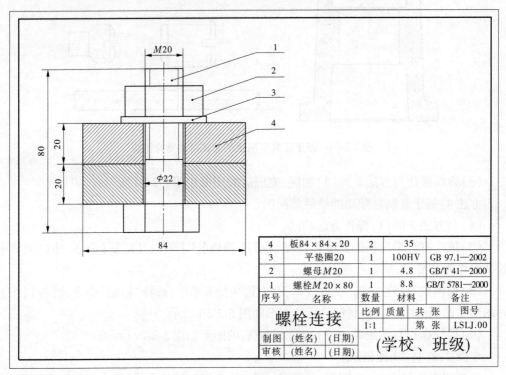

| 4 | 板84×84×20 | 2 | 35 | |
|---|---|---|---|---|
| 3 | 平垫圈20 | 1 | 100HV | GB 97.1—2002 |
| 2 | 螺母M20 | 1 | 4.8 | GB/T 41—2000 |
| 1 | 螺栓M20×80 | 1 | 8.8 | GB/T 5781—2000 |
| 序号 | 名称 | 数量 | 材料 | 备注 |

| 螺栓连接 | | 比例 | 质量 | 共　张 | 图号 | |
|---|---|---|---|---|---|---|
| | | 1:1 | | 第　张 | LSLJ.00 | |
| 制图 | (姓名) | (日期) | (学校、班级) | | | |
| 审核 | (姓名) | (日期) | | | | |

图 5-2-31　螺栓连接图

# 项目6    绘制轴测图

【学习目标】

掌握正等轴测图的绘制方法。

掌握斜二轴测图的绘制方法。

掌握轴测图中尺寸标注的方法。

## 任务 1    绘制正等轴测图

### ※    任务描述

合理设置绘图环境,绘制如图 6-1-1 所示支板的正等轴测图。

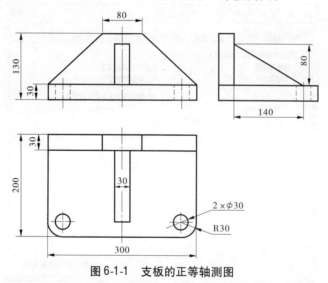

图 6-1-1    支板的正等轴测图

### ※    相关知识

正等轴测图是模拟三维物体沿着特定角度产生的平行投影图,其实质是三维物体的二维投影。因此,绘制正等轴测图采用的是二维绘图技术,略有不同的是,在 AutoCAD 中提供了等轴测投影模式,绘图时应该在该模式下绘制。

## 1    轴测图绘图环境设置

绘图环境的设置主要有等轴测捕捉设置、极轴追踪设置和轴测平面设置。

### 1.1 等轴测捕捉设置

绘制等轴测图之前,应该先将捕捉类型改为"等轴测捕捉",方法是直接单击如图 6-1-2所示状态栏工具条中的"等轴测草图"按钮,此时绘图区光标由十字光标╋变成╳。

图 6-1-2 状态栏工具条

### 1.2 极轴追踪设置

打开"草图设置"对话框的主要方法如下:

(1)菜单命令:选择【工具】|【草图设置】命令。

(2)状态栏:单击"极轴追踪"按钮的黑三角,选择"正在追踪设置…"。

(3)命令行:输入 DSETTINGS 或 SE 后,按 Enter 键或空格键。

执行命令后,打开如图 6-1-3 所示"草图设置"对话框"极轴追踪"选项卡,选中"启用极轴追踪"复选框,在"增量角"下拉列表中选择"30",在"对象捕捉追踪设置"选项组选中"用所有极轴角设置追踪",单击"确定"按钮。

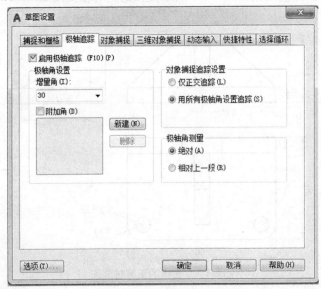

图 6-1-3 "草图设置"对话框

### 1.3 轴测平面转换

在等轴测图绘制过程中,常会在"左等轴测平面"、"顶部等轴测平面"、"右等轴测平面"三个不同平面上绘制图线,切换方法如下:

(1)快捷键:按 F5 快捷键,或按 Ctrl + E 组合键。

(2)状态栏:单击"等轴测捕捉"按钮的黑三角,选择需要的平面。

(3)命令行:输入 ISOPLANE 后,按 Enter 键或空格键。

在三个等轴测投影面上显示的光标如图 6-1-4 所示。

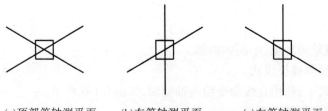

　　(a)顶部等轴测平面　　　　(b)右等轴测平面　　　　(c)左等轴测平面

**图 6-1-4　三种平面光标显示形式**

## 2　正等轴测图的绘制方法

　　正等轴测图包含线段、圆和圆弧等基本图素,下面介绍这些图素的画法。

### 2.1　线段的画法

　　正等轴测图的线段有与轴测轴平行和不平行两种,它们的绘制方法不同,常用的直线绘制方法有以下两种。

#### 2.1.1　利用正交模式绘制直线

　　绘制与轴测轴平行的直线时,打开"正交"模式,光标自动沿着 30°、90°、150°方向移动,此时输入所绘线段长度值即可。

　　绘制与轴测轴不平行的直线时,关闭"正交"模式,先找出直线上两点,再连接这两个点即可。

#### 2.1.2　利用极轴追踪绘制直线

　　打开极轴追踪、对象捕捉、自动追踪功能,设置极轴增量角度为 30°。绘制与 $X$ 轴平行的直线时,极轴角为 30°或 210°;绘制与 $Y$ 轴平行的直线时,极轴角为 150°或 330°;绘制与 $Z$ 轴平行的直线时,极轴角为 90°或 270°。

### 2.2　圆的画法

　　平行于坐标平面的圆在正等轴测投影中为椭圆,当圆位于不同的平面上时,其投影椭圆的长轴和短轴的位置是不同的,如图 6-1-5 所示。

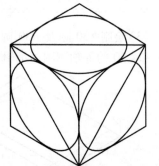

　　等轴测圆的绘制方法如下:

　　(1)按 F5 键切换到要画椭圆的等轴测平面。

　　(2)执行"椭圆"命令,当命令行提示为"指定椭圆的轴端点或[圆弧(A)/中心(C)/等轴测圆(I)]"时,输入"I",回车。

**图 6-1-5　不同轴测平面内的等轴测圆**

　　(3)指定等轴测圆的圆心位置。

　　(4)指定等轴测圆的半径或直径,完成等轴测圆的绘制。

### 2.3　圆弧的画法

　　在正等轴测平面内绘制正等轴测椭圆,再对椭圆进行修剪,即可得到圆弧的正等轴测投影。

## ※　任务实施

步骤 1：设置绘图环境，绘制轴测轴。

（1）开启等轴测捕捉模式。

（2）正交模式下，利用直线命令绘制轴测轴，如图 6-1-6 所示。

步骤 2：绘制底板轴测图。

（1）选择"顶部轴测平面"，执行直线命令，以坐标原点为起点，绘制如图 6-1-7 所示的 300×200 的长方形。

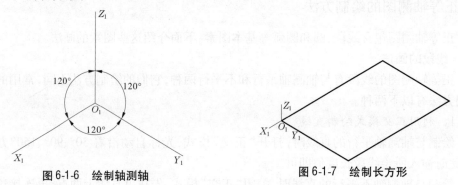

图 6-1-6　绘制轴测轴　　　　　　　　图 6-1-7　绘制长方形

（2）确定圆心位置。执行复制命令，将三条边分别向内复制一份，移动距离 30，交点即为圆心位置，结果如图 6-1-8 所示。

> **★小提示：**
> 在绘制轴测图的过程中，不可以采用偏移、镜像、阵列命令，可以采用复制、移动命令进行图形编辑。

（3）绘制 $\phi 30$ 圆及 $R30$ 圆弧。执行椭圆命令，选择"等轴测圆（I）"选项，分别绘制 $\phi 60$ 和 $\phi 30$ 的等轴测圆。编辑图形，结果如图 6-1-9 所示。

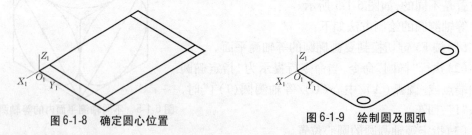

图 6-1-8　确定圆心位置　　　　　　　图 6-1-9　绘制圆及圆弧

（4）切换到右等轴测平面，执行复制命令，将四条轮廓线沿 Z 轴负方向复制一份，移动距离为 30。执行直线命令，捕捉图 6-1-10 中 A、B 两个象限点绘制圆弧切线，绘制左侧直线。修剪圆弧，结果如图 6-1-11 所示。

步骤 3：绘制立板正等轴测图。

（1）执行直线命令，以坐标原点为起点，在底板上表面绘制如图 6-1-12 所示的 300×100×30 的长方体。

（2）执行"直线"命令，绘制如图 6-1-13 所示立板上的切除部分，修剪多余线段，删除不可见轮廓线，结果如图 6-1-14 所示。

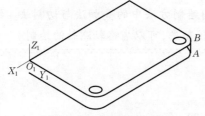

图 6-1-10　绘制圆弧切线

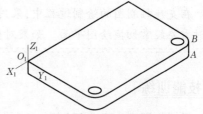

图 6-1-11　底板轴测图

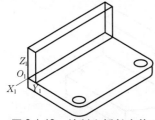

图 6-1-12　绘制立板长方体

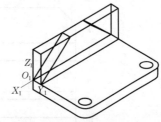

图 6-1-13　截切立板长方体

步骤 4：绘制肋板正等轴测图。

根据如图 6-1-15 所示尺寸绘制肋板正等轴测图，修剪不可见轮廓线，添加两圆的中心线，结果如图 6-1-16 所示。

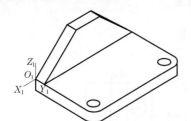

图 6-1-14　完成立板绘制后的轴测图

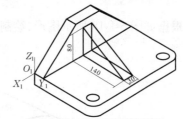

图 6-1-15　绘制肋板轴测图

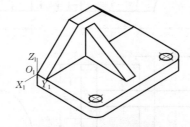

图 6-1-16　支板轴测图

步骤 5：保存图形，文件名为"支板轴测图．dwg"。

┌─────────────────────────────────────────────────────────┐
│ **★小提示:**
│
│ 　　在支座轴测图的绘制过程中,采用了轴测图绘制方法中的叠加法与切割法。绘图时需要经常切换绘图平面。如果对坐标轴比较熟悉,可以省略轴测轴的绘制。
└─────────────────────────────────────────────────────────┘

## ※　技能训练

　　1. 根据如图 6-1-17 所示图形,绘制其正等轴测图。

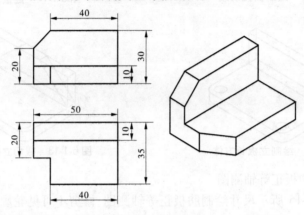

图 6-1-17　第 1 题图

　　2. 根据如图 6-1-18 所示图形,绘制其正等轴测图。

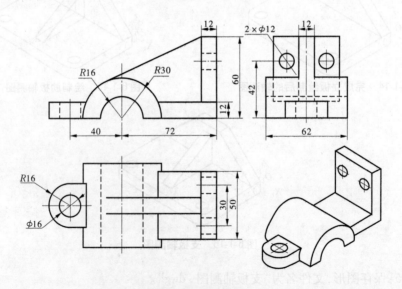

图 6-1-18　第 2 题图

# 任务 2   支板正等轴测图尺寸标注

## ※   任务描述

合理设置尺寸标注样式,标注支板正等轴测图的尺寸,如图 6-2-1 所示。

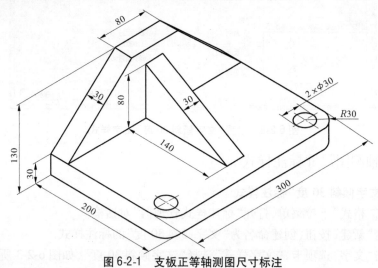

**图 6-2-1   支板正等轴测图尺寸标注**

## ※   相关知识

在轴测图尺寸标注时,需要将尺寸线、尺寸界线倾斜一定角度,使它们与相应的轴测轴平行,同时尺寸数字也要倾斜某一角度,才能使其具有立体感。

轴测图正确标注的原则是:

(1)尺寸数字的方向与尺寸界线的方向一致。

(2)尺寸数字与尺寸线、尺寸界线在一个平面内。

## 1   设置等轴测图尺寸标注文字样式

### 1.1   设置"文字倾斜 30 度"文字样式

(1)单击"格式"下拉菜单,打开"文字样式"对话框。

(2)单击"新建"按钮,创建命名为"文字倾斜 30 度"的文字样式。

(3)字体选择 gbeitc. shx,选中"使用大字体"复选框,在"大字体"下拉列表框中选择 gbcbig. shx。

(4)在"效果"选项区"倾斜角度"文本框中输入数值"30",如图 6-2-2 所示。

(5)单击"应用"按钮,完成"文字倾斜 30 度"文字样式创建。

### 1.2   设置"文字倾斜 –30 度"文字样式

方式同上,将"文字样式"对话框中"倾斜角度"文本框中输入数值改为"–30"。

图 6-2-2　设置"文字倾斜 30 度"文字样式

## 2　设置等轴测图尺寸标注样式

### 2.1　设置"文字倾斜 30 度"标注样式

(1)单击"格式"下拉菜单,打开"标注样式管理器"对话框。

(2)单击"新建"按钮,创建命名为"文字倾斜 30 度"的标注样式。

(3)单击"文字"选项卡,"文字样式"选择"文字倾斜 30 度",如图 6-2-3 所示。

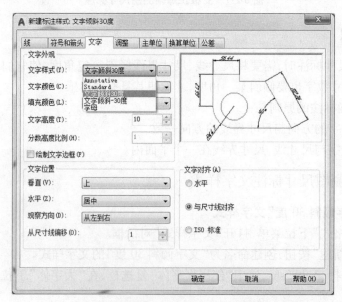

图 6-2-3　设置"文字倾斜 30 度"标注样式

### 2.2　设置"文字倾斜 -30 度"标注样式

步骤同上,"文字样式"下拉列表中选择"文字倾斜 -30 度"。

★**小提示：**

（1）在左等轴测平面上，文本平行于 $Y$ 轴时，采用"文字倾斜 -30 度"标注样式；文本平行于 $Z$ 轴时，采用"文字倾斜 30 度"标注样式。

（2）在右等轴测平面上，文本平行于 $X$ 轴时，采用"文字倾斜 30 度"标注样式；文本平行于 $Z$ 轴时，采用"文字倾斜 -30 度"标注样式。

（3）在顶部等轴测平面上，文本平行于 $X$ 轴时，采用"文字倾斜 -30 度"标注样式；文本平行于 $Y$ 轴时，采用"文字倾斜 30 度"标注样式。

## 3　线性尺寸标注

标注时，先采用对齐标注命令进行标注，再选择"编辑标注"命令来修改尺寸界线与尺寸线的倾斜角度，最后选择合适的标注样式。

编辑标注命令的打开方法如下：

（1）绘图工具条：单击"标注"工具条中"编辑标注"按钮 。

（2）命令行：输入 DIMEDIT 后，按 Enter 键或空格键。

执行编辑标注命令后，命令行出现如下提示：

命令：dimedit

输入标注编辑类型［默认（H）/新建（N）/旋转（R）/倾斜（O）］< 默认 >：// 输入"O"，回车

选择对象：// 选择一个尺寸或几个平行尺寸，如图 6-2-4 所示，选择图中两个尺寸

输入倾斜角度（按 Enter 表示无）：// 选择与尺寸界线平行线段上的两点即可，如图 6-2-4 所示，可选择线段 $AB$ 上的任意两点，结果如图 6-2-5 所示

图 6-2-4　线性尺寸标注

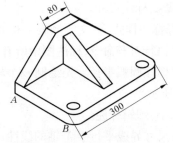

图 6-2-5　编辑后的线性尺寸

## 4　圆正等轴测投影标注

圆的正等轴测图为椭圆，不能直接用直径命令标注，步骤如下：

（1）启用对齐命令，当命令行提示"指定尺寸线位置或［多行文字（M）/文字（T）/角度（A）］"时，输入"M"，输入尺寸数字后，放置尺寸线。

（2）选择"编辑标注"命令来修改尺寸界线与尺寸线的倾斜角度。

（3）选择合适的标注样式。

★小提示：

采用对齐命令标注圆的直径时，命令行提示"指定第一个界线原点"和"指定第二个界线原点"时，不能选择象限点，应该选择中心线与椭圆的两个交点。

### 5 圆弧正等轴测投影标注

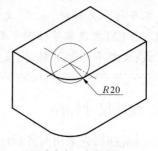

图6-2-6 半径标注

圆弧的正等轴测图为椭圆弧，同样不能直接用半径命令进行标注，其标注步骤如下：

（1）在圆弧的圆心处画一个辅助圆，两者要有交点，如图6-2-6所示。

（2）启用半径命令，当命令行提示"指定尺寸线位置或[多行文字(M)/文字(T)/角度(A)]"时，输入"T"，输入内容，放置尺寸线，箭头尽量靠近交点。

（3）删除辅助圆。

### ※ 任务实施

步骤1：打开文件"支板轴测图.dwg"。

步骤2：创建文字样式。

利用本任务中相关知识，创建"文字"、"文字倾斜30度"和"文字倾斜–30度"三种文字样式。

步骤3：创建标注样式。

创建"文字倾斜30度"和"文字倾斜–30度"两种标注样式。

步骤4：标注尺寸。

选择标注样式为"文字倾斜–30度"，标注所有尺寸。

（1）执行对齐命令，标注图中所有线性尺寸，包括圆直径。

（2）标注圆弧半径。先绘制一个辅助圆，再执行半径命令标注 $R30$，删除辅助圆，如图6-2-7所示。

步骤5：编辑标注。

（1）尺寸界线平行于 $X$ 轴的线性尺寸编辑。

①编辑尺寸界线。执行编辑标注命令，输入标注编辑类型"倾斜(O)"，选择底板宽度尺寸200和高度尺寸30、肋板尺寸140和80、总高130后回车，选择图中任何一条与 $X$ 轴平行的线段上两点，完成尺寸界线编辑。

②修改标注样式。将尺寸200和140修改为"文字倾斜30°"标注样式。

（2）尺寸界线平行于 $Y$ 轴的线性尺寸编辑。

执行编辑标注命令，输入标注编辑类型"倾斜(O)"，选择底板长度尺寸300、$2 \times \phi 30$ 和侧板尺寸80，回车，选择图中任何一条与 $Y$ 轴平行的线段上两点，完成尺寸界线编辑。

（3）尺寸界线不平行于坐标轴的线性尺寸编辑。

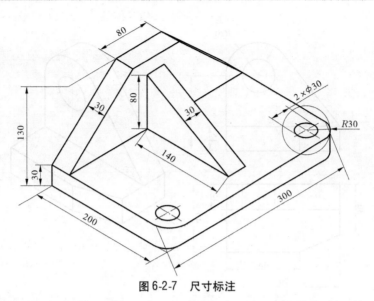

图 6-2-7 尺寸标注

分别将侧板和肋板尺寸 30 的尺寸界线编辑成与斜面平行,再将尺寸 30 的文字改成"文字"样式。

(4)调整尺寸间距和尺寸数字的位置,结果如图 6-2-1 所示。

## ※ 技能训练

1. 根据图 6-2-8 所示视图,绘制其正等轴测图,并标注尺寸。

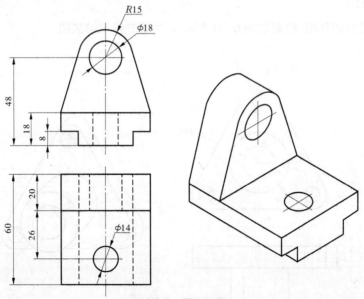

图 6-2-8 第 1 题图

2. 根据图 6-2-9 所示视图,绘制其正等轴测图,并标注尺寸。

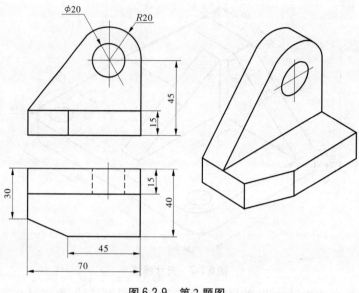

图 6-2-9　第 2 题图

# 任务 3　绘制法兰盘斜二轴测图

## ※　任务描述

合理设置绘图环境,绘制如图 6-3-1 所示法兰盘的斜二轴测图。

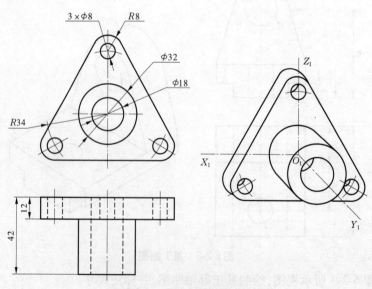

图 6-3-1　法兰盘视图及尺寸

## ※   相关知识

在斜二轴测图中,物体上平行于 $X_1O_1Z_1$ 坐标面的图形反映其实形,作图比较方便。斜二轴测图的作图步骤如下:

(1)在所给三视图中定出直角坐标系。

(2)绘制斜二轴测坐标系。

(3)根据主视图,在 $X_1O_1Z_1$ 坐标面上绘制端面图形。

(4)将端面沿 $O_1Y_1$ 轴向前或者向后复制,平移距离是实际尺寸的 0.5 倍。

(5)绘出两端面之间的可见轮廓线,修剪图形,完成作图。

## ※   任务实施

步骤 1:打开极轴追踪模式,设置极轴追踪增量角度为 45°。

步骤 2:以法兰盘底板前端面的圆心为坐标原点,绘制斜二轴测坐标系。

步骤 3:在 $X_1O_1Z_1$ 坐标面上绘制端面图形,如图 6-3-2 所示。

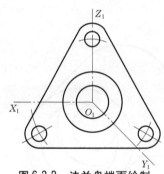

图 6-3-2   法兰盘端面绘制

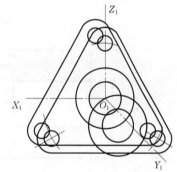

图 6-3-3   复制端面轮廓

步骤 4:执行复制命令,首先选择 $\phi 18$、$\phi 32$ 圆,沿 $O_1Y_1$ 轴向前平移 15;然后选择其余轮廓线,沿 $O_1Y_1$ 轴向后平移 6,结果如图 6-3-3 所示。

步骤 5:绘制两端面的外公切线,修剪不可见轮廓线,结果如图 6-3-1 所示。

> ★小提示:
>
> 绘制外公切线时,在正等轴测图中是捕捉圆弧的象限点,而在斜二轴测图中是捕捉圆弧的切点。

## ※   技能训练

1.根据如图 6-3-4 所示端盖视图,绘制其斜二轴测图。

2.根据如图 6-3-5 所示套筒视图,绘制其斜二轴测图。

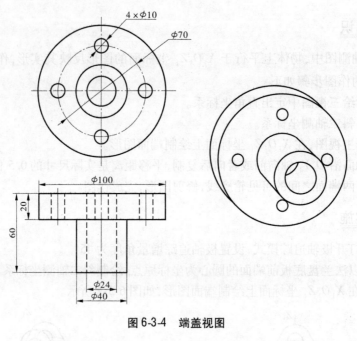

图 6-3-4　端盖视图

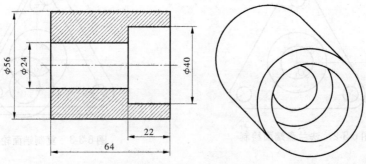

图 6-3-5　套筒视图

# 项目7　绘制三维实体

【学习目标】

了解三维模型的分类,掌握三维坐标系。

掌握视点的设置及三维图形的观察方法。

掌握三维实体的创建方法。

掌握由二维平面图形创建三维实体的方法。

掌握三维实体、面、边的编辑方法,对三维实体进行编辑。

## 任务1　创建并管理三维 UCS 坐标

### ※　任务描述

运用三维绘图命令绘制如图 7-1-1 所示的三维实体,并创建图示坐标。

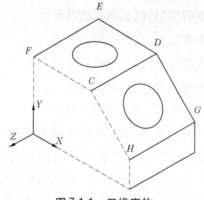

图7-1-1　三维实体

### ※　相关知识

### 1　三维绘图主要工具栏

在 AutoCAD 2017 中,常用的三维绘图工具栏主要有"建模"、"实体编辑"、"动态观察"和"三维导航"、"视图"、"UCS"等。

#### 1.1　"建模"工具栏

"建模"工具栏如图 7-1-2 所示。

#### 1.2　"实体编辑"工具栏

"实体编辑"工具栏如图 7-1-3 所示。

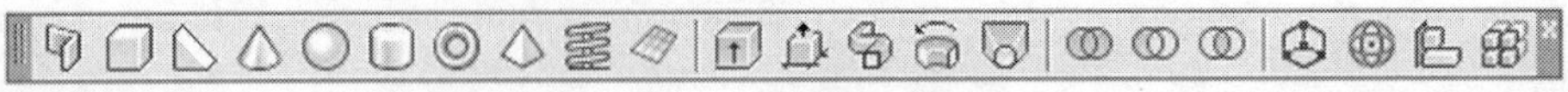

**图 7-1-2　"建模"工具栏**

**图 7-1-3　"实体编辑"工具栏**

### 1.3　"动态观察"和"三维导航"工具栏

"动态观察"和"三维导航"工具栏如图 7-1-4 所示。

**图 7-1-4　"动态观察"和"三维导航"工具栏**

### 1.4　"视图"工具栏

从菜单栏选择【视图】|【三维视图】,展开级联菜单,或调出"视图"工具栏,如图 7-1-5 所示,各命令按钮含义说明如下:

**图 7-1-5　"视图"工具栏**

(1) 俯视:从上向下查看模型,以二维形式显示。

(2) 仰视:从下向上查看模型,以二维形式显示。

(3) 左视:从左向右查看模型,以二维形式显示。

(4) 右视:从右向左查看模型,以二维形式显示。

(5) 主视:从前向后查看模型,以二维形式显示。

(6) 后视:从后往前查看模型,以二维形式显示。

(7) 西南等轴测:从西南方向查看模型,以等轴测形式显示。

(8) 东南等轴测:从东南方向查看模型,以等轴测形式显示。

(9) 东北等轴测:从东北方向查看模型,以等轴测形式显示。

(10) 西北等轴测:从西北方向查看模型,以等轴测形式显示。

### 1.5　"UCS"工具栏

"UCS"工具栏如图 7-1-6 所示。各命令按钮含义说明如下:

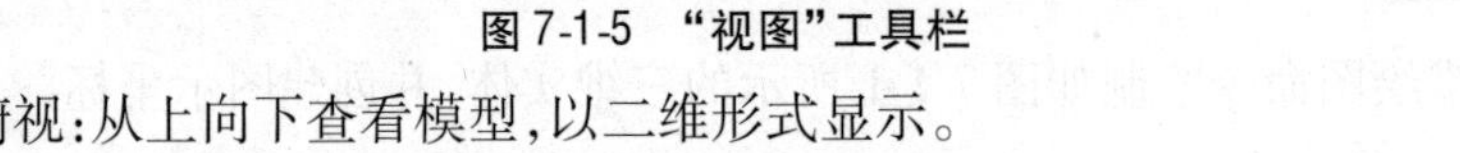

**图 7-1-6　"UCS"工具栏**

(1) UCS:管理用户坐标系,命令行选项与工具栏中的按钮相对应。

(2) 世界:用来切换到模型与视图的世界坐标系。

(3) 上一个 UCS:返回到上一个 UCS 坐标系状态。

(4) 面 UCS:用于将新用户坐标系的 $XY$ 面与所选实体面重合。

(5) 对象:将 UCS 与选定对象对齐。当选择一个对象时,坐标系的原点将放置在创建该对象时定义的第一点,$X$轴的方向为从原点指向创建该对象时定义的第二点,$Z$轴方向自动保持与$XY$平面垂直。

(6)视图:将 UCS 的$XY$平面与屏幕对齐。该工具可使新坐标的$XY$平面与当前视图方向垂直,$Z$轴与$XY$平面垂直,而原点保持不变。

(7)原点:通过移动原点来定义 UCS,坐标轴方向不变。

(8)$Z$轴矢量:指定一点为坐标原点,指定一个方向为$Z$轴正方向。

(9)三点:依次选取三个点分别确定新 UCS 原点、$X$轴与$Y$轴的正向。

(10)$X$、$Y$、$Z$:将当前 UCS 绕$X$轴或$Y$轴或$Z$轴旋转一定角度生成新 UCS,可以通过指定两点或输入角度值来确定。

(11):向选定的视口应用当前的 UCS 坐标。

## 2　三维坐标系的设置与管理

在菜单栏中,选择【视图】|【显示】|【UCS 图标】|【特性】命令,显示"UCS 图标"对话框,如图 7-1-7 所示。用户可以设置 UCS 图标样式、大小、颜色等。

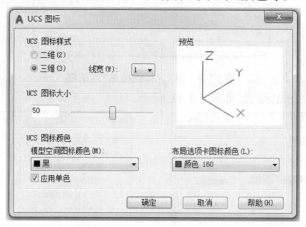

**图 7-1-7　"UCS 图标"对话框**

在"UCS"工具栏中单击按钮,打开 UCS 窗口,如图 7-1-8 所示。包括"命名 UCS"、"正交 UCS"、"设置"三个选项卡。

### 2.1　"命名 UCS"选项卡

"命名 UCS"选项卡主要用于显示已定义的 UCS 列表,并设置当前的 UCS。"当前 UCS"列表框显示当前的 UCS;单击"置为当前"按钮,可将选中的 UCS 置为当前;单击"详细信息"按钮,打开"UCS 详细信息"对话框,如图 7-1-9 所示。

### 2.2　"正交 UCS"选项卡

"正交 UCS"选项卡用于选择一个正交 UCS,如图 7-1-10 所示。其中"当前 UCS"列表框中显示了当前图形中的六个正交坐标系;"相对于"列表框用来指定所选正交坐标系相对于基础坐标系的方位。

### 2.3　"设置"选项卡

"设置"选项卡中的"UCS 图标设置"选项组指定当前 UCS 图标的设置;"UCS 设置"

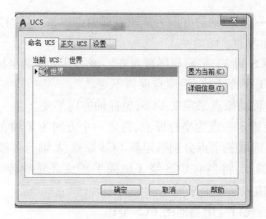

图 7-1-8　UCS 窗口之"命名 UCS"选项卡

图 7-1-9　"UCS 详细信息"对话框

选项组指定当前 UCS 的设置,如图 7-1-11 所示。

图 7-1-10　"正交 UCS"选项卡

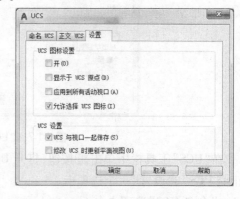

图 7-1-11　"设置"选项卡

## 3　长方体命令

长方体命令用于创建长方体实体,其底面与当前 UCS 的 *XY* 平面平行。

### 3.1　启用长方体命令的方法

(1)菜单栏:选择【绘图】|【建模】|【长方体】命令。

(2)工具栏:单击"建模"工具栏中的"长方体"按钮 。

(3)命令行:输入 BOX 后,按 Enter 键。

### 3.2　长方体命令中的选项含义说明

长方体命令中的选项含义说明如下：

（1）角点：指定长方体的角点，输入另一角点的数值，可确定长方体。

（2）立方体（C）：创建一个长、宽、高相等的长方体。

（3）长度（L）：输入长方体的长、宽、高数值。

（4）中心点（C）：使用中心点功能创建长方体或立方体。

## 4　倒角边命令

### 4.1　启用倒角边命令的方法

（1）菜单栏：选择【修改】|【实体编辑】|【倒角边】命令。

（2）工具栏：单击"实体编辑"工具栏中的"倒角边"按钮◎。

（3）命令行：输入 CHAMFEREDGE 后，按 Enter 键。

### 4.2　倒角命令中的选项含义说明

倒角边命令可以对实体对象的边进行倒角，该命令中的选项含义说明如下：

（1）环（L）：可以选择基面周围的所有边。

（2）距离（D）：设置两倒角边的倒角距离。

## 5　三维视图样式

在 AutoCAD 2017 中，系统提供了二维线框、概念、隐藏、真实、着色等十种视图样式。从菜单栏中选择【视图】|【视图样式】命令，可切换样式种类。

（1）二维线框样式：以线框模式来表现当前的模型效果。

（2）概念样式：将模型不可见的部分遮挡，并以灰色面显示。

（3）隐藏样式：与概念样式类似，以白色显示。

（4）真实样式：在概念样式基础上，添加光影效果，并显示当前模型的材质。

（5）着色样式：将当前模型表面进行平滑着色处理，而不显示贴图样式。

（6）带边框着色样式：在着色样式基础上，添加了模型线框和边线。

（7）灰度样式：在概念样式的基础上，添加了平滑灰度的着色效果。

（8）勾画样式：用延伸线和抖动边修改器来显示当前模型手绘图的效果。

（9）线框样式：与二维线框样式相似，只能在三维空间中显示。

（10）X 射线样式：在线框样式的基础上，模型为半透明，并略带光影和材质。

## 6　三维动态观察

三维动态观察命令，包括受约束的动态观察、自由动态观察和连续动态观察，可以实时地观察当前视口中三维视图的显示效果。

### 6.1　受约束的动态观察

#### 6.1.1　启用受约束的动态观察命令的方法

（1）菜单栏：选择【视图】|【动态观察】|【受约束的动态观察】命令。

（2）工具栏：单击"动态观察"或"三维导航"工具栏中的按钮◈，如图 7-1-4 所示。

（3）命令行:输入 3DORBIT 或 3DO 后,按 Enter 键。

### 6.1.2　操作步骤

执行命令后,视图的目标保持静止,而视点将围绕目标移动。若水平拖动光标,则相机平行于 WCS 的 XY 平面移动;若垂直拖动光标,则相机沿着 Z 轴移动。

## 6.2　自由动态观察

### 6.2.1　启用自由动态观察命令的方法

（1）菜单栏:选择【视图】|【动态观察】|【自由动态观察】命令。

（2）工具栏:单击"动态观察"工具栏中的按钮 。

（3）右键快捷菜单:选择【其他导航模式】|【自由动态观察】命令。

（4）命令行:输入 3DFORBIT 或 3DF 后,按 Enter 键。

### 6.2.2　操作步骤

执行命令后,在当前窗口出现一个大圆,大圆上有四个小圆,此时拖动鼠标就可以对视图进行旋转。当鼠标在大圆的不同位置进行拖动时,光标的表现形式不同,视图的旋转方向也不同。

## 6.3　连续动态观察

### 6.3.1　启用连续动态观察命令的方法

（1）菜单栏:选择【视图】|【动态观察】|【连续动态观察】命令。

（2）工具栏:单击"动态观察"工具栏中的按钮 。

（3）快捷菜单:选择【其他导航模式】|【连续动态观察】命令。

（4）命令行:输入 3DCORBIT 后,按 Enter 键。

### 6.3.2　操作步骤

执行命令后,绘图区出现连续动态观察图标,按住左键拖动,图形按照拖动方向旋转,旋转速度与鼠标的拖动速度对应变化。

# 7　圆柱体的创建

## 7.1　启用圆柱体命令的方法

（1）菜单栏:选择【绘图】|【建模】|【圆柱体】命令。

（2）工具栏:单击"建模"工具栏中的"圆柱体"按钮 。

（3）命令行:输入 CYLINDER 后,按 Enter 键。

## 7.2　圆柱体命令中的选项含义说明

圆柱体命令可以创建以圆或椭圆为底面的圆柱体,该命令中的选项含义说明如下:

（1）中心点:指定圆柱体底面的圆心点。

（2）三点(3P):通过两点指定圆柱的底面圆,第三点指定圆柱体高度。

（3）两点(2P):通过指定两点来定义圆柱体底面直径。

（4）相切、相切、半径(T):通过指定半径,且与两对象相切确定圆柱体底面。

（5）椭圆(E):通过指定底面椭圆长半轴和短半轴及高度来创建椭圆柱。

（6）直径(D):指定圆柱体的底面直径。

（7）轴端点(A):指定圆柱体的轴端点位置,此端点是圆柱体的顶面中心点,轴端点定义了圆柱体的长度和方向。

【**例 7-1-1**】　运用圆柱体等命令绘制挡圈实体模型,如图 7-1-12 所示。

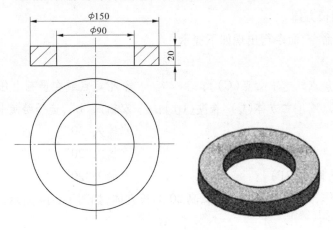

图 7-1-12　挡圈

操作过程如下:

将三维视图视点设为西南等轴测,启用圆柱体命令,命令行出现如下提示:

指定底面的中心点或[三点(3P)/两点(2P)/相切、相切、半径(T)/椭圆(E)]: //在屏幕任意点单击,确定底面中心点

指定底面半径或[直径(D)] <9.6808 >: 　　　//输入"D",选择直径模式

指定直径: 　　　　　　　　　　　　　　//输入"150",回车

指定高度或[两点(2P)] <30.0000 >: 　　　//输入"20",回车

经过上述操作,完成ϕ150 圆柱创建,在该圆柱底面中心,绘制ϕ90、高20 的圆柱,如图 7-1-13(a)所示。

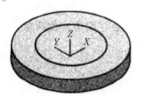

(a) 绘制图ϕ90 圆柱　　　　　　　(b) 差集运算得到圆柱孔

图 7-1-13　创建挡圈实体

启用差集命令,对两个圆柱体进行差集运算。

命令:_subtract

选择要从中减去的实体、曲面和面域… 　　　//提示将要选择的对象

选择对象: 　　　　　　　　　　　　　//选择大圆柱

选择要减去的实体、曲面和面域… 　　　　//提示将要选择的对象

选择对象: 　　　　　　　　　　　　　//选择小圆柱

经过上述操作,完成挡圈实体图形,如图 7-1-13(b)所示。

## ※　任务实施

步骤 1:绘制长方体。

启用长方体命令,命令行出现如下提示:

命令:_box

指定第一个角点或[中心点(C)]:　　　　　 //指定点或在屏幕上任意点单击

指定其他角点或[立方体(C)/长度(L)]:　　 //输入"L",选择给定长宽高模式

指定长度:　　　　　　　　　　　　　　　 //输入"30"

指定宽度:　　　　　　　　　　　　　　　 //输入"20"

指定高度或[两点(2P)]:　　　　　　　　　 //输入"20"

经过上述操作,绘制出长 30、宽 20、高 20 的长方体,如图 7-1-14 所示。

步骤 2:倒角边。

启用倒角边命令,命令行出现如下提示:

命令:_CHAMFEREDGE

距离 1 = 1.0000,距离 2 = 1.0000

选择一条边或[环(L)/距离(D)]:　　　　　 //输入"D",回车

指定距离 1 或[表达式(E)] < 1.0000 > :　　 //输入"12",回车

指定距离 2 或[表达式(E)] < 1.0000 > :　　 //输入"12",回车

选择一条边或[环(L)/距离(D)]:　　　　　 //选择 *AB* 边

经过上述操作,完成倒角,如图 7-1-15 所示。

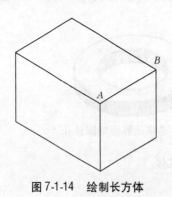

图 7-1-14　绘制长方体

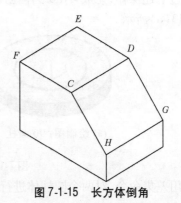

图 7-1-15　长方体倒角

步骤 3:移动坐标系,绘制上表面圆。

由于 WCS 的 *XY* 面与 *CDEF* 面平行,因此只需把 UCS 移动到 *CDEF* 面上即可。

(1)移动坐标系。

单击"UCS"工具栏中的按钮∠,或输入 UCS 并回车,命令行出现如下提示:

命令: UCS

当前 UCS 名称: * 世界 *

指定 UCS 的原点或［面（F）/命名（NA）/对象（OB）/上一个（P）/视图（V）/世界（W）/X/Y/Z/Z 轴（ZA）］＜世界＞:_O

指定新原点或 ＜0,0,0＞:∥选择 F 点

经过上述操作,将 UCS 坐标系移到了 F 点,如图 7-1-16 所示。

（2）绘制表面圆。

捕捉上表面的中心点,绘制 $\phi$ 10 圆,如图 7-1-17 所示。

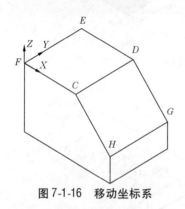

图 7-1-16　移动坐标系

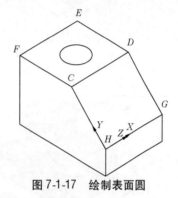

图 7-1-17　绘制表面圆

步骤 4:三点法建立 UCS,绘制斜面上的圆。

（1）三点法建立 UCS。

单击"UCS"工具栏按钮 ,或展开【工具】|【新建 UCS（W）】|【三点（3）】级联菜单,命令行出现如下提示:

命令:UCS

指定 UCS 的原点或［面（F）/命名（NA）/对象（OB）/上一个（P）/视图（V）/世界（W）/X/Y/Z/Z 轴（ZA）］＜世界＞:_3

指定新原点或＜0,0,0＞:　　　　　　　　　　　　　　　　∥选择点 H

在正 X 轴范围上指定点 ＜50.9844, −27.3562,12.7279＞:　　　　∥选择点 G

在 UCS XY 平面的正 Y 轴范围上指定点 ＜49.9844, −26.3562,12.7279＞:∥选择点 C

经过上述操作,在 CDGH 斜面上建立了 UCS 坐标系,如图 7-1-17 所示。

（2）绘制圆。

方法同步骤 3（2）,完成如图 7-1-1 所示。

## ※　技能训练

1.用长方体命令绘制图 7-1-18 所示三维实体模型。

2.绘制如图 7-1-19 所示组合体三维模型。

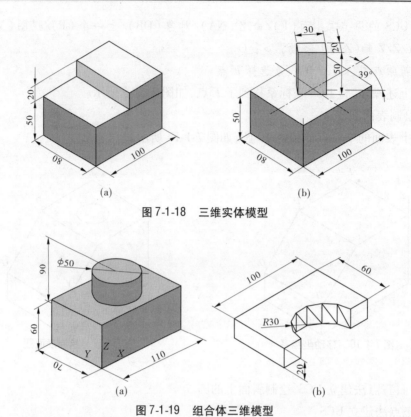

图 7-1-18　三维实体模型

图 7-1-19　组合体三维模型

# 任务 2　绘制六角螺母

## ※　任务描述

运用拉伸、倒圆角等命令绘制如图 7-2-1 所示的六角螺母，不绘制螺纹。

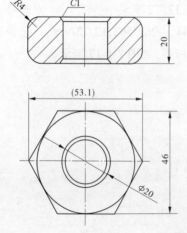

图 7-2-1　六角螺母

## ※ 相关知识

# 1 拉伸命令

## 1.1 启用拉伸命令的方法

(1)菜单栏:选择【绘图】|【建模】|【拉伸】命令。

(2)工具栏:单击"建模"工具栏中的"拉伸"按钮⬆。

(3)命令行:输入 EXTRUDE 或 EXT 后,按 Enter 键或空格键。

## 1.2 拉伸命令中的选项含义说明

拉伸命令可将二维图形沿指定高度或路径拉伸,生成三维实体,拉伸对象可以是封闭多段线、矩形、多边形、圆等,该命令中的常用选项含义说明如下:

(1)拉伸高度:按指定的高度拉伸出三维建模对象,如图 7-2-2 所示。

(a)被拉伸对象　　　　　　　　(b)拉伸结果

**图 7-2-2　指定拉伸高度拉伸对象**

(2)倾斜角(T):指定拉伸的倾斜角度。若角度为 0,则拉伸成柱体;若角度不为 0,则拉伸后截面沿拉伸方向按此角度变化,如图 7-2-3 所示。

(a)被拉伸对象　　　　　　　　(b)倾斜角为30° 的拉伸结果

**图 7-2-3　指定拉伸倾斜角度拉伸对象**

(3)方向(D):通过两点来指定拉伸的长度和方向,如图 7-2-4 所示。

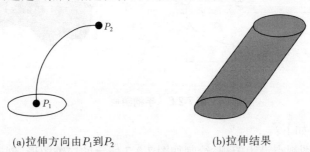

(a)拉伸方向由 $P_1$ 到 $P_2$　　　　　　　　(b)拉伸结果

**图 7-2-4　指定拉伸长度和方向,由 $P_1$ 到 $P_2$ 拉伸对象**

(4)路径(P):通过指定拉伸路径来生成实体。拉伸路径可以是开放的,也可以是封闭的,如图 7-2-5 所示。

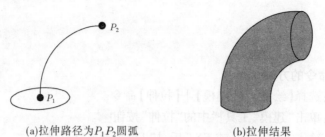

(a)拉伸路径为$P_1P_2$圆弧　　　　　　　　(b)拉伸结果

**图 7-2-5　指定拉伸路径和拉伸对象**

## 2　旋转命令

### 2.1　启用旋转命令的方法

(1)菜单栏:选择【绘图】|【建模】|【旋转】命令。

(2)工具栏:单击"建模"工具栏中的"旋转"按钮 。

(3)命令行:输入 REVOLVE 后,按 Enter 键。

### 2.2　旋转命令中的选项含义说明

旋转命令可以使二维图形绕轴线旋转生成三维实体。旋转对象可以是封闭多段线、矩形、多边形、圆、椭圆或封闭样条曲线等,该命令中的常用选项含义说明如下:

(1)轴起点:指定旋转轴的两个端点。当旋转角度为正时按逆时针方向旋转对象,为负时按顺时针方向旋转对象。

(2)对象:选择现有对象,确定旋转轴,其正向从该对象的近端指向远端。

(3)$X$ 轴:使用当前 UCS 的 $X$ 轴为旋转轴,其正向与 $X$ 轴的正向一致。

(4)$Y$ 轴:使用当前 UCS 的 $Y$ 轴为旋转轴,其正向与 $Y$ 轴的正向一致。

(5)$Z$ 轴:使用当前 UCS 的 $Z$ 轴为旋转轴,其正向与 $Z$ 轴的正向一致。

【例 7-2-1】　使用旋转、差集等命令绘制如图 7-2-6 所示的手柄图形。

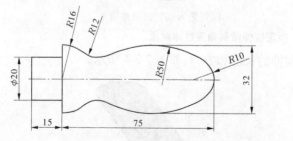
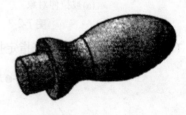

**图 7-2-6　手柄图形**

主要绘图过程如下:

(1)将三维视图视点设为俯视,绘制如图 7-2-7 所示的二维图形,创建面域。

(2)启用旋转命令,命令行出现如下提示:

命令:_revolve

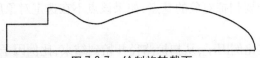

图 7-2-7　绘制旋转截面

选择要旋转的对象或[模式(MO)]:　　　　　//选择创建好的面域
选择要旋转的对象或[模式(MO)]:　　　　　//按 Enter 键结束选取
指定轴起点或根据以下选项之一定义轴[对象(O)X/Y/Z]<对象>://单击 A 点
指定轴端点:　　　　　　　　　　　　　　//单击 B 点,如图 7-2-8(a)所示
指定旋转角度或[起点角度(ST)/反转(R)/表达式(EX)]<360>://回车,旋转 360°
经过上述操作,完成手柄的三维实体创建,如图 7-2-8(b)所示。

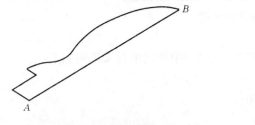

（a）选择 AB 为旋转轴　　　　　　　　　（b）旋转结果

图 7-2-8　旋转命令创建手柄三维实体

## 3　扫掠命令

### 3.1　启用扫掠命令的方法

(1)菜单栏:选择【绘图】|【建模】|【扫掠】命令。
(2)工具栏:单击"建模"工具栏中的"扫掠"按钮 。
(3)命令行:输入 SWEEP 后,按 Enter 键。

### 3.2　扫掠命令功能

　　扫掠命令可以通过沿开放或闭合的二维或三维路径,扫掠开放或闭合的平面曲线来创建三维实体。例如,按命令行提示操作,选择如图 7-2-9(a)所示的圆为扫掠对象,螺旋线为扫掠路径,扫掠实体结果如图 7-2-9(b)所示。

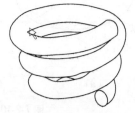

(a)扫掠对象和路径　　　　　　　　(b)扫掠实体

图 7-2-9　扫掠实体创建

### 3.3　扫掠命令中的选项含义说明

(1)对齐(A):指定是否对齐轮廓,使其作为扫掠路径切向的法线。

（2）基点（B）：指定要扫掠对象的基点，如果该点不在选定对象所在的平面上，那么该点将被投影到该平面上。

（3）比例（S）：指定比例因子，从扫掠路径开始到结束，比例因子统一。

（4）扭曲（T）：设置扫掠对象的扭曲角度。扭曲角度是指定对象沿扫掠路径全长的旋转量。

## 4　圆角边命令

### 4.1　启用圆角边命令的方法

（1）菜单栏：选择【修改】|【实体编辑】|【圆角边】命令。

（2）工具栏：单击"实体编辑"工具栏中的"圆角边"按钮 ⟡。

（3）命令行：输入 FILLETEDGE 后，按 Enter 键。

### 4.2　圆角边命令中的选项含义说明

圆角边命令是为实体对象的边生成圆角，该命令中的选项含义说明如下：

（1）半径（R）：设置圆角的半径值。

（2）链（C）：选择多条边线进行倒圆角。

（3）环（L）：选择基面周围的所有边。

## ※　任务实施

步骤 1：新建图层 1、2，选择西南等轴测视图，在图层 1 中，绘制正六边形及其外接圆，如图 7-2-10（a）所示。

步骤 2：绘制圆柱体。启用拉伸命令，命令行出现如下提示：

命令：_extrude

选择要拉伸的对象或[模式（MO）]：　　　　　　　//选择圆面域

选择要拉伸的对象或[模式（MO）]：　　　　　　　//按 Enter 键结束选择对象

指定拉伸的高度或[方向（D）/路径（P）/倾斜角（T）/表达式（E）]://输入"20"，回车

经过上述操作，完成六角螺母圆柱体的创建，如图 7-2-10（b）所示。

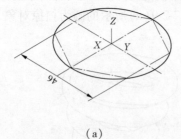

（a）

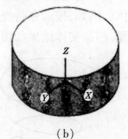

（b）

图 7-2-10　六角螺母外接圆柱体

步骤 3：倒圆角。启用圆角边命令，命令行出现如下提示：

命令：_FILLETEDGE　　　半径 ＝5.0000

选择边或[链（C）/环（L）/半径（R）]：　　　　　　　//输入"R"，回车

输入圆角半径或[表达式（E）]＜5.0000＞：　　　　//输入"4"

选择边或[链(C)/环(L)/半径(R)]:　　　　　　　　//选取圆柱顶面及底面轮廓

经过上述操作,完成圆柱体倒圆角,结果如图 7-2-11 所示。

步骤 4:关闭图层 1。在图层 2 绘制正六边形和 φ20 圆,如图 7-2-12 所示。

图 7-2-11　倒圆角

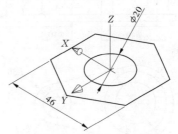

图 7-2-12　绘制六边形和圆

步骤 5:创建带孔六棱柱。启用拉伸命令,将正六边形和圆拉伸,拉伸高度为 20。将正六棱柱与圆柱进行差集运算,结果如图 7-2-13 所示。

步骤 6:调用倒角边命令,距离 1,对内孔进行倒角。打开图层 1,启用交集命令,将圆柱体与带孔六棱柱进行交集运算,结果如图 7-2-14 所示。

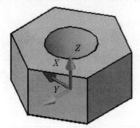

图 7-2-13　创建带孔六棱柱

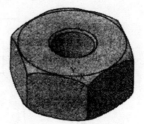

图 7-2-14　交集后的实体

## ※　技能训练

1. 运用拉伸等命令,按如图 7-2-15 所示的图形尺寸绘制实体图。

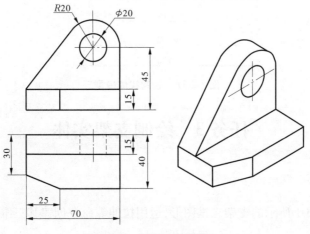

图 7-2-15　绘制实体模型一

2.运用拉伸、圆角边等命令,按如图 7-2-16 所示图形尺寸绘制实体图。

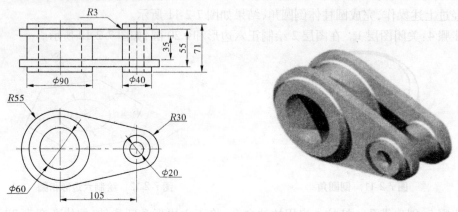

图 7-2-16  绘制实体模型二

3.运用旋转、圆角边等命令,按如图 7-2-17 所示图形尺寸绘制实体图。

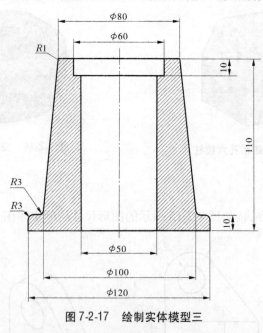

图 7-2-17  绘制实体模型三

# 任务 3  绘制支架实体

## ※  任务描述

根据如图 7-3-1 所示的支架二维图形,运用拉伸等命令创建其三维实体。

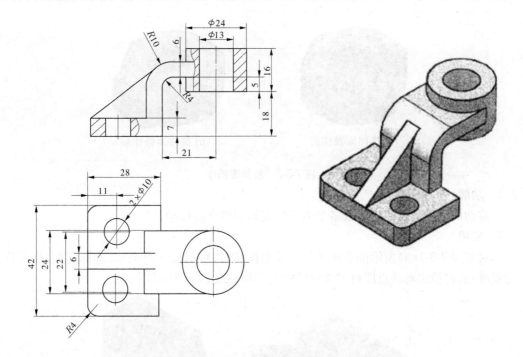

图 7-3-1　支架视图及实体图

## ※　相关知识

三维实体的编辑包括拉伸面、移动面、偏移面、旋转面、删除面、倾斜面、复制以及着色面等命令。

## 1　拉伸面命令

### 1.1　启用拉伸面命令的方法

（1）菜单栏：选择【修改】|【实体编辑】|【拉伸面】命令。

（2）工具栏：单击"实体编辑"工具栏中的"拉伸面"按钮。

### 1.2　功能

拉伸面是将选定的三维模型面拉伸到指定的高度或沿路径拉伸。

### 1.3　应用

对如图 7-3-2（a）所示的实体，按命令行提示选择要拉伸的侧面，输入拉伸的高度值或选择拉伸路径即可完成拉伸面操作，结果如图 7-3-2（b）所示。

## 2　移动面命令

### 2.1　启用移动面命令的方法

（1）菜单栏：选择【修改】|【实体编辑】|【移动面】命令。

（2）工具栏：单击"实体编辑"工具栏中的"移动面"按钮。

　　　　(a) 拉伸面操作前　　　　　　　　　(b) 拉伸面操作后

图 7-3-2　　拉伸面操作

### 2.2　功能

移动面是将选定的一个或多个面沿指定的距离进行移动。

### 2.3　应用

对如图 7-3-3(a)所示的实体进行移动面操作时,根据命令行提示,选择顶面,指定移动基准点,再指定新基点即可完成移动面的操作,如图 7-3-3(b)所示。

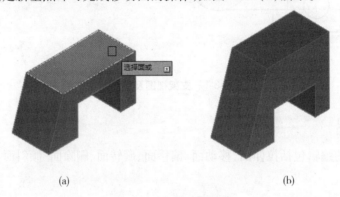

　　　　　　(a)　　　　　　　　　　　　　　　　(b)

图 7-3-3　　移动面操作

## 3　偏移面命令

### 3.1　启用偏移面命令的方法

(1)菜单栏:选择【修改】|【实体编辑】|【偏移面】命令。

(2)工具栏:单击"实体编辑"工具栏中的"偏移面"按钮🗍。

### 3.2　功能

偏移面是按指定的距离或通过指定的点,将面均匀地偏移。正值会增大实体的大小或体积,负值则减小。

### 3.3　应用

对如图 7-3-4(a)所示的实体进行偏移面操作时,根据命令行提示,选择孔侧面,分别输入偏移距离 10 或 – 10,结果如图 7-3-4(b)和图 7-3-4(c)所示。

## 4　旋转面命令

### 4.1　启用旋转面命令的方法

(1)菜单栏:选择【修改】|【实体编辑】|【旋转面】命令。

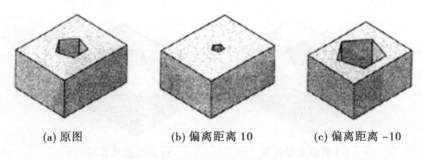

(a) 原图　　　　　(b) 偏离距离 10　　　　　(c) 偏离距离 −10

图 7-3-4　偏移面操作

（2）工具栏:单击"实体编辑"工具栏中的"旋转面"按钮。

### 4.2　功能

旋转面是绕指定的轴旋转一个或多个面。

### 4.3　应用

对如图 7-3-5(a)所示的实体进行旋转面操作时,根据命令行提示,选择孔侧面,以五棱柱的轴线为旋转轴,输入旋转角度,旋转后,如图 7-3-5(b)所示。

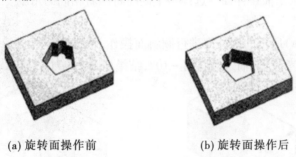

(a) 旋转面操作前　　　　　(b) 旋转面操作后

图 7-3-5　旋转面操作

## 5　删除面命令

### 5.1　启用删除面命令的方法

（1）菜单栏:选择【修改】|【实体编辑】|【删除面】命令。

（2）工具栏:单击"实体编辑"工具栏中的"删除面"按钮。

### 5.2　功能

删除面命令可以删除圆孔、圆角和倒角边等。如果删除时导致生成无效的三维实体,将不能删除面。

### 5.3　应用

对如图 7-3-6(a)所示的实体进行删除面操作,根据命令行提示,选择所需要删除的圆弧面,完成删除面操作,结果如图 7-3-6(b)所示。

## 6　倾斜面命令

### 6.1　启用倾斜面命令的方法

（1）菜单栏:选择【修改】|【实体编辑】|【倾斜面】命令。

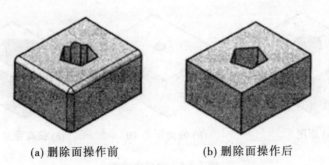

(a) 删除面操作前　　　　　　　　(b) 删除面操作后

图 7-3-6　删除面操作

（2）工具栏：单击"实体编辑"工具栏中的"倾斜面"按钮⨖。

### 6.2　功能

倾斜面是以指定的角度倾斜实体面。倾斜角的旋转方向由选择基点和第二点（沿选定矢量）的顺序决定。角度为正时面将向里倾斜，角度为负时则面向外倾斜。当倾斜角为 0°时，可以垂直于平面拉伸面。选择多个面时将倾斜相同的角度。

### 6.3　应用

对如图 7-3-7（a）所示的圆柱面进行倾斜面操作，根据命令行提示，选择圆柱面，并指定基点及倾斜的参考矢量，输入倾斜角 – 10°，结果如图 7-3-7（b）所示。

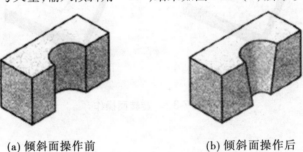

(a) 倾斜面操作前　　　　　　　　(b) 倾斜面操作后

图 7-3-7　倾斜面操作

## ※　任务实施

步骤 1：创建底板实体。

（1）绘制底板二维图，如图 7-3-8（a）所示。

（2）启用面域命令，将图形生成面域，进行差集运算，如图 7-3-8（b）所示。

（3）切换到西南等轴测。启用"拉伸"命令，对图 7-3-8（b）所示面域进行拉伸，拉伸高度为 7，完成底板实体创建，结果如图 7-3-9 所示。

步骤 2：创建弯板实体。

（1）利用三点方式创建 UCS，使坐标原点为边的中点，命名为"弯板"，结果如图 7-3-10 所示。

（2）绘制弯板二维图，结果如图 7-3-11（a）所示。

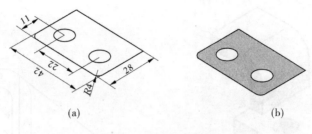

(a)                (b)

**图 7-3-8 创建底板面域**

      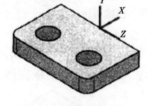

**图 7-3-9 创建底板实体**     **图 7-3-10 创建"弯板"UCS 坐标**

(3)创建弯板面域,启用拉伸命令,拉伸高度为 –12,完成弯板一半实体的创建,如图 7-3-11(b)所示。

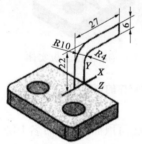      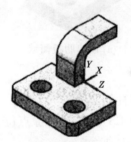

(a) 弯板二维图       (b) 创建弯板一半实体

**图 7-3-11 创建弯板部分实体**

(4)启用拉伸面命令,创建弯板的另一半实体,命令行出现如下提示:

命令:_solidedit

选择面或[放弃(U)/删除(R)/全部(ALL)]:          //选择弯板截面

指定拉伸高度或[路径(P)]:               //输入拉伸高度"12",并回车

指定拉伸的倾斜角度 <0>:               //回车,倾斜角度为 0

经过上述操作,完成弯板实体的创建,如图 7-3-12 所示。

步骤 3:创建肋板实体。

(1)将实体线框显示,选择平面视图为当前 UCS,平行于 XY 平面显示视图。

(2)绘制肋板二维图△ABC,其中 AB 与圆弧相切,如图 7-3-13 所示。

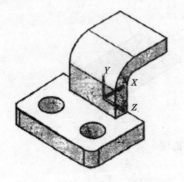

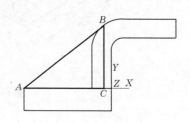

图 7-3-12　创建弯板实体　　　　　　　　图 7-3-13　肋板二维图

（3）创建肋板面域,如图 7-3-14(a)所示;利用拉伸命令,高度为 -3,创建一半肋板实体;利用拉伸面命令,创建另一半肋板实体,如图 7-3-14(b)所示。

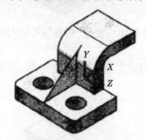　

(a) 创建肋板面域　　　　　　　(b) 创建肋板实体

图 7-3-14　肋板实体的创建

步骤 4:创建圆柱筒实体。

（1）利用三点 UCS 命令,坐标原点位于圆柱筒顶面圆心,命名 UCS 为"圆筒",并将其置为当前,如图 7-3-15 所示。

（2）绘制以(0,0,0)为圆心的 φ24 和 φ13、高度为 16 的两个圆柱,将底板、弯板、肋板、φ24 圆柱进行并集运算。将并集后的实体与 φ13 圆柱进行差集运算,完成支架实体的创建,如图 7-3-16 所示。

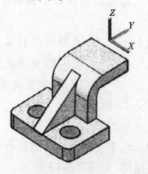　　　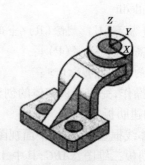

图 7-3-15　创建"圆筒"UCS　　　图 7-3-16　支架实体的创建

## ※　技能训练

1. 按照如图 7-3-17 所示支架的二维图形,利用拉伸等命令绘制其实体图。

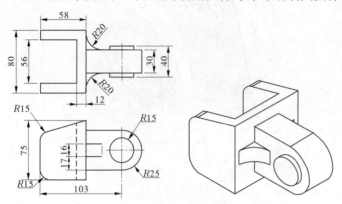

图 7-3-17　支架二维图

2. 按照如图 7-3-18 所示挂轮架的二维图形,利用拉伸等命令绘制其实体图。

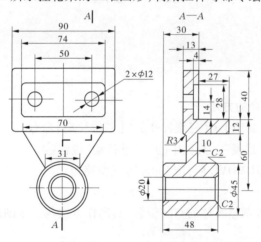

图 7-3-18　挂轮架二维图

# 任务 4　创建轴承座实体

## ※　任务描述

根据如图 7-4-1 所示的图形,运用拉伸、布尔运算等命令创建轴承座实体。

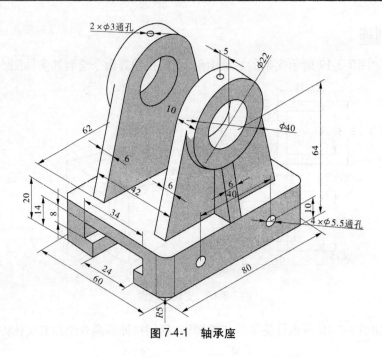

图 7-4-1　轴承座

## ※　相关知识

## 1　三维移动命令

### 1.1　启用三维移动命令的方法
(1)菜单栏:选择【修改】|【三维操作】|【三维移动】命令。
(2)工具栏:单击"建模"工具栏中的"三维移动"按钮 ⊕。
(3)命令行:输入 3DMOVE 后,按 Enter 键或空格键。

### 1.2　功能
三维移动命令用来调整实体的空间位置,其操作方法与二维图形的移动相似。

### 1.3　应用
对如图 7-4-2(a)所示的圆锥体进行三维移动,按命令行提示指定新位置点或输入移动距离,即可完成移动,如图 7-4-2(b)所示。

## 2　三维镜像命令

### 2.1　启用三维镜像命令的方法
(1)菜单栏:选择【修改】|【三维操作】|【三维镜像】命令。
(2)命令行:输入 MIRROR3D 后,按 Enter 键或空格键。

### 2.2　三维镜像命令中的选项含义说明
(1)三点:通过三个点定义镜像平面。
(2)最近的:使用上次执行的三维镜像命令设置。
(3)$Z$ 轴:根据平面上一点和平面法线上一点定义镜像平面。

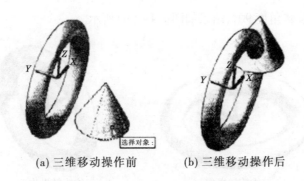

(a) 三维移动操作前　　　　　　(b) 三维移动操作后

图 7-4-2　三维移动操作

(4)视图:将镜像平面与当前视口中通过指定点的视图平面对齐。

(5)$XY$、$YZ$、$ZX$ 平面:将镜像平面通过或平行于标准平面 $XY$、$YZ$、$ZX$。

## 2.3　应用

三维镜像命令是通过指定的镜像平面进行镜像操作的。对如图 7-4-3(a)所示的圆锥进行三维镜像操作时,指定 $ZX$ 平面为镜像平面,选取圆环中心点为 $ZX$ 平面上的点,镜像操作结果如图 7-4-3(b)所示。

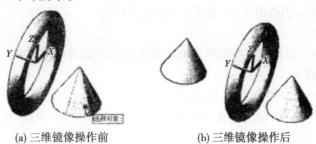

(a) 三维镜像操作前　　　　　　(b) 三维镜像操作后

图 7-4-3　三维镜像操作

# 3　三维旋转命令

## 3.1　启用三维旋转命令的方法

(1)菜单栏:选择【修改】|【三维操作】|【三维旋转】命令。

(2)工具栏:单击"建模"工具栏中的"三维旋转"按钮⊕。

(3)命令行:输入 3DROTATE 后,按 Enter 键或空格键。

## 3.2　三维旋转命令中的选项含义说明

(1)指定基点:指定三维实体旋转基点。

(2)拾取旋转轴:选择三维旋转轴,将以该轴为中心进行旋转。默认情况下,$X$ 轴显示为红色,$Y$ 轴显示为绿色,$Z$ 轴显示为蓝色。

## 3.3　功能及应用

三维旋转命令可以将选择的实体对象绕旋转轴,按照指定角度旋转,需要定义一个点作为旋转对象的基点。

对如图 7-4-4(a)所示的圆环进行三维旋转操作时,指定圆环中心作为旋转基点,拾取

旋转轴 $X$ 轴,输入旋转角度90°,结果如图7-4-4(b)所示。

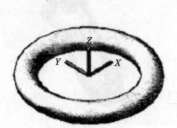
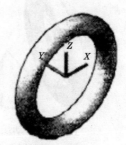

(a) 三维旋转操作前　　　　　　　(b) 三维旋转操作后

图 7-4-4　三维旋转操作

## 4　三维阵列命令

### 4.1　启用三维阵列命令的方法

(1)菜单栏:选择【绘图】|【建模】|【三维阵列】命令。

(2)工具栏:单击"建模"工具栏中的"三维阵列"按钮⊞。

(3)命令行:输入 3DARRY 后,按 Enter 键或空格键。

### 4.2　功能

三维阵列命令可以在三维空间中绘制对象的矩形阵列或环形阵列。

### 4.3　三维矩形阵列

#### 4.3.1　启用三维矩形阵列命令的方法

执行命令后,当命令行提示"输入阵列类型[矩形(R)/环形(P)]"时,输入"R",可执行三维矩形阵列命令。

三维矩形阵列除指定列数($X$ 方向)和行数($Y$ 方向)外,还可以指定层数($Z$ 方向)。

#### 4.3.2　三维矩形阵列命令的应用

对如图7-4-5(a)所示的底面直径为10,高为5的圆柱进行三维矩形阵列时,输入行数为2,列数为3,层数为2,行间距为10,列间距为15,层间距为12,操作结果如图7-4-5(b)所示。

(a) 阵列前源对象　　　　　　　(b) 矩形阵列结果

图 7-4-5　三维矩形阵列操作

### 4.4 三维环形阵列

#### 4.4.1 启用三维环形阵列命令的方法

执行命令后,当命令行提示"输入阵列类型[矩形(R)/环形(P)]"时,输入"P",即选择三维环形阵列,可通过空间中任意两点指定旋转轴。

#### 4.4.2 三维环形阵列命令应用

对如图 7-4-6(a)所示的圆柱进行三维环形阵列时,输入阵列数目为 6,指定要填充的角度为 -240,阵列的中心点为(0,0,0),旋转轴在 Z 轴正向上取点,结果如图 7-4-6(b)所示。

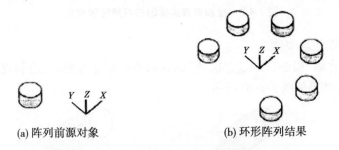

(a) 阵列前源对象　　　　　　(b) 环形阵列结果

图 7-4-6 三维环形阵列操作

【例 7-4-1】 根据如图 7-4-7 所示的弯管接头二维图形,绘制其实体图。

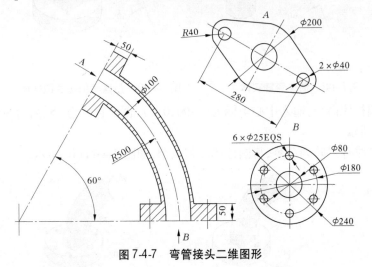

图 7-4-7 弯管接头二维图形

主要绘图过程如下:

(1)创建弯管实体。

①将三维视图视点设为西南等轴测。新建 UCS,命名为"原点",以坐标原点为圆心绘制 R500 圆弧,如图 7-4-8(a)所示。

②新建 UCS,原点坐标(500,0,0),并将 UCS 绕 X 轴旋转 -90°,命名为"底部法兰",绘制 φ100 圆,如图 7-4-8(b)所示。

③启用扫掠命令,创建弯管实体,对象选择 φ100 圆,扫掠路径选择 R500 圆弧,结果如图 7-4-9 所示。

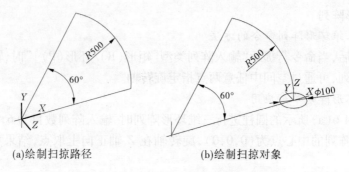

(a)绘制扫掠路径　　　　　　(b)绘制扫掠对象

**图 7-4-8　绘制弯管实体的扫掠路径和对象**

（2）创建底部法兰实体。

①启用"圆柱体"命令，以"底部法兰"UCS 的坐标原点为圆心，绘制直径为 240，高度为 50 的圆柱体，结果如图 7-4-10 所示。

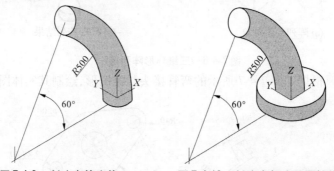

**图 7-4-9　创建弯管实体　　　图 7-4-10　创建底部法兰圆柱体**

②启用圆柱体命令，输入中心坐标为（-90,0,0），创建直径为 25、高为 80 的圆柱，如图 7-4-11（a）所示。

③启用三维环形阵列命令，将圆柱体阵列六个，如图 7-4-11（b）所示。

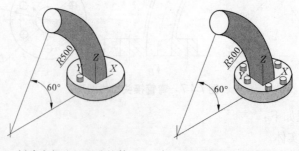

(a)创建底部法兰通孔柱体　　　(b)环形阵列结果

**图 7-4-11　阵列通孔柱体**

④启用差集命令，将大、小圆柱进行差集运算，如图 7-4-12（a）所示。

（3）创建顶端法兰实体。

①新建 UCS，命名为"顶端法兰"，使坐标原点为弯管端面中心，X 轴指向 R500 圆心，XY 面为弯管端面，绘制顶端法兰二维图形，如图 7-4-12（a）所示。

②创建顶端法兰面域后,启用拉伸命令,拉伸高度为 30,创建顶端法兰实体,结果如图 7-4-12(b)所示。

③启用并集命令,将顶端法兰、底部法兰和弯管进行并集运算。

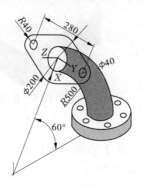
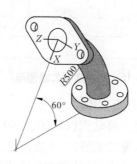

(a)顶端法兰二维图形　　　　　　(b)创建顶端法兰实体

图 7-4-12　创建顶端法兰

(4)创建弯管接头内孔实体。

①在"底部法兰"UCS 下绘制 φ80 圆。

②在"原点"UCS 下绘制 R500 圆弧。启用扫掠命令,扫掠的对象为 φ80 圆,扫掠路径为 R500 圆弧,创建弯管接头内孔实体,如图 7-4-13 所示。

(5)创建弯管接头实体。

启用差集命令,将并集后的实体与弯管接头内孔实体进行差集运算,完成弯管接头实体的创建,结果如图 7-4-14 所示。

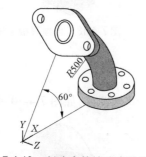
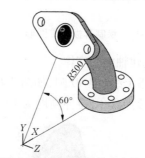

图 7-4-13　创建弯管接头内孔实体　　　　　图 7-4-14　创建弯管接头实体

## ※　任务实施

步骤 1:创建轴承座底板实体。

(1)创建 UCS 坐标,并命名为"底座 UCS"。将视图设为左视,绘制如图 7-4-15 所示的轴承座底板二维图形,并将其创建为面域。

(2)将视图设为西南等轴测,启用拉伸命令,拉伸高度为 -80,生成底板实体,启用圆角边命令,将底板的四条棱线倒 R5 圆角,如图 7-4-16 所示。

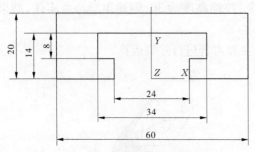

图 7-4-15　绘制底板二维图形

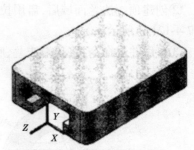

图 7-4-16　创建底板实体

步骤 2：创建耳板实体。

（1）将坐标原点移动到（15，20，－40）位置，并绕 Y 轴旋转 90°，将三维视图视点设为当前 UCS，绘制耳板二维图，并生成面域，如图 7-4-17 所示。

（2）启用拉伸命令，拉伸高度为 6，创建耳板实体，如图 7-4-18 所示。

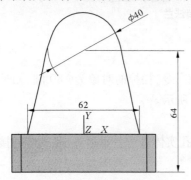

图 7-4-17　绘制耳板二维图形

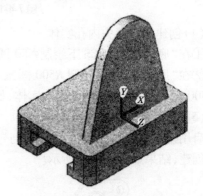

图 7-4-18　创建耳板实体

步骤 3：创建轴承套实体。

（1）在耳板上绘制 φ40 圆，如图 7-4-19 所示。

（2）启用拉伸命令，拉伸高度为 10，创建 φ40 高 10 的圆柱，如图 7-4-20 所示。

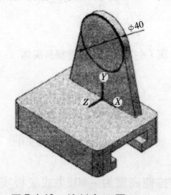

图 7-4-19　绘制 φ40 圆

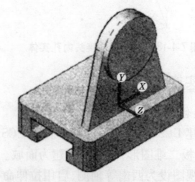

图 7-4-20　创建 φ40 高 10 的圆柱

（3）创建 φ22 圆柱体，高度为 20，如图 7-4-21 所示。

（4）启用并集命令，对耳板实体与轴承套实体执行并集运算；启用差集命令，将并集

后的实体与 φ22 圆柱执行差集运算,如图 7-4-22 所示。

图 7-4-21　创建 φ22 高 20 的圆柱　　　图 7-4-22　创建轴承套实体

步骤 4:创建肋板实体。

(1)将坐标轴绕 Y 轴旋转 −90°,如图 7-4-23 所示。

(2)将三维视图视点设为当前 UCS 坐标系,绘制肋板截面,并生成面域,如图 7-4-24 所示。

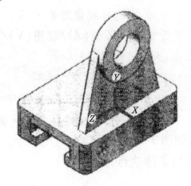
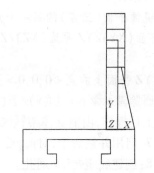

图 7-4-23　旋转 UCS　　　　　　　　　图 7-4-24　绘制肋板二维图

(3)启用拉伸命令,拉伸高度为 3,结果如图 7-4-25 所示。

(4)启用拉伸面命令,选择肋板侧面,拉伸高度为 3,创建肋板实体;启用并集命令,将肋板与其他实体合并,结果如图 7-4-26 所示。

图 7-4-25　创建肋板半部分实体　　　图 7-4-26　创建完整肋板实体

步骤 5:创建轴承套实体小孔。

(1)将坐标原点移到(5,44,0),使坐标原点位于轴承套中部截面圆心,并绕 X 轴旋转 −90°。

（2）创建以（0，0，0）中心，直径为3，高度为30的圆柱体，如图7-4-27所示。

（3）对支撑板实体与φ3圆柱体执行差集运算，结果如图7-4-28所示。

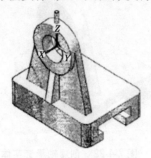 

图 7-4-27　创建φ3 高 30 的圆柱体　　　　图 7-4-28　创建轴承套实体小孔

步骤6：镜像前支撑架实体。

将底座 UCS 置为当前坐标，启用三维镜像命令，命令行出现如下提示：

命令：_mirror3d

选择对象：　　　　　　　　　　　　　　　　//选择镜像对象

指定镜像平面（三点）的第一个点或［对象（O）/最近的（L）/Z 辅（Z）/视图（V）/ XY 平面（XY）/YZ 平面（YZ）/ZX 平面（ZX）/三点（3）］<三点>：

　　　　　　　　　　　　　　　　　　　　　//输入"YZ"，回车

指定 YZ 平面上的点 <0，0，0>：　　　　　　//指定镜像点为底座中心

是否删除源对象？［是（Y）/否（N）］<否>：　　//按 Enter 键接受默认值

经过上述操作，由前支撑架镜像得到后支撑架，如图7-4-29所示。

步骤7：启用并集命令，对前、后支撑架实体和底板实体执行并集运算。

步骤8：创建底座φ5.5通孔。

（1）将底座 UCS 坐标原点移动到点（30，10，－40），并绕 Y 轴旋转90°。

（2）启用圆柱体命令，创建两个φ5.5，高度为－100的圆柱，圆柱体中心坐标分别为（20，0，0）和（－20，0，0），如图7-4-30所示。

图 7-4-29　镜像得到后支撑架　　　　　图 7-4-30　创建φ5.5 圆柱

（3）启用差集命令，将轴承支架与两个φ5.5圆柱体执行差集运算，如图7-4-31所示，完成轴承支架实体的创建。

图 7-4-31　轴承座实体

## ※　技能训练

1. 根据如图 7-4-32 所示二维图形,创建三维实体模型。

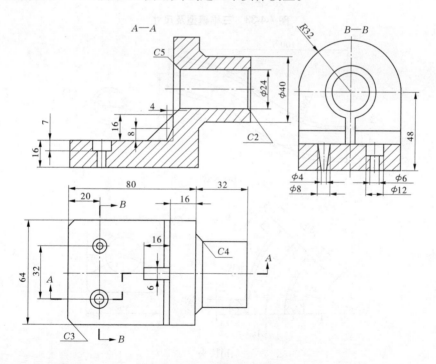

图 7-4-32　支架二维图形

2. 根据如图 7-4-33 所示的三维模型及尺寸,绘制三维实体模型。

3. 根据如图 7-4-34 所示二维图形,利用拉伸、扫掠等命令绘制三维实体模型。

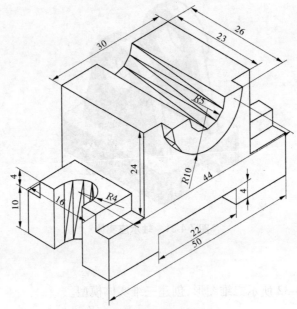

**图 7-4-33  三维模型及尺寸**

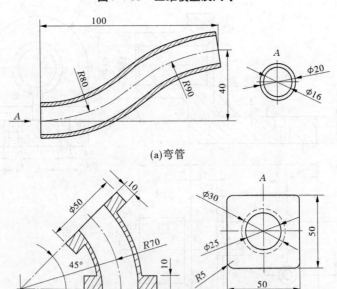

(a)弯管

(b)接头

**图 7-4-34  弯管及接头二维图形**

# 项目 8  图形的输出和查询

【学习目标】
了解模型空间与图纸空间的作用。
掌握视口的概念和设置方法。
掌握在模型空间打印图纸的设置,通过布局进行打印设置的方法。
掌握查询距离、周长、面积等查询功能。

## 任务 1  底座零件图的输出打印

### ※  任务描述

启用 AutoCAD 2017 软件,将如图 8-1-1 所示的底座零件图打印出来。要求:选择打印机/绘图仪为"DWF6 ePlot. pc3",在布局空间下打印。

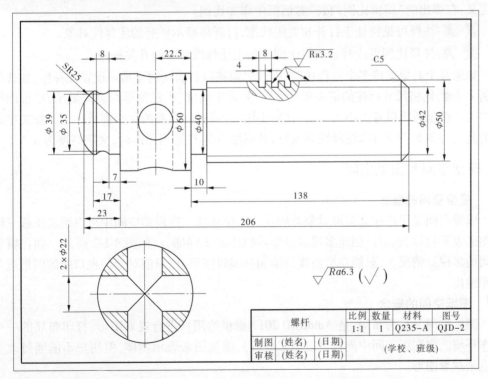

图 8-1-1

## ※   相关知识

### 1   注释性对象的创建和使用

#### 1.1   注释性的含义

注释性:可以自动完成缩放注释的过程,从而使注释能够以正确的大小在图纸上打印或显示。用户不必在各个图层、以不同尺寸创建多个注释,只需按对象或样式打开注释性特性,并设置布局或模型视口的注释比例。注释比例控制注释性对象相对于图形中的模型几何图形的大小。

注释性对象按图纸高度进行定义,并以注释比例确定的大小显示。注释性对象包括图案填充、文字、标注、公差、引线和多重引线、图块等。用于创建这些对象的许多对话框包含"注释性"复选框,勾选后使对象具有注释性。

在"特性"选项板中可以更改现有对象注释性特性,如形位公差和引线,其注释性不能在对话框中设置为注释性,可以在标注后,修改其特性,将现有对象更改为注释性对象。

#### 1.2   注释性命令按钮

将光标悬停在注释性对象上,将显示图标 人。注释比例各按钮的含义说明如下。

人 **1:1 ▼** :显示注释性比例,单击后,可以在显示的菜单中选择需要的比例,或者选择自定义,在弹出的"编辑比例列表"对话框中添加比例。

人 人 :注释可见性处于打开和关闭状态,打开将显示所有的注释性对象。

人 人 :注释比例更改时自动将比例添加至注释性对象的开关按钮。

如果某个对象支持多个注释比例,则该对象将以当前比例显示。设置注释性,如选择比例1:2时,则将尺寸标注的箭头和尺寸数字、文字高度、粗糙度等都放大显示,系统内默认的大小都是各项设置大小的 2 倍,在输出图形的时候,所有的大小都减一半。如文字设置的高度为 3.5,当为 1:2 注释性对象时,其高度为 7,在输出图形时,文字高度为 3.5。

### 2   模型空间和图纸空间

#### 2.1   模型空间的概念

模型空间是用户建立图形对象时所在的工作环境。在模型空间中可以用二维或三维视图来表示物体,也可以创建多视口以显示物体的不同部分,如图 8-1-2 所示。如在模型空间的多视口情况下,只能在当前视口绘制和编辑图形,也只能对当前视口中的图形进行打印输出。

#### 2.2   图纸空间的概念

图纸空间又称为布局,是 AutoCAD 2017 提供给用户进行规划图形、打印布局的一个工作环境。在图纸空间中同样可以用二维或三维视图来表示物体,但用户不能通过改变视点来观看图形。

在图纸空间,坐标系的图标显示为三角板形状。图纸空间下的视口被看作图形对象,可以用编辑命令对其进行编辑。用户可以在同一绘图页面中绘制图形,也可以调整视图的放置,可以对当前绘图页面中所有视口的图形同时输出打印。

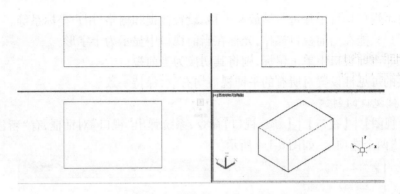

图 8-1-2　模型空间 4 个视口

## 2.3　切换模型和布局

在 AutoCAD 2017 中,用户可以单击状态栏的按钮,在模型或布局选项卡之间转换,也可以新建布局选项卡,如图 8-1-3 所示。

图 8-1-3　模型与布局切换按钮

## 2.4　创建布局

布局命令用于新建、复制、重命名、删除、保存布局或将布局置为当前。布局命令的打开方式如下:

(1)菜单栏:选择【插入】|【布局】|【新建布局】或【来自样板的布局】命令等。

(2)布局工具栏: 。

(3)状态栏:右键菜单中选择"新建布局"或"从样板"。

(4)命令行:输入 LAYOUT 后,按 Enter 键或空格键。

执行布局命令后,命令行出现如下提示:

命令:_layout

输入布局选项[复制(C)/删除(D)/新建(N)/样板(T)/重命名(R)/另存为(SA)/设置(S)]<设置>://输入字母选择一个选项,或右击后从快捷菜单中选择选项

输入新布局名<布局 3>://输入布局的名称

布局命令中部分选项的说明如下:

(1)新建(N):根据指定的名称新建一个布局。

(2)复制(C):通过复制已有的布局创建一个新的布局。

(3)重命名(R):修改布局名称。

(4)删除(D):删除当前布局。

(5)样板(T):从已有布局样板,选择需要的布局格式。

## 2.5　多视口的创建

### 2.5.1　平铺视口的特点

平铺视口是指把绘图窗口分成多个矩形区域,每个区域可以显示不同的命名视图。平铺视口也称多视口,具有以下特点:

（1）每个视口均可单独进行缩放和平移、设置捕捉和栅格、用户坐标系等。

（2）用户只能在当前视口操作，光标在当前视口中显示为十字形。

（3）在非当前视口中单击鼠标，则将其切换为当前视口。

（4）层的可见性设置对所有的平铺视口均有效，保持一致。

### 2.5.2　平铺视口的创建

选择【视图】|【视口】|【新建视口】命令，系统弹出"视口"对话框，有"新建视口"和"命名视口"两个选项卡，如图 8-1-4 所示。

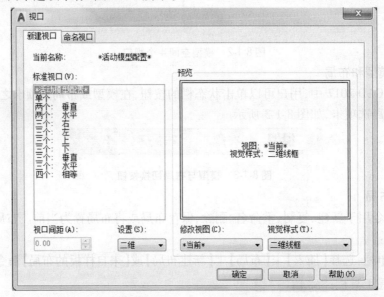

图 8-1-4　"视口"对话框

"新建视口"选项卡用于创建并设置新的平铺视口。"命名视口"选项卡中显示了已命名的视口配置，选中后，该视口配置的布局情况将显示在预览区。

## 3　图形的输出与打印

### 3.1　页面设置管理器

输出与打印前要先进行页面设置，页面设置管理器命令的打开方式如下：

（1）菜单栏：选择【文件】|【 页面设置管理器(G)... 】命令。

（2）快捷菜单：在"布局"选项卡中，右击选择"页面设置管理器"。

（3）命令行：输入 PAGESETUP 后，按 Enter 键或空格键。

执行命令后，出现"页面设置管理器"对话框，如图 8-1-5 所示。选择一个布局后单击"修改"按钮，出现"页面设置 – 布局"对话框。

（1）当前布局：显示当前布局的名称。

（2）页面设置：显示可以用于当前布局的页面设置，选中后单击"置为当前"，即可把选中的页面设置应用于当前的布局。

（3） 新建 (N)... ：单击按钮后，系统将弹出如图 8-1-6 所示的"新建页面设置"对话框，用户输入新页面设置名。选中某基础样式后，单击"确定"，将弹出如图 8-1-7 所示的"页面

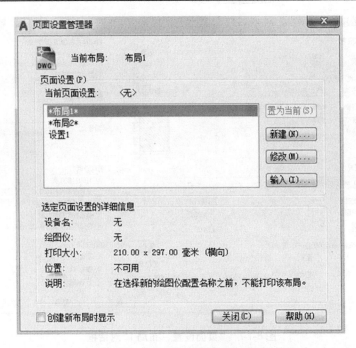

图 8-1-5 "页面设置管理器"对话框

设置"对话框。

图 8-1-6 "新建页面设置"对话框

(4) 修改(M)...：单击按钮后,也将弹出"页面设置"对话框。

(5) 输入(I)...：单击按钮后,弹出"从文件选择页面设置"对话框,可以选择相应文件。

## 3.2 布局的页面设置

在如图 8-1-7 所示的"页面设置"对话框中,主要包括"打印机/绘图仪"、"图纸尺寸"、"打印比例"等选项区。

### 3.2.1 "打印机/绘图仪"选项区

"打印机/绘图仪"选项区用于选择图形的打印输出设备和显示选中设备的有关说明。其中"名称"下拉列表用于选择图形的打印输出设备。可以在"打印机/绘图仪"的"名称"下拉列表中选择打印机。如果没有打印机,可以设置为"DWF6 ePlot. pc3"电子文档。单击 特性(R),系统将弹出"绘图仪配置编辑器"对话框。

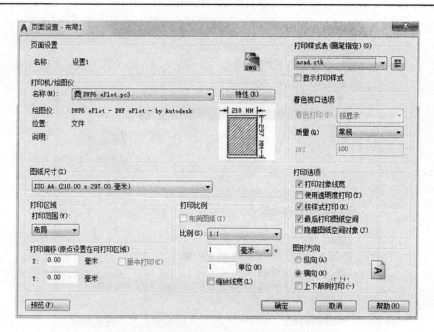

**图 8-1-7　"页面设置 – 布局 1"对话框**

3.2.2　"图纸尺寸"选项区

　　"图纸尺寸"选项区用于选择图纸尺寸。用户可以打开"图纸尺寸"下拉列表,选取图纸尺寸,若列表中没有合适的图纸尺寸,则可以通过"绘图仪配置编辑器"对话框定义。

3.2.3　"打印比例"选项区

　　"打印比例"选项区用于设置图形输出比例。方法一:选中"布满图纸"复选框。方法二:从下拉列表中选择一个比例,也可以自定义比例;选中"缩放线宽"复选框表示按确定的比例调整图形对象的线宽。

3.2.4　"打印区域"选项区

　　"打印区域"选项区用于设置图形在图纸上输出的范围。

　　(1)布局:输出区域为当前布局中图纸的可打印区域。

　　(2)范围:最大限度输出当前布局中的所有图形,含图形界限外的对象。

　　(3)显示:打印输出的内容为当前显示在绘图窗口中的内容。

　　(4)窗口:需用窗口指定打印输出的区域。

3.2.5　"打印偏移"选项区

　　"打印偏移"选项区用于确定图纸上输出区域的偏移位置。一般情况下,打印原点位于图纸的左下角。在"X:"和"Y:"文本框中输入新坐标值,可以改变原点位置。选中复选框"居中打印",系统将把输出区域的中心与图纸的中心对齐。

3.2.6　"打印样式表"选项区

　　"打印样式表"选项区用于选择打印样式,或确定是否选定打印样式。

3.2.7　"着色视口选项"选项区

　　"着色视口选项"选项区用于设置着色视口的三维图形按某种显示方式进行打印输出。

3.2.8　"打印选项"选项区

"打印选项"选项区用于设置其他打印选项。

(1)打印对象线宽:按照图形对象的线宽设置输出图形。

(2)使用透明度打印:按对象已设置的透明度进行打印输出。

(3)按样式打印:按照打印样式表中选定的打印样式进行打印输出。

(4)最后打印图纸空间:先打印模型空间的图形对象,后打印图纸空间的图形对象。

(5)隐藏图纸空间对象:在图形输出时,删除图形的隐藏线。

3.2.9　"图形方向"选项区

"图形方向"选项区用于确定图形相对于图纸的方向以及设置图形是否反向打印。

3.3　图形输出设备配置

单击"页面设置"对话框中的 ▢▢▢ 按钮,将弹出如图 8-1-8 所示的"绘图仪配置编辑器"对话框,包括"常规"、"端口"和"设备和文档设置"三个选项卡,在该对话框中用户可以对选定的图形输出设备进行配置。

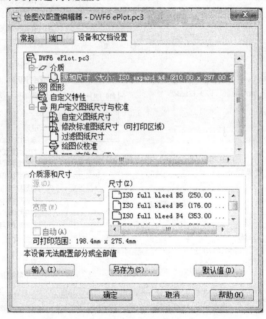

**图 8-1-8　"绘图仪配置编辑器"对话框**

3.3.1　"常规"选项卡

"常规"选项卡用于修改打印输出设备的描述文本及查看设备的驱动程序信息。

3.3.2　"端口"选项卡

"端口"选项卡用于设置打印输出设备的端口。

3.3.3　"设备和文档设置"选项卡

系统以树状结构显示了打印输出设备的设置,不同的打印输出设备显示内容不同。并非显示的每项内容设置都支持当前所选择的设备,当某项内容设置有效或可以修改时,系统会显示其下一层次内容,这些内容包括以下部分:

(1)介质:可以指定纸张来源、大小、类型等与绘图介质有关的参数。

（2）图形：对打印矢量图形、光栅图像、True Type 字体等内容进行设置。根据打印机的性能，包括颜色、灰度、精度、抖动、分辨率等选项。

（3）自定义特性：用于编辑由设备指定的特性。

（4）用户定义图纸尺寸与校准：用户可以校正打印设备，添加、删除或改变自定义图纸大小。

### 3.4　图形的打印输出

页面设置完成后，可以进行图形的打印输出工作。AutoCAD 2017 的图形可以直接在模型空间中打印输出，也可以在图纸空间中打印输出。

#### 3.4.1　在模型空间中打印输出图形

在模型空间中，选择【文件】|【打印】命令，系统将弹出如图 8-1-9 所示的"打印 – 模型"对话框，在"页面设置"选项区，可以选择页面设置样式，也可以单击 添加（ ） 进行页面设置。单击 应用到布局(U) ，可以将当前模型空间下的页面设置应用到图纸空间下的布局中。

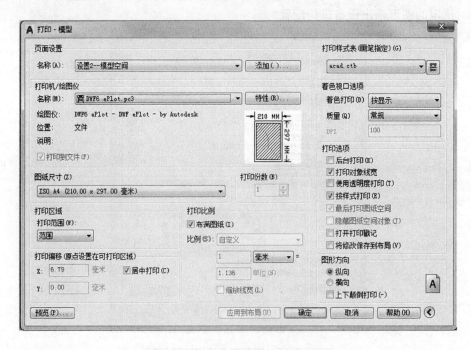

**图 8-1-9　"打印 – 模型"对话框**

单击 预览(P)... ，可以预览图形的打印效果，可以返回对话框进行调整。单击 确定 ，系统将直接在模型空间下将图形打印输出。

#### 3.4.2　在图纸空间中打印输出图形

在图纸空间中，选择【文件】|【打印】命令，系统将弹出如图 8-1-10 所示的"打印 – 布局 1"对话框，在该对话框的"页面设置"选项区，可以选择页面设置样式进行打印，也可以单击 添加（ ） 进行页面设置。

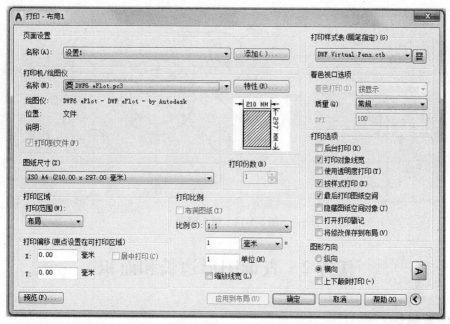

**图 8-1-10　"打印 – 布局 1"对话框**

★小提示：

可通过选择【文件】|【输出】命令将图形文件保存为 dwf、wmf 等格式的文件，然后打印；也可将图形复制到 word 中，然后打印，双击 word 中的图形，可返回到 CAD 中进行修改。

## ※　任务实施

步骤 1：页面设置。

（1）打开底座零件图，切换到"布局 1"，在状态栏右键快捷菜单中选择"页面设置管理器"，打开如图 8-1-5 所示的"页面设置管理器"对话框。

（2）在该对话框中，单击 新建(N)... ，打开"页面设置 – 布局 1"对话框，各项参数设置如图 8-1-7 所示。

步骤 2：打印图形。

（1）选择【文件】|【打印】命令，系统弹出"打印 – 布局 1"对话框，各项参数如图 8-1-10所示。

（2）预览图形。单击 预览(P)... ，预览图形的打印设置情况。

（3）打印输出。预览合适后，单击 确定 ，在弹出的"浏览打印文件"对话框中选择保存路径，保存为 dwf 格式的文件。

## ※　技能训练

1. 按 1:1 比例绘制如图 8-1-11 所示图形，分别在图纸空间和模型空间中打印。

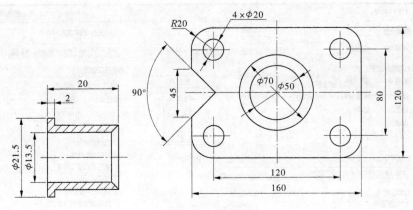

图 8-1-11　第 1 题图

# 任务 2　查询图形边长和面积

## ※　任务描述

在 AutoCAD 2017 中，绘制如图 8-2-1 所示的平面图形，测量图中 $a$ 和 $b$ 的尺寸，确定正五边形的边长和阴影部分的面积。

## ※　相关知识

利用查询功能可查询距离、角度、半径、点坐标、面积、体积、面域/质量特性等信息。

## 1　查询距离命令

查询距离命令的打开方式如下：

(1)菜单栏：选择【工具】|【查询】|【▭ 距离(D)】命令。

(2)功能区选项板：选择【工具】|【查询】|命令，点击"距离"按钮▭。

(3)查询工具栏：单击"距离"按钮▭。

(4)命令行：输入 DIST 或 DI 后，按 Enter 键或空格键。

下面以图 8-2-2 所示的图形为例，查询距离命令的操作过程如下：

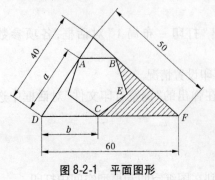

图 8-2-1　平面图形

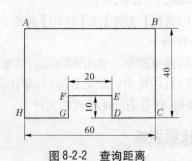

图 8-2-2　查询距离

命令: _dist　　　　　　　　　　//启用查询距离命令

指定第一点:　　　　　　　　　　//拾取 A 点

指定第二个点或[多个点(M)]:　　//拾取 B 点,文本窗口将显示两点的距离等信息

距离 = 60.0000,XY 平面中的倾角 = 0, 与 XY 平面的夹角 = 0

X 增量 = 60.0000,Y 增量 = 0.0000,Z 增量 = 0.0000

如果输入选项"M",可以查询连续多段线的距离,如拾取到 C 点时,将显示 AB、BC 两段线段的距离和为 100。

## 2　查询角度命令

查询角度命令适用于直线或圆弧,该命令的打开方式如下:

(1)菜单栏:选择【工具】|【查询】|【 ⊿ 角度(G)】命令。

(2)功能区选项板:选择【工具】|【查询】命令,点击"角度"按钮⊿。

(3)查询工具栏:单击"角度"按钮⊿。

(4)命令行:输入 MEA 后,再输入选项 A,按 Enter 键或空格键。

执行命令后,将得到所查询直线的夹角或圆弧的圆心角数据信息。

## 3　查询半径命令

查询半径命令适用于圆和圆弧,该命令的打开方式如下:

(1)菜单栏:选择【工具】|【查询】|【 ◎ 半径(R)】命令。

(2)功能区选项板:选择【工具】|【查询】命令,点击"半径"按钮◎。

(3)查询工具栏:单击"半径"按钮◎。

(4)命令行:输入 MEA 后,再输入选项 R,按 Enter 键或空格键。

执行命令后,将得到所查询圆或圆弧的半径和直径数据信息。

## 4　查询点坐标命令

查询点坐标命令用于查询点的绝对坐标,该命令的打开方式如下:

(1)菜单栏:选择【工具】|【查询】|【 ⊠ 点坐标(I)】命令。

(2)功能区选项板:选择【工具】|【查询】命令,点击"点坐标"按钮⊠。

(3)查询工具栏:单击"点坐标"按钮⊠。

(4)命令行:输入 ID 后,按 Enter 键或空格键。

查询点坐标命令的操作过程如下:

命令: _id

指定点://指定一点(以 XY 平面查询为例)

X = 当前值　 Y = 当前值　 Z = 0.0000

## 5　查询面积命令

查询面积命令可以查询面积和周长,该命令的打开方式如下:

(1)菜单栏:选择【工具】|【查询】|【 ▱ 面积(A)】命令。

（2）功能区选项板：选择【工具】|【查询】命令，点击"面积"按钮 。

（3）查询工具栏：单击"面积"按钮 。

（4）命令行：输入 AREA 后，按 Enter 键或空格键。

执行查询面积命令后，命令行出现如下显示：

命令：_area

指定第一个角点或[对象(O)/增加面积(A)/减少面积(S)/退出(X)]<对象>：

//指定第一角点或者输入选项字母

指定下一个角点或[圆弧(A)/长度(L)/放弃(U)]：

//指定下一个点或输入选项字母

指定下一个角点或[圆弧(A)/长度(L)/放弃(U)/总计(T)]<总计>：

//指定下一个点或选项

查询面积命令中主要选项的含义说明如下：

（1）指定第一个角点：计算由指定点定义的面积和周长。分别选定所要查询区域边界的几个角点，且最后一点和第一点形成封闭区域，这种方式不能用于曲线所组成的区域。如果多边形不闭合，将假设从最后一点到第一点绘制了一条直线，然后计算所围区域的面积。计算周长时，该直线的长度也将被计算在内。

（2）对象(O)：可以选择要计算周长和面积的所有对象，不包括二维实体（使用 solid 命令创建）。如果选择开放的多段线，将假设从最后一点到第一点绘制了一条直线，然后计算所围区域的面积。计算周长时，将忽略该直线的长度。

（3）增加面积(A)：打开"加"模式后，将继续定义新区域时应保持总面积平衡。"加"选项计算各个定义区域和对象的面积、周长，同时也计算所有定义区域和对象的总面积，可以连续选择对象相加。

（4）减少面积(S)：与"加"模式操作相同，从总面积中减去指定面积。

【例 8-2-1】 查询如图 8-2-3(a)所示矩形去掉三个孔后的剩余面积。

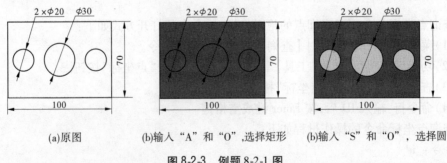

(a)原图 　　(b)输入 "A" 和 "O"，选择矩形 　　(b)输入 "S" 和 "O"，选择圆

**图 8-2-3　例题 8-2-1 图**

操作步骤如下：

（1）执行面域命令，将矩形和圆生成面域。

（2）执行查询面积命令，输入"A"，回车，再输入"O"，选择矩形，回车。选择结果如图 8-2-3(b)所示，系统显示：

区域 = 7000.0000，修剪的区域 = 0.0000，周长 = 340.0000，总面积 = 7000.0000。

（3）输入"S"，回车，再输入"O"，选择圆，回车。选择结果如图 8-2-3（c）所示，系统显示。

区域 ＝314.1593，修剪的区域 ＝0.0000，周长 ＝62.8319，总面积 ＝5664.8231。

★小提示：

本例中，如果矩形和圆已进行面域的求差运算，则通过对象（O）选项即可得到第三步的结果。

## 6  查询体积命令

查询体积命令用于查询三维对象的体积，其操作方法与查询面积类似。

查询体积命令的打开方式如下：

（1）菜单栏：选择【工具】｜【查询】｜【 体积(V)】命令。

（2）功能区选项板：选择【工具】｜【查询】命令，点击"体积"按钮 。

（3）查询工具栏：单击"体积"按钮 。

（4）命令行：输入 MEA 后，按 Enter 键或空格键，选择体积选项。

通过选择平面图形，然后指定高度，即可查询图形在指定高度下的体积。

## 7  查询面域/质量特性命令

查询面域/质量特性命令用于查询面域或实体的质量特性，包括面积、周长、边界框的坐标变化范围、质心坐标、惯性矩、惯性积、旋转半径、主力矩及质心的 $X-Y$ 方向等。

查询面域/质量特性命令的打开方式如下：

（1）菜单栏：选择【工具】｜【查询】｜【 面域/质量特性(M)】命令。

（2）功能区选项板：选择【工具】｜【查询】命令，点击"面域/质量特性"按钮 。

（3）查询工具栏：单击"面域/质量特性"按钮 。

（4）命令行：输入 MASSPROP 后，按 Enter 键或空格键。

以如图 8-2-3（a）中矩形为例，查询面域/质量特性命令的操作过程如下：

命令：_massprop

选择对象：//选择矩形，按 Enter 键结束选择，自动打开文本窗口，如图 8-2-4 所示

输入"y"或回车，可以选择保存为 mpr 类型的文件。

## 8  查询列表命令

查询列表命令是以列表的形式显示选定对象的数据库信息，文本窗口将显示对象类型、对象图层，相对于 UCS 的 $X$、$Y$、$Z$ 位置，对象是位于模型空间还是图纸空间，以及报告与特定的对象相关的附加信息。

查询列表命令的打开方式如下：

（1）菜单栏：选择【工具】｜【查询】｜【 列表(L)】命令。

（2）功能区选项板：选择【工具】｜【查询】命令，点击"列表"按钮 。

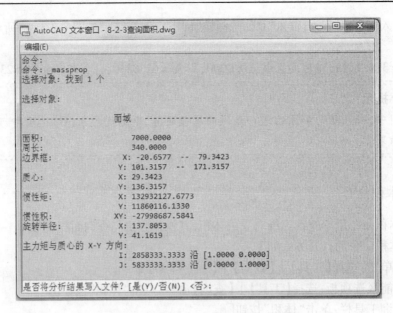

图 8-2-4　查询面域/质量特性的文本窗口

（3）查询工具栏：单击"列表"按钮 ⬚。

（4）命令行：输入 LIST，按 Enter 键或空格键。

以图 8-2-3（a）中的所有对象的列表显示为例，查询列表命令的操作过程如下：

命令：_list

选择对象：//选择图 8-2-3（a）中的所有对象，按 Enter 键结束选择

系统自动弹出文本窗口，如图 8-2-5 所示。

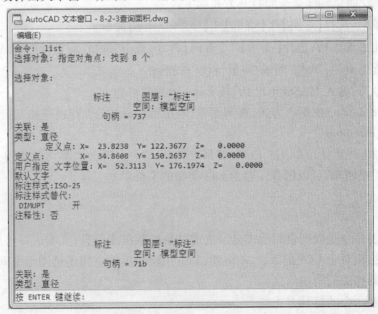

图 8-2-5　列表命令的的文本窗口

## 9　查询状态命令

查询状态命令是报告当前图形中对象数目,包括图形对象、非图形对象、块定义,以及空间的使用、图层、颜色、布局等基本信息。

查询状态命令的打开方式如下:

(1)菜单栏:选择【工具】|【查询】|【状态】命令。

(2)命令行:输入 STATUS 后,按 Enter 键或空格键。

对于图 8-2-3(a),执行状态命令后,自动弹出文本窗口,如图 8-2-6 所示。

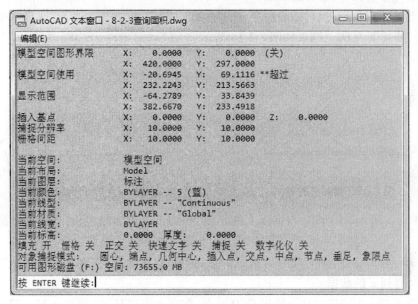

图 8-2-6　状态命令的的文本窗口

另外,查询功能还有查询绘图时间命令等,不再赘述。

## ※　任务实施

步骤 1:新建绘图文件。

新建绘图文件,在"选择样板"对话框中,选择"我的样板 2017. dwt",单击"打开"按钮,将空白文件保存为"图 8-2-1. dwg"。

步骤 2:绘制图形。

(1)将粗实线图层置为当前,执行直线命令,绘制三角形,在三角形内部绘制一个正五边形,AB 边为水平线,如图 8-2-7 所示。

(2)执行偏移命令,方式为通过点,将长度 40 的线段偏移到 A 点,长度 50 的线段偏移到 B 点,长度 60 的线段偏移到 C 点,如图 8-2-8 所示。

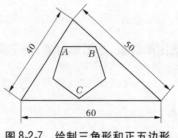

图 8-2-7　绘制三角形和正五边形

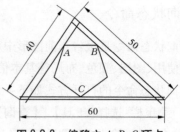

图 8-2-8　偏移之 A、B、C 顶点

（3）启用修剪命令，修剪后如图 8-2-9 所示。

（4）删除原三角形；执行缩放命令，选择全部对象，缩放方式为参照，选择水平线段的两个端点，新长度为 60。结果如图 8-2-10 所示。

图 8-2-9　修剪后图形

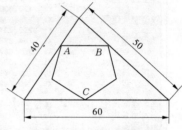

图 8-2-10　比例缩放图形

步骤 3：如图 8-2-1 所示，查询 $a$、$b$ 的长度，查询正五边形的边长，查询阴影部分的面积。

（1）执行查询命令，单击"距离"按钮 后，捕捉 A、D 两点，在文本窗口显示"距离 = 29.4510"，得到 $a$ 的数据。

（2）单击"距离"按钮 后，捕捉 C、D 两点，在文本窗口显示"距离 = 24.477 9"，得到 $b$ 的数据。

（3）单击"距离"按钮 后，捕捉 A、B 两点，在文本窗口显示"距离 = 15.8236"，得到五边形的边长。

（4）单击"面积"按钮 后，依次捕捉 C、E、B、F 点，按 Enter 键后，文本窗口显示"面积 = 313.4152，周长 = 103.9829"，得到阴影部分的面积。

## ※ 技能训练

1. 用 1:1 的比例绘制如图 8-2-11 所示图形，并确定长度 $L$、半径 $R$ 和外框围成的面积。

2. 在图 8-2-12（a）中，五个大圆等直径，五个小圆等直径，各图形相切，试确定 A 圆的半径，B 圆和 C 圆之间圆心距离，以及正五边形的周长。在图 8-2-12（b）中，五个圆等直径，两两相切，并与五边形相切，试确定图中阴影部分的面积，以及圆的半径。

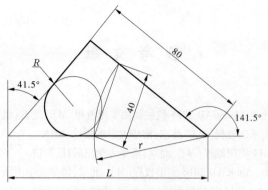

图 8-2-11　第 1 题图

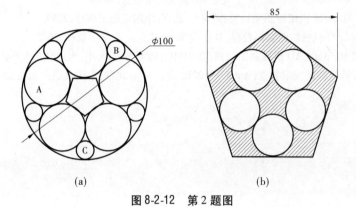

(a)　　　　　　　　　　　　(b)

图 8-2-12　第 2 题图

# 参 考 文 献

［1］ 管殿柱,牛雪倩,魏代善. AutoCAD 2015 机械制图实用教程［M］. 北京:电子工业出版社,2015.

［2］ 郭靖. AutoCAD 2014 基础教程［M］. 北京:清华大学出版社,2015.

［3］ 崔洪斌. AutoCAD 2014 实用教程［M］. 北京:清华大学出版社,2013.

［4］ 薛山,宋志辉,侯友山. AutoCAD 2016 实用教程［M］. 北京:清华大学出版社,2016.

［5］ 薛焱. 中文版 AutoCAD 2014 基础教程［M］. 北京:清华大学出版社,2014.

［6］ 陈静. AutoCAD 2008 机械绘图［M］. 北京:冶金工业出版社,2008.

［7］ 符莎. AutoCAD 2013 机械绘图项目教程［M］. 北京:中国铁道出版社,2013.

［8］ 武永鑫. AutoCAD 机械制图实训教程［M］. 北京:北京邮电大学出版社,2012.

［9］ 王技德,胡宗政. AutoCAD 机械制图教程(2010 中文版)［M］. 大连:大连理工大学出版社,2011.

［10］ 孙江宏. 计算机辅助制图教程(AutoCAD 2012 版)［M］. 北京:中国铁道出版社,2013.